# Klassische Texte der Wissenschaft

**Begründet von**
Olaf Breidbach (Verstorben)
Jürgen Jost

**Reihe Herausgegeben von**
Jürgen Jost
Armin Stock

AF166763

Die Reihe bietet zentrale Publikationen der Wissenschaftsentwicklung der Mathematik, Naturwissenschaften, Psychologie und Medizin in sorgfältig edierten, detailliert kommentierten und kompetent interpretierten Neuausgaben. In informativer und leicht lesbarer Form erschließen die von renommierten WissenschaftlerInnen stammenden Kommentare den historischen und wissenschaftlichen Hintergrund der Werke und schaffen so eine verlässliche Grundlage für Seminare an Universitäten, Fachhochschulen und Schulen wie auch zu einer ersten Orientierung für am Thema Interessierte.

Weitere Bände in der Reihe http://www.springer.com/series/11468

Viktor Sarris

# Max Wertheimer

## Produktives Denken

 Springer Spektrum

Viktor Sarris
Frankfurt am Main, Deutschland

ISSN 2522-865X          ISSN 2522-8668   (electronic)
Klassische Texte der Wissenschaft
ISBN 978-3-662-59820-7       ISBN 978-3-662-59821-4   (eBook)
https://doi.org/10.1007/978-3-662-59821-4

Die Deutsche Nationalbibliothek verzeichnet diese Publikation in der Deutschen Nationalbibliografie; detail-
lierte bibliografische Daten sind im Internet über http://dnb.d-nb.de abrufbar.

Springer Spektrum
© Springer-Verlag GmbH Deutschland, ein Teil von Springer Nature 2019, korrigierte Publikation 2020
Das Werk einschließlich aller seiner Teile ist urheberrechtlich geschützt. Jede Verwertung, die nicht
ausdrücklich vom Urheberrechtsgesetz zugelassen ist, bedarf der vorherigen Zustimmung des Verlags.
Das gilt insbesondere für Vervielfältigungen, Bearbeitungen, Übersetzungen, Mikroverfilmungen und die
Einspeicherung und Verarbeitung in elektronischen Systemen.
Die Wiedergabe von allgemein beschreibenden Bezeichnungen, Marken, Unternehmensnamen etc. in diesem
Werk bedeutet nicht, dass diese frei durch jedermann benutzt werden dürfen. Die Berechtigung zur Benutzung
unterliegt, auch ohne gesonderten Hinweis hierzu, den Regeln des Markenrechts. Die Rechte des jeweiligen
Zeicheninhabers sind zu beachten.
Der Verlag, die Autoren und die Herausgeber gehen davon aus, dass die Angaben und Informationen in
diesem Werk zum Zeitpunkt der Veröffentlichung vollständig und korrekt sind. Weder der Verlag, noch
die Autoren oder die Herausgeber übernehmen, ausdrücklich oder implizit, Gewähr für den Inhalt des
Werkes, etwaige Fehler oder Äußerungen. Der Verlag bleibt im Hinblick auf geografische Zuordnungen und
Gebietsbezeichnungen in veröffentlichten Karten und Institutionsadressen neutral.

Planung/Lektorat: Stefanie Wolf

Springer Spektrum ist ein Imprint der eingetragenen Gesellschaft Springer-Verlag GmbH, DE und ist ein Teil
von Springer Nature.
Die Anschrift der Gesellschaft ist: Heidelberger Platz 3, 14197 Berlin, Germany

# Vorwort

Max Wertheimer (1880–1943), ein Pionier der Psychologie des 20. Jahrhunderts, hat die Entwicklung der Kognitionswissenschaft maßgeblich beeinflusst, vor allem die Psychologie der Wahrnehmung und des Denkens. Sein in New York entstandenes Buch"Productive Thinking" – vor einem Dreivierteljahrhundert in den USA erschienen (1945) – gilt als ein Meilenstein in der Kreativitätsforschung. Bestehend aus vielen Beispielen für zielgerichtete kreative Denkprozesse – von einfachen geometrischen Aufgaben über sozialpsychologisch relevante Konfliktlösungen bis hin zur Entwicklung von Einsteins Relativitätstheorie – führt das Buch durch ein facettenreiches Gedankengebäude der Denkpsychologie. Wertheimers Ausführungen sind heutzutage angesichts der zunehmend geistig hemmenden Spiel- und Internetsuchtprobleme aktueller denn je.

Im Zentrum dieses von Wolfgang Metzger (1957) ins Deutsche übertragenen Werks stehen vor allem die „Einsicht" und das „Verstehen" beim Lösen von Denkaufgaben, *wenn einem gleichsam die Schuppen von den Augen fallen.* Wertheimers frühe Arbeiten in Deutschland stellen die Basis für das Buch dar. Allerdings ist dessen Denk- und Schreibstil mit seinem idiosynkratischen Ideenreichtum nicht immer leicht zu verstehen. Auch angesichts der rapiden Entwicklung der Kognitionswissenschaft bedarf der Text einer einführenden Kommentierung, um so die wichtigsten Argumentationsstränge leichter nachvollziehen zu können, das auch als eine Ermutigung für den Einstieg des heutigen Lesers in die Materie des „produktiven" versus „unproduktiven" Denkens. Kurzfassungen der nachfolgenden Einführung finden sich an anderer Stelle (Sarris, 1996; Sarris & Michael Wertheimer, 2018).

Die englische Neuherausgabe dieses Buchs erfolgt in Kürze im Verlag Birkhäuser / Springer. Ich danke einer Reihe von Kollegen und Kolleginnen für die sorgfältige Durchsicht meines Kommentars, vor allem Lothar Spillmann, Freiburg; Armin Stock, Würzburg; Michael Wertheimer, Boulder, CO (USA) sowie Fritz Wilkening und Karin Wilkening, beide Zürich. Ferner bin ich dem Team des Verlags Springer für die sehr gute Zusammenarbeit verbunden, namentlich Stefanie Wolf und Nadine Teresa.

Frankfurt am Main,                                                                                  Viktor Sarris
im Sommer 2019

Die Originalversion des Buchs wurde revidiert. Ein Erratum ist verfügbar unter
https://doi.org/10.1007/978-3-662-59821-4_3

# Inhaltsverzeichnis

# Kommentar zu Max Wertheimer: „Produktives Denken"

Es gibt Zusammenhänge, bei denen nicht, was im Ganzen geschieht, sich davon herleitet, was die einzelnen Stücke sind und (wie sie) sich zusammensetzen, sondern umgekehrt, wo – im prägnanten Fall – das, was an einem Teil dieses Ganzen geschieht, bestimmt (wird) von inneren Strukturgesetzen dieses Ganzen. – Max Wertheimer (1925)/Vortrag vor der KANT-Gesellschaft am 17. Dezember 1924

## Kurze Würdigung des Werkes

Dieses Motto entstammt einem Aufsatz von Max Wertheimer zwanzig Jahre vor der Publikation von „Productive Thinking" (1945), das im New Yorker Exil erschien – es kann noch heute für die gestalttheoretische Richtung in der Psychologie Geltung beanspruchen (Westheimer, 1999). In dem Werk wird gezeigt, dass

- die damals relevanten Theorien (der assoziationstheoretischer Ansatz von Wilhelm Wundt und der „Strukturalismus" von Edward B. Titchener) nicht in der Lage waren, die entscheidenden Merkmale des produktiven Denkens und Lernens – vor allem die des *Verstehens* und der *Einsicht* – angemessen zu erklären,
- die gestalttheoretische Perspektive eine Deutungsbasis gerade für solche Fragen und Inhalte der Kognition bietet, welche die traditionellen Theorien bisher vernachlässigt bzw. ignoriert hatten,
- Wertheimers Ansatz eine Herausforderung auch für die Theorien und Modelle der modernen Kognitionswissenschaft bedeutet, wobei die zentralen Fragen, die von letzterer behandelt werden, noch immer ungeklärt bzw. umstritten geblieben sind.

© Springer-Verlag GmbH Deutschland, ein Teil von Springer Nature 2019
V. Sarris, *Max Wertheimer,* Klassische Texte der Wissenschaft,
https://doi.org/10.1007/978-3-662-59821-4_1

Das Buch hat eine lange Vorgeschichte. Wertheimers Leben und Werk, oft unvollständig oder verkürzt dargestellt, wurde ausführlich erst in neuerer Zeit behandelt (Ash, 1995; King & Michael Wertheimer, 2005; Michael Wertheimer, 2014).

## Biografie von Max Wertheimer

Max Wertheimer wurde in Prag, im damaligen Österreich-Ungarn, am 15. April 1880 geboren, nur wenige Schritte von der Prager Alt-Neusynagoge entfernt. Sein Vater Wilhelm Wertheimer (1853–1930) war der Leiter einer von ihm in der Prager Altstadt gegründeten Handelsschule; er war auch ein erfolgreicher Lehrbuchautor. Die Mutter Rosa, geb. Zwicker (1855–1919), war eine passionierte Amateurviolinistin; sie hatte großen Einfluss auf Max im musikalischen und musischen Bereich. Nach einem klassischen Schulabschluss mit Latein und Griechisch studierte Max zunächst an der Karlsuniversität Prag, danach an den Universitäten in Berlin und Würzburg die Fächer Psychologie, Jura, Physiologie und Philosophie. Er promovierte 1904 unter Oswald Külpe mit einer psychodiagnostisch-forensischen Arbeit. Seine Lebensdaten enthält die Zeittafel mit den Jahresangaben auch für einige seiner wichtigsten Veröffentlichungen (Tab. 1.1).

Wertheimer hat seine Dissertation – begonnen in Prag und Berlin – in Würzburg fortgesetzt und abgeschlossen und diese dann an der Würzburger Philosophischen Fakultät mit dem folgenden Lebenslauf eingereicht:

> Ich, M a x W e r t h e i m e r, österreichischer Staatsangehörigkeit, bin geboren am 15. April 1880 zu Prag (Böhmen) als Sohn des Handelsschuldirektors Wilhelm Wertheimer und seiner Frau Rosa, geborenen Zwicker, jüdischer Konfession. Nach Absolvierung der Piaristen- Volksschule, des Prag-Neustädter Gymnasiums und von fünf Semestern an der juridischen Fakultät in Prag, während welcher ich zugleich an philosophischen Vorlesungen und Seminarien teilgenommen hatte, war ich vom Frühling 1901 drei Semester an der philosophischen Fakultät in Berlin, seitdem an der philosophischen Fakultät in Würzburg inscribiert. Belehrung, Förderung und Unterstützung bei Studien im Gebiete der experimentellen Psychologie genoss ich in den psychologischen Instituten Berlin und Würzburg und im physiologischen Institut in Prag, insbesondere durch die Herren Külpe, Stumpf, Schumann, (Johannes) Gad (…). Bei Vorversuchen aus dem Gebiet der vorliegenden Arbeit hatte ich zunächst von Professor Hans G r o s s (Prag), dann von Herrn Professor (F.) S c h u m a n n (Berlin) freundliche Förderung erfahren. In erster Linie bin ich Herrn Prof. O. K ü l p e (Würzburg) für reiche Förderung, Belehrung und Unterstützung mit Rat und Tat zu besonderem Danke verpflichtet. Den Versuchspersonen … sei nochmals Dank gesagt. – (Quelle: Sarris & Michael Wertheimer, 1987)

Dem Lebenslauf ist zu entnehmen, dass Wertheimers Interessen bereits während seiner Studenjahre breit gestreut waren (Michael Wertheimer, 2014). Wertheimer hat an diesen drei Universitäten bei renommierten Professoren studiert, in Prag übrigens auch bei Christian von Ehrenfels (1890), dem wichtigsten Vorläufer der Gestaltpsychologie. Er hat sich dann im Jahr 1912 in Frankfurt am Main an der dortigen Naturwissenschaftlichen Fakultät der Akademie für Sozial- und Handelswissenshaften (ab 1914 als Universität

**Tab. 1.1** Max Wertheimer, 1880–1943: *Zeittafel.* (Quelle: Sarris, 1996)

| *Zeittafel.* Max Wertheimer 1880–1943 | |
| --- | --- |
| 1880 | Geboren in Prag am 15. April 1880 |
| 1898–1903 | Universitätsstudium in Prag (1898–1990), u. a. bei Chr. von Ehrenfels, und in Berlin (1900–1903) bei C. Stumpf und F. Schumann |
| 1904–1905 | Promotion bei O. Külpe in Würzburg („*Experimentelle Untersuchungen zur Tatbestandsdiagnostik*"; Wertheimer, 1905) |
| 1910 | Freier Mitarbeiter am Psychologischen Institut in Frankfurt am Main; Beginn der Experimente über stroboskopische Bewegung („Schein- bewegung"). – (F. Schumann war 1910 als Nachfolger von K. Marbe an das Frankfurter Institut gekommen; W. Köhler und K. Koffka waren seine Assistenten) |
| 1912 | Erste bahnbrechende Veröffentlichung (Phi- Phänomen): „*Experimentelle Untersuchungen über das Sehen von Bewegung*" |
| 1912–1916 | Habilitation (1912) und Privatdozent in Frankfurt am Main |
| 1918–1929 | Dozent (1918) und außerordentlicher Professor (1922) in Berlin |
| 1921 | Gründung der Zeitschrift *Psychologische Forschung,* zusammen mit W. Köhler, K. Koffka, K. Goldstein und H. W. Gruhle (wichtigstes Publikationsorgan der Gestaltpsychologie bis 1938) |
| 1929–1933 | Lehrstuhl für Psychologie und Philosophie an der J. W. Goethe-Universität in Frankfurt am Main als Nachfolger von F. Schumann |
| 1933 | Aufnahme einer Gastprofessur an der *New School for Social Research,* New York City; Berufsverbot in Deutschland |
| 1934–1943 | Mitherausgeber der Zeitschrift *Social Research* (1934–1941); Mitglied des „*Committee for Displaced Foreign Psychologists*" der American Psycho- logical Association (APA) |
| 1943 | Gestorben in den USA am 12. Oktober 1943 (New Rochelle, N. Y.) |
| 1945; 1959 | Postume Veröffentlichungen: Buch „*Productive Thinking*" (1945; Anwendung der Gestalttheorie auf problemlösendes Denken); Aufsatz „*On Discrimination Experiments*" (1959) in der Zeitschrift *Psychological Review* |
| 1988 | Postume Auszeichnung von Max Wertheimer durch die Deutsche Gesell- schaft für Psychologie mit der *Wilhelm Wundt-Medaille* |

gegründet) habilitiert mit einer Arbeit über die Bewegungswahrnehmung („Experimen- telle Studien über das Sehen von Bewegung"; *Phi-Phänomen*). Mit dieser von Friedrich Schumann betreuten Arbeit sollte er rasch Weltruhm erlangen (Sarris 1987, 1989, 1995; Ash, 1989, 1995; Sekuler, 1996; Westheimer, 1999; s. auch Gundlach, 2014; Stock, 2014). Bereits vor und auch nach der Habilitation beschäftigte er sich mit einer Reihe von weiteren gestalttheoretischen Themen, etwa mit Fragen zur Musikpsychologie und zu den denkpsychologischen Besonderheiten bei Naturvölkern. Wertheimer forschte auch zur Symptomatik von Aphasien bei hirngeschädigten Patienten (Wertheimer, 1913; vgl. Sarris & Michael Wertheimer, 2001).

Zu Wertheimers engerem Bekannten- und Freundeskreis in seinen jungen und zum Teil auch späteren Jahren gehörten in Prag der Schriftsteller Max Brod sowie der Kulturhistoriker und Schriftsteller Johannes Urzidil, in Berlin der Musikethnologe und Psychoakustiker Erich von Hornbostel, ferner die Bildhauerin Käthe Kollwitz und der Physiker Albert Einstein sowie in Frankfurt der Neurologe und Psychiater Kurt Goldstein, der Psychologe Adhemar Gelb sowie der Theologe und Sozialphilosoph Paul Tillich (Sarris, 1997).

Wertheimers Aufsatz in Frankfurt über die Bewegungswahrnehmung wird als der eigentliche Beginn der gestaltpsychologischen Schule bezeichnet. Nachdem Wertheimer danach in Berlin (Wertheimer, 1923, 1925) mehr als ein Jahrzehnt lang gearbeitet hatte, wurde er 1929 ordentlicher Lehrstuhlinhaber und Direktor des Instituts für Psychologie an der Frankfurter Universität als Nachfolger von Friedrich Schumann. Hier setzte er seine wahrnehmungs- und denkpsychologischen Arbeiten fort – bis zum jähen Ende: Im März 1933 flüchtete er mit seiner Familie aus politischen Gründen zunächst nach Marienbad, in der ehemaligen Tschechoslowakei, um dann im September desselben Jahres in die USA zu emigrieren (Sarris, 1997). Auch andere Gestaltpsychologen emigrierten kurz über lang in die USA (Wolfgang Köhler, Karl Duncker, Kurt Lewin, ferner Rudolf Arnheim, George Katona, Erwin Levy). In New York lehrte und forschte Wertheimer an der New School for Social Research, die als „University in Exile" berühmt wurde. Dort publizierte er nur noch auf Englisch, so auch das vorliegende Buch sowie seine humanistisch-psychologischen Aufsätze über Ethik, Freiheit, Demokratie und Wahrheit (Wertheimer, 1934, 1935, 1937, 1940; s. dazu Albert Einsteins Vorwort, 1950/1991). Aber in Ermangelung eines Forschungslabors konnte er in New York nicht mehr experimentell arbeiten, wie das nachfolgende Zitat illustriert:

> Die „University in Exile" an der New School, ihre erste so genannte Graduate Faculty – begann 1933 als eine reine Rettungsaktion für vertriebene deutsche Wissenschaftler. Sie besaß k e i n e Mittel. Sie vergab (anfangs) noch keine Zeugnisse, so dass der studentische Hörerkreis sehr gemischt war; keineswegs bereitete sich ein jeder Student auf ein Fortgeschrittenenstudium vor. Wertheimer konnte nicht fließend Englisch sprechen – ich glaube, dass er sein erstes Seminar in deutscher Sprache abhielt. Die finanziellen Schwierigkeiten an der New School waren sprichwörtlich. (…) Die gesamte Operation war ein einziger Kampf, ohne jede Absicherung. – (Mary Henle, Wertheimer-Hörerin an der New School, in einem ins Deutsche übersetzten Schreiben an V.S. vom 23. Oktober 1986; zit. nach Sarris, 1996, 2012)

Vielfach unbekannt – auch in der Fachwelt der Psychologie fast unbeachtet – sind Wertheimers Hilfsaktionen für gefährdete Wissenschaftler geblieben. Sein früherer Gaststudent in Frankfurt, Edward B. Newman, später Professor an der Harvard University, erinnert sich viele Jahre danach an diese Rettungsaktionen, für die Wertheimer sicherlich viel Zeit und Kraft investiert hatte:

> (Wertheimer's) other activity which I recall clearly had to do with the flow of refugees through his house in New Rochelle. Mostly, these were scholars who had just arrived in New York. Just why they came, how they knew where to call, and what may have been their destination is quite unclear. They came at every time of day. Michael, Max Wertheimer's

son, remarked to me that they often stayed for a modest supper, and I can confirm that. And their number was legion. As a guess, I would say that upwards of 250 refugees made the pilgrimage to New Rochelle in the years 1933 to 1937. So far as I can discover, this was a purely informal network. – (Edward B. Newman, 1989; zit. nach Sarris, 1989, 2012)

Wertheimer verfasste sein *opus magnum* während dieser dunklen Zeit. Sein Buch-manuskript schloss er nur wenige Wochen vor seinem Tod ab. Wie oben vermerkt, hatte er seine Vorarbeiten dazu bereits in Deutschland geleistet. Sein Lebenswerk blieb aller-dings unvollendet (vgl. „Zur Bedeutung des Werkes aus heutiger Sicht").

## Zur Entstehungsgeschichte des Werkes

Wertheimers erste Veröffentlichung aus gestalttheoretischer Perspektive, vorgelegt vor dem Erscheinen seiner Bewegungsarbeit (1912b), war der Aufsatz „Über das Denken der Naturvölker" (Wertheimer, 1912a). Hier stand das Zahlenverständnis von Urein-wohnern im Vordergrund des Interesses. Schon davor hatte er eine vielbeachtete musik-psychologische Arbeit publiziert, welche ihrerseits wichtige „Gestaltideen" enthielt (Wertheimer, 1910). Von besonderer Bedeutung für das Buch wurde die während des 1. Weltkriegs in Berlin ausgearbeitete, dann im Jahre 1920 erschienene Schrift „Über Schlußprozesse im produktiven Denken" mit zahlreichen Beispielen für die Bildung von kreativen Denkprozessen. Diese denkpsychologischen Themen hat Wertheimer auch in mehreren seiner Vorlesungen in Frankfurt und Berlin behandelt. Seine Lehrver-anstaltungen bot er zunächst in Deutschland, danach in den USA an (Abb. 1.1). Manche seiner vielen Illustrationen von psychologischen „Gestalten" im Hörsaal demonstrierte er eindrucksvoll auch am Klavier. Das vorliegende Werk verfasste er mit der Unterstützung von einigen seiner New Yorker Schüler bzw. Kollegen wie Solomon Asch und Rudolf Arnheim. Das postum publizierte Buch wurde dann von seinem langjährigen Kollegen und Wegbegleiter Wolfgang Köhler mitherausgegeben (s. Wertheimers Vorwort, ebd. S. XI & XIII). Bereits zehn Jahre zuvor hatte Karl Duncker (1935), ein früherer Wert-heimer- und Köhler-Schüler, eine eigene Monografie über produktives Denken – in deut-scher Sprache – veröffentlicht.

Alles in allem umfasst die Entstehungsgeschichte von Wertheimers „Productive Thin-king" einen Zeitraum von etwa fünfunddreißig Jahren.

## Inhalt des Werkes

Das Buch besteht aus sieben Kapiteln mit einer Vielzahl von Beispielen für produktives Denken. Der Darstellungsstil gibt dem Leser die Gelegenheit, das erforderliche Verständ-nis für einen Problemzusammenhang gut nachvollziehen bzw. selbst entwickeln zu kön-nen. Die einzelnen Kapitelüberschriften:

**Abb. 1.1** Max Wertheimer an der New School for Social Research in New York: Bleistiftzeichnung des Wertheimer-Schülers Rudolf Arnheim, 20. Mai 1942. - (Quelle: Arnheim, 1989)

- Die Fläche des Parallelogramms
- Das Problem der Scheitelwinkel
- Die berühmte Geschichte vom jungen Gauß
- Zwei Jungen spielen Federball; ein Mädchen beschreibt sein Büro
- Die Winkelsumme im Vieleck zu finden
- Eine Entdeckung Galileis
- Einstein: das Denken, das zur Relativitätstheorie führte

Die Kapitel behandeln der Reihe nach die Berechnung der Fläche eines Parallelogramms, das Problem der Gleichheit der Scheitelwinkel, die Entdeckung des jungen Mathematikers Carl Friedrich Gauß einer einfachen Methode zur Bestimmung der Summe einer regelmäßigen Serie; ferner, wie zwei Jungen einen einseitig geführten Wettkampf zu einem echten *Miteinander*-Spielen abwandeln und wie eine (frustrierte) Sekretärin ihre Büroarbeit kreativ-kooperativ umgestalten kann; Wertheimers eigene Ermittlung der Winkelsumme eines dreidimensionalen Vielecks; wie Galilei Galileo das physikalische Trägheitsgesetz entdeckte; und schließlich, wie Albert Einsteins Denken zur Formulierung der Relativitätstheorie führte.

Im Alltag überwiegt das automatische, nicht-kreative (unproduktive) Denken und Handeln. Dagegen lautet in Wertheimers **Einführung** (ebd., S. 1–15) bereits die Ausgangsfrage:

> Was geht vor sich, wenn das Denkgeschehen dann und wann wirklich fruchtbar wird; was passiert, wenn das eigene Denken tatsächlich „vorwärts" dringt? (…) Oder wenn man einen wirklich schöpferischen Einfall hat, ganz gleich, wie bescheiden oder genial der jeweilige Einfall sein mag; wenn man beginnt, einen gewünschten Zusammenhang bzw. Sachverhalt wirklich zu verstehen; oder wenn sich urplötzlich die Sinnhaftigkeit eines neuen Gedankens einstellt? – (Wertheimer, ebd., S. 1 f.)

Wertheimer betont in seiner Einführung, dass die Antworten der Assoziationspsychologie von Wilhelm Wundt (1832–1920) in Deutschland und diejenigen des Behaviorismus von Edward L. Thorndike (1874–1949) in den USA die eigentlichen psychologischen Fragen eines produktiven, schöpferischen Denkens eher verdeckt bzw. ignoriert hätten. Im Gegensatz dazu steht vielmehr seine gestalttheoretische Position, die den meisten Psychologen zu dieser Zeit nicht oder nur oberflächlich bekannt war.

## Die Fläche des Parallelogramms (Kap. I)

Dieses Kapitel – das längste in dem Buch – besteht aus vier Teilen (Teil I bis IV). Es ist in vierzig Abschnitte unterteilt und behandelt die Bestimmung der Fläche eines Parallelogramms durch Grundschüler der Stadt New York (S. 16–91). Das Kapitel dient den psychologisch und pädagogisch geleiteten Überlegungen zum produktiven Denken, um sinnvolles versus *blindes* (unreflektiertes) Lernen zu verdeutlichen („Einsicht" versus „Schul-Drill"). Die Behandlung der zielführenden Einzelschritte gegenüber einem bloßen Herumprobieren nach Versuch und Irrtum für den relevanten Lösungsweg folgt Wertheimers Anliegen, die kreativen Denkprozesse möglichst anschaulich herauszuarbeiten (Interaktion des Lehrers mit seinen Schülern im Klassenzimmer sowie Max Wertheimer als Psychologen). – Ein typisches Ergebnis der Versuche mit vielen Kindern aus New Yorker Grundschulklassen:

> Es gibt extreme Fälle gedankenlosen Reagierens, in denen ein Kind, wenn man ihm einfach die Figur gibt (d. h. ein Parallelogramm, FIG. 6), Wort für Wort wie ein Sklave (sic) wiederholt, was der Lehrer gesagt hat. Es murmelt: „Eine Senkrechte von der linken oberen Ecke" und zeichnet sie, dann eine zweite „von der rechten oberen Ecke" und zeichnet sie. (…) Auf der anderen Seite kommt es vor, dass es sogar Kindern, die erst sechs Jahre alt sind, die nichts von Geometrie gehört haben, nachdem man ihnen kurz gezeigt hat, wie man die Fläche des Rechtecks findet, gelingt, die Lösung für das Parallelogramm in einem schönen selbständigen Vorgehen zustandezubringen, ohne dass ihnen gesagt wird, was zu tun ist. – (S. 20 f.; Hervorhebung: V.S.)

Die Schulkinder sollten also anhand von geometrischen Hilfszeichnungen herausfinden, dass ein Parallelogramm zunächst auf die Fläche des dazu passenden Rechtecks a × b zurückgeführt werden muss, bevor die Flächengröße ermittelt werden kann (§ 23, S. 45, Fußn. 6; s. dazu auch den „während des tatsächlichen Denkprozesses" verfassten Bericht im Anhang, S. 250–255). Es gab ganz verschiedene Antworten auf diese Aufgabe, z. B. auch die abwehrende Reaktion: „Puh, Mathematik! (…) Ich kann Mathematik nicht leiden" (S. 53). – Dagegen ein Beispiel für die gelungene „Einsicht" bzw. das „Verstehen" eines Kindes:

> Als einem 51/2jährigen Mädchen das Parallelogramm (vor)gegeben wurde, nachdem ihr kurz gezeigt worden war, wie man die Fläche des Rechtecks findet, sagte sie: „Das ist nicht gut hier", indem sie auf die Gegend am linken Ende zeigte, „und nicht gut hier", indem sie auf die Gegend rechts zeigte. „Es ist ungeschickt, da und da" (FIG. 27). Zögernd sagte sie dann:,Ich könnte es hier richtig machen … aber. Plötzlich aber rief sie: „Kann ich eine Schere haben? Was hier schlecht ist, ist genau das, was dort gebraucht wird. Es passt." Sie nahm die Schere, schnitt es senkrecht durch und setzte das linke Stück rechts an. – (S. 55 f.)

Welche Rolle spielen grundsätzlich die wahrnehmungsgebundene „Erfahrung" und die „Transposition" („Transponierbarkeit") für die Entstehung von produktiven Denkprozessen? Die Rolle der Erfahrung wird – das zu betonen, ist für Wertheimer wichtig – keineswegs in Abrede gestellt, insoweit nämlich wirklich produktives Denken hierdurch eine Unterstützung erhält, nämlich:

> Es gibt immer noch Psychologen, die in einem grundsätzlichen Missverständnis glauben, die Gestalttheorie sei geneigt, die Rolle der früheren Erfahrung zu unterschätzen (d. h. in Bausch und Bogen abzustreiten). (…) Sie kämpft (allerdings) dagegen, dass man, was nur auf stückhafte Ansammlungen zugeschnitten ist, dogmatisch auf alles anwendet. (…) Frühere Erfahrung muss (sogar) aufs gründlichste in Betracht gezogen werden, aber sie ist in sich selbst mehrdeutig; solange sie (nur) in stückhafter, blinder Weise aufgefasst wird, ist sie nicht der Zauberschlüssel, der alle Probleme löst. – (S. 76; Ergänzung: V.S.)

Der Lösungsprozess für die Bestimmung der Flächeninhalte wird im Text zusätzlich mittels dreier Struktursskizzen verdeutlicht (S. 60 f.). Von Interesse sind dabei besonders die Hinweise zu den wahrnehmungsgebundenen und transpositionalen (relationalen) Aspekten der Lösungprozesse (S. 63–67, 77 f., 79; s. ferner die Stichworte „Wahrnehmung" und „Transponierbarkeit" im Sachverzeichnis). Wertheimers Vergleich der traditionellen Logik mit der gestalttheoretischen Position wird auch mittels eines Appells illustriert – zum Beispiel: „Lieber Leser, überdenken Sie es selbst. Vergleichen Sie die Behauptungen im Geist der traditionellen Logik mit einem echten Vorgang des (produktiven) Findens. Vielleicht sind Sie derselben Ansicht, vielleicht auch nicht" (S. 82).

## Das Problem der Scheitelwinkel (Kap. II)

Das Kapitel, in vier Teile untergliedert (Teil I bis IV), behandelt die Beweisführung zu einer nur scheinbar einfachen Scheitelwinkelaufgabe (S. 92–103). Eine typische

Unterrichtsfrage in der Schule dient dem Beweis, dass die beiden gegenüberliegenden Scheitelwinkel jeweils gleich groß sind (FIG. 43, S. 92). Bei der Aufgabe reagieren gerade aufgeweckte Kinder oft wie folgt: „Warum fragen Sie denn. Liegt es nicht klar auf der Hand? Natürlich sind die beiden Winkel gleich; kann das nicht jeder sehen?" In der Tat ist das Problembewusstsein für den Sinn einer solchen Aufgabe erst zu wecken. Beispielsweise wiederholt ein Schüler das von dem Lehrer Gesagte bzw. schematisch Beigebrachte nur unkritisch: „…(dann) wiederholt er blind wie ein Sklave, was er gehört hat; oder hat er begriffen, hat er verstanden?" (S. 93 f.). Das unsichere Verhalten sowie die Ratlosigkeit mancher Schulkinder werden – unter Wertheimers Rückverweis auf Kapitel I, S. 18 ff. – durch eine Negativbewertung unterstrichen: „Solche törichten Verfahrensweisen scheinen hauptsächlich auf der Grundlage des Drillunterrichts möglich zu werden" (S. 94, Fußn. 1). Weiter heißt es dazu: „Es gibt Schüler, die ernstlich verwirrt sind, wenn der Lehrer andere als die gewohnten Bezeichnungen in den Diagrammen benutzt. Es beweist, daß diese besonderen Individuen blind an dem kleben, was man sie gelehrt hat" (S. 95). – Welche Erklärungsbasis gibt es für dieses blinde „Kleben" vieler Schüler an dem zuvor Gelernten?

Wertheimer macht für die von ihm kritisierte „Blindheit" vor allem den amerikanischen Behavioristen und Lerntheoretiker Edward L. Thorndike (1920) verantwortlich (S. 95). Er schlägt demgegenüber eine mathematisch und psychologisch wesentlich anspruchsvollere Beweisführung vor, die zur Grundlage hat, dass jeder der fraglichen Scheitelwinkel als ein „Teil des Ganzen" verstanden werde; das geschieht mithilfe von zwei Strukturschemata (S. 99 & FIG. 58, S. 102). Abschließend nimmt Wertheimer die spätestens seit Immanuel Kant zwar übliche, aber ganz unzureichende Gewohnheit des „sukzessiven" Vorgehens im schulischen Lehren und Lernen kritisch unter die Lupe: Es handele sich dabei um die irreführende traditionelle Grundannahme über die eigentliche Natur des menschlichen Denkens. Diese Kantsche Tradition habe bisher die Unterrichtskultur gehemmt; sie entspreche dem blindmachenden „formal-logischen Ausdruck in Undsummen von Daten" (S. 103; s. auch Fußn. 4 zu Wertheimers sog. „Undsummen").

Alles in allem illustriert dieses Kapitel Wertheimers didaktische Absicht, den Kontrast zwischen der „blinden" Einstellung von Schulkindern zu einer nur scheinbar einfachen geometrischen Aufgabe und dem Eröffnen einer kreativ-kritischen Vorstellung von deren Lösung aufzuzeigen.

## Die berühmte Geschichte vom jungen Gauß (Kap. III)

Das Kapitel, nach fünf Teilen untergliedert (Teil I bis V; S. 104–143), dient der Diskussion eines genial einfachen Lösungsansatzes des sechsjährigen Carl Friedrich Gauß (1777–1855). Die damals im Schulunterricht gestellte Aufgabe lautete: „Wer von euch hat am schnellsten alle Zahlen von 1 bis 10 zusammengezählt: $1+2+3+4+5+6+7+8+9+10$?" (S. 105). Mit seiner verblüffend raschen Lösung („55") schlug der junge Gauß alle seine Klassenkameraden haushoch, wobei er nach dem folgenden Organisationsprinzip einer partiellen Summenbildung vorgegangen war: Er berechnete jeweils die Einzelsummen von $1 + 10 = 11$, $2 + 9 = 11$, $3 + 8 = 11$, $4 + 7 = 11$ und $5 + 6 = 11$; das ergab $5 \times 11 = 55$ (FIG. 60, S. 105; s. dazu FIG. 59, S. 104). Wie also der Knirps Carl Friedrich so rasch erkannte, handelt es sich im vorliegenden Rechenfall um insgesamt 5 Paare von Addenda („11") einer mathematischen Serie, das heißt: 5 mal 11 ergibt die Zahl 55. Somit hatte er den Kern einer wichtigen mathematischen Formel entdeckt, nämlich die Summenformel $S = (n + 1)(n/2)$, wobei n die Anzahl der Ausgangszahlen einer vorgegebenen Serie meint. Psychologisch interpretiert, gilt für seinen Lösungsprozess das Folgende:

> Der wesentliche Vorgang ist hier die Umgruppierung, die Neuordnung der Reihe im Lichte der Aufgabe. Das ist kein blindes Umgruppieren; es kommt sinnvoll zustande, indem die Versuchsperson die innere Beziehung zwischen der Summe der Reihe und ihrem Aufbau zu erfassen sucht. – (S. 106; Hervorhebung: V.S.)

Wertheimer stellte diese Aufgabe vielen Kindern verschiedenen Alters, um so nämlich „…zu sehen, ob eine gute Lösung gefunden würde und welche Hilfen, welche Bedingungen sie erleichterten. Um die Schritte und Eigentümlichkeiten zu studieren, benutzte ich (außerdem) *„planmäßige Variationen"*" (S. 105 f.; Hervorhebung: V.S.). Er unterschied drei Typen echter Lösungen, für die es zu erkennen galt, dass der Zunahme der Zahlen einer vorgegebenen Reihe von links nach rechts eine entsprechende Abnahme von rechts nach links folgte. Bei seinen Überlegungen räumte Wertheimer ein, dass die Lösung dieser Gaußschen Aufgabe keineswegs allen Versuchspersonen gelang – ja, zunächst auch ihm selbst nicht:

> Ich gestehe, dass es mir selber lange Zeit rätselhaft war, wie jemand (wie der junge Gauß) einsichtig auf den Gedanken der Verdoppelung gekommen sein konnte. Es hatte auf mich, wie für viele, wie ein Trick, wie ein Zufallsbefund gewirkt. (…) Aber sowie man dem psychologischen Vorgang beim produktiven Denken auf die Spur zu kommen versucht, ist man genötigt, die Ausdrücke in ihren funktionalen (gestalthaften) Bedeutungen zu betrachten und zu untersuchen. Aus diesen geht in den sinnvollen, produktiven Prozessen die Lösung hervor; auf ihnen beruht der grundlegende Unterschied zwischen dem einsichtigen Auffinden der Formel und ihrem „Finden" durch blindes Auswendiglernen oder Herumprobieren (trial and error). – (S. 111; Hervorhebung: V.S.)

Wie immer der Lösungsweg eines Kindes im Einzelfall ausgesehen haben mag, in jedem Fall muss das strukturelle Denkproblem als solches „erst einmal gesehen, bemerkt werden": Es gelte zunächst, die Gedankenschritte mit Blick auf die „Gesamtlage" der Gaußschen Aufgabenstellung zu begreifen („funktionales Gefordertsein"; s. Fußn. 4, S. 111 f.); nur so sei der eigentliche – zugegebenermaßen schwierige – Denkakt überhaupt in Gang zu bringen (S. 118 ff.; s. dazu FIG. 67, S. 119). Für Wertheimers Erörterung der generellen Bedeutung der „funktionalen Fixierung" für den Denkprozess die *Wahrnehmungsgebundenheit* angeführt (S. 124, s. Fußn. 11, FIG. 69 & FIG. 70): „Eine Untersuchung über die blindmachenden Wirkungen mechanischer Wiederholung in Folgen zugewiesener Aufgaben wurde (bereits) in Berlin 1924 begonnen. (Karl) Duncker und (Karl) Zener erzielten überraschende Ergebnisse. In den letzten Jahren hat einer meiner (weiteren) Schüler, A(braham) Luchins, eine umfassende Untersuchung dieses Effekts in Schulen durchgeführt" (S. 131; Ergänzung: V.S.). Wertheimer hat seine Schulversuche mit New Yorker Lehrern, Mathematikern, Logikern und auch mit Psychologen intensiv diskutiert (S. 132 ff.) – das gemäß der gestalttheoretischen Grund-bedeutung von „Ganz-Eigenschaften" (S. 137). Am Kapitelende wird die Frage der mathematischen „Exaktheit" (S. 138–141) behandelt unter Bezugnahme auf die Ver-suche von Wertheimer-Mitarbeitern in den USA, unter anderem Catherine Stern (S. 126), Solomon Asch (S. 131) und George Katona (S. 132).

## Zwei Jungen spielen Federball; ein Mädchen beschreibt sein Büro (Kap. IV)

Dieses sozialpsychologisch und pädagogisch orientierte Kapitel ist in zwei Teile unter-gliedert (Teil I & II; S. 144–171). Es wird gezeigt, dass sich kreative („produktive") Lösungsansätze auch auf alltagsnahe Situationen des sozialen Miteinanders von Kin-dern und Erwachsenen übertragen lassen, insofern man sich auf einige grundsätzliche Überlegungen dazu eingelassen hat (S. 144 ff.). Aber wie lassen sich produktive Denk-prozesse auch in sozialpsychologisch relevanten Situationen untersuchen?

Zunächst wird das Beispiel des Federballspielens behandelt: Zwei Jungen A und B – ein Junge A (zwölf Jahre), der deutlich bessere Spieler im Vergleich zu seinem Mitspieler B (zehn Jahre) – sind rasch gelangweilt; aber sie verständigen sich auf die für beide erlösende Idee einer Regeländerung: Sie wollten lieber zählen, wie häufig sie den Federball zwischen sich hin und her schlagen können: „Wir wollen mal sehen, wie lange wir den Ball zwischen uns hin- und hergehen lassen können, und zählen, wie oft er hin- und hergeht, ohne zu fallen. Auf wieviele Punkte wir es bringen?" (S. 153; s. auch die Vorüberlegungen dazu in fünf Punkten, S. 151 ff.). Die neue Spielregel führte bei diesen Jungen schlagartig zu einem erfolgreichen Miteinander im Federball-spiel, das nunmehr beiden Konkurrenten Vergnügen bereitete. Mittels dieses Beispiels betont Wertheimer die grundsätzliche Bedeutung eines konstruktiven „Miteinanders" beim Spielen – ein Gedanke, der gelegentlich auch für das *Schachspielen* gelten könne:

> Warum? Sie lieben ein gutes Spiel, sie haben keine Freude am bloßen Gewinnen, wenn es nur durch einen törichten Fehler ihres Gegners gelingt. Ich meine allgemein, es sollte mehr Spiele von der Art geben, in der produktive Gemeinschaftsarbeit verlangt wird, anstatt der bloßen Wettkampfspiele. – (S. 153)

Wichtig für das Gelingen eines echten Miteinanders sei – wie bereits im voran-gegangenen Kapitel III aufgezeigt – die persönliche „Einstellung" (im engl. Origi-nal: „attitude"). Das damit Gemeinte wird mit einfachen Strukturschema-Beispielen verdeutlicht (FIG. 92 bis FIG. 95, S. 154 f.), die für Wertheimer von sozialer, ja sogar sozialphilosophischer Relevanz seien (Fußn. 12, S. 155; Fußn. 14, S. 158; s. auch Fußn. 15, S. 161): Dagegen sei das Beispiel des Federballspiels wirklich „nur eine kleine Geschichte"; ja, es müsse die Bedeutung eines uneigennützigen „Problemlösens" im Gegensatz zu einer bloßen „ich"-zentrierten Einstellung erkannt werden: „Die Rolle der rein subjektiven Interessen des Selbst bei dem menschlichen Handeln wird, glaube ich, weit überschätzt. Wirkliche Denker vergessen sich selbst beim Denken. (Denn) die Hauptvektoren beim ursprünglichen Denken beziehen sich oft nicht auf das Ich mit seinen persönlichen Interessen; sie bringen vielmehr die strukturellen Forderungen der gegebenen Situation zum Ausdruck" (S. 158; s. Fußn. 13 & 14).

Auch das zweite Beispiel geht von einer scheinbar einfachen Alltagsbegebenheit aus, mit der Frage: Wie kann eine junge, unerfahrene und vermutlich frustrierte Büroangestellte die Einsicht in die passende Lösung für eine kreative Arbeitsstrategie finden (S. 159 f.)? Wertheimer merkt dazu allgemein an, dass eine „blindmachende" Unfähigkeit – verbunden mit einer „ego"-zentrierten Einstellung – großen Schaden im Alltag von Menschen anrichten könne; nämlich:

> Das hier ist (wieder nur) ein harmloses Beispiel einer törichten Haltung im Leben und im Denken, die oft beträchtliche Folgen für die Formung der Ansichten und Handlungen eines Menschen hat. (…) Im äußersten Fall wird (aber) die Selbst-Zentrierung zu einem wohlbekannten Symptom eines psychopathologischen Zustands, der in sozialen und persönlichen Angelegenheiten oft in mißliche Lagen bringt. – (S. 161; Hervorhebung & Ergänzung: V.S.)

Wie aber lässt sich dieser nur scheinbar „harmlose" Fall einer – frustrierten – Büroangestellten verstehen? Die junge Angestellte hatte in ihrer Ausgangsbeschreibung der Bürosituation „… zwar alle vorkommenden Beziehungen einzeln (korrekt) angegeben, aber in einem wirren, falsch zitierten Haufen" (S. 164). Wertheimer stellt demgegenüber nun vier verschiedene Beschreibungen der jetzigen Arbeitssituation ausführlich dar, das anhand von mehreren Diagrammen (FIG. 98 bis FIG. 106, S. 161–164). Für das so genannte „relationale Netzwerk" der Arbeitsbeziehungen zwischen den Angestellten – ein Chef, zwei Sekretäre, vier Gehilfen – lasse sich der vorliegende Sachverhalt nur mittels der vierten Beschreibung adäquat abklären: „Kurz: Stückhaft betrachtet, sind (zwar) die erste und zweite Betrachtung in gewisser Weise zutreffend und vollständig in allen Einzelheiten, aber sie führen eine Zentrierung ein, eine Gruppierung, die für die logische Hierarchie in der Situation blind ist; sie verzerrt die (einzig korrekte) Beschreibung der Struktur; sie verfehlt die strukturelle Bedeutung der Teile (im Rahmen eines echten Ganzen)" (S. 167; Ergänzung: V.S.). Dazu wird abschließend festgestellt: Erst ganz allmählich tauche „… irgend eine ´nebelhafte Ahnung' auf, die in Richtung der (korrekten) Umzentrierung hinweist, bis plötzlich das Bild sich in die vollständig neue (Arbeits-) Struktur kristallisiert" (S. 171: Ergänzung: V.S.).

Die Konzepte der „Einstellung" und der „funktionalen Fixierung" in diesen beiden sozialpsychologischen Beispielen für das sprichwörtlich bekannte „den Balken im eigenen Auge nicht sehen" sind noch heute von großem Forschungsinteresse. Denn sie

liefern die theoretische Basis für die beiden Zentralbegriffe „Vorurteile" und „Anker-
effekte" in der modernen Vorurteilsforschung – dafür gibt es eine Fülle von neuen
Publikationen (z. B. Mussweiler, 2003).

## Die Winkelsumme im Vieleck zu finden (Kap. V)

In diesem Kapitel über Wertheimers eigenes „produktive" Denken wird eine weitere
algebraische Frage zur zielgerichteten Problemlösung behandelt (S. 172–184). Dazu
die folgende Ausgangsaufgabe: Die jeweiligen Summen der Winkel aller möglichen
Vielecke unterscheiden sich klar voneinander – beim Dreieck ist die Winkelsumme 180
Grad, beim Reckteck 360 Grad, bei einem Hexagon 720 Grad. Aber was bedeutet es,
wenn ein Künstler in Wertheimers Freundeskreis spontan etwas ganz anderes behauptete,
nämlich: „Alle diese Winkelsummen sind gleich groß" (S. 172)? Während die anderen
Freunde über diese kuriose Behauptung des Künstlers lachten und spotteten, wurde Max
Wertheimer nachdenklich und meinte, dass die Einlassung dieses Künstlerfreundes wohl
gar nicht abwegig sei – er begann noch am selben Tag damit, über deren Sinnhaftigkeit
zu grübeln.

Wertheimers eigener langwieriger Denkprozess sollte mehrere Wochen andauern.
Wie konnte sein Bemühen um einen „produktiven" Lösungsprozess für diesen paradox
anmutenden Fall zum Erfolg führen? Er schildert seine einzelnen Überlegungen – mit
den gelegentlich intuitiven Einfällen – ausführlich. Hier zunächst ein Beispiel für einige
seiner eher rudimentären Gedanken während der ersten Tage:

> Am Tag darauf kam mir mitten zwischen anderer Arbeit plötzlich der Gedanke, ganz ver-
> schwommen, unbestimmt und ungewiß. Aber dieser höchst nebelhafte Gedanke konnte im
> Augenblick nicht weiter geklärt werden (S. 173). (…) Drei Tage vergingen. Was ich auch
> tat, immer war dieses selbe starke Gefühl gegenwärtig, das Gefühl von etwas Unbeendetem,
> das Gefühl, auf etwas gerichtet zu sein, was ich nicht in den Griff bekam, die Gedanken
> konnten nicht wirklich in Worte gefaßt werden (…). Nach nochmals zwei Tagen erhob sich
> die folgende Frage: Wenn ich einen Punkt habe, so ist ein Vollwinkel darum. Wenn ich
> eine gerade Linie habe, so ist ebenfalls ein Winkelraum darum. – (S. 173 f.; FIG. 126 &
> FIG. 127)

Erst während der weiteren Tage bzw. sogar Wochen intensiven Nachdenkens zeigten sich
nunmehr brauchbare „Wege des weiteren Vordringens" (S. 175). Diese Wege beschreibt
Wertheimer – in Verbindung mit verschiedenen Hilfszeichnungen – minutiös in sieben
bzw. acht Punkten (S. 175–182; s. FIG. 130 bis FIG. 140); zum Beispiel: „Aber das
Problem war damit noch nicht erledigt. Als die Lösung klar wurde, begann die Forderung mich zu bedrängen: Wenn dieser Gedankengang wirklich auf den Kern der Sache
geht, dann müßte er auch für jedes geschlossene Gebilde gelten. Er müßte für dreidimensionale Körper, für vierdimensionale, n-dimensionale, kurz für alle geschlossenen
Gebilde gelten (…). In sechs Wochen harter Arbeit gelang es mir, für dreidimensionale
Gebilde Verständnis zu gewinnen" (S. 180).

Wertheimers Gedankengänge, welche charakteristischerweise manche Höhen und Tiefen seines Grübelns aufwiesen, waren durch zwischenzeitliche Momente der *„Intuition"* und des *„Glücks"* gekennzeichnet (S. 175, 180). Dazu heißt es aber auch: „Die folgenden Tage waren strengen Beweisführungen gewidmet …" (S. 182). Jedoch kam der eigentliche Durchbruch, nämlich „… die Lösung für die *dreidimensionalen* Körper … nachts in einem *halbwachen* Augenblick" (S. 182; Hervorhebung: V.S.). Die genaue Lektüre dieser Wertheimerschen Denkwege mag noch heute den Leser erfreuen, das auch unter Nutzung seiner besonderen Denkhilfen (s. Fußn. 4, S. 180 f.).

## Eine Entdeckung Galileis (Kap. VI)

Das Kapitel, in drei Teile unterteilt (Teil I bis III), ist das kürzeste im Buch (S. 185–193). Im Gegensatz zu den Aufgaben im schulischen Alltag nehmen die Entdeckungen von Galilei Galileo (1564–1662) einen wichtigen Platz in der Wissenschaftsgeschichte ein, dabei besonders seine Erforschung der physikalischen Geschwindigkeit bewegter Körper. Die Ausgangslage zu der Frage, wie Galilei seine einschlägige Entdeckung machte, die zum Trägheitsgesetz der neueren Physik führte, wird im I. Abschnitt des Kapitels in drei Punkten dargestellt (S. 186 ff., FIG. 142). Danach folgen im II. Abschnitt (S. 188 f., FIG. 143) sowie im III. Abschnitt (S. 189 ff., FIG. 144 & FIG. 145) die weiteren Überlegungen, die zu Galileis eigentlichem Durchbruch geführt haben (S. 188–191):

In Abschnitt II ist Galileis Unterscheidung von der „Abnahme der Beschleunigung" versus der „Abnahme der negativen Beschleunigung (Verzögerung)" von zentraler Bedeutung: „Wenn der Körper in die Höhe geworfen wird, haben wir nicht positive, sondern negative Beschleunigung. Der Körper wird im Verlauf seines Steigens langsamer …" (S. 188). – Welches sind die nächsten zielführenden Gedanken, vor allem als eine wichtige „Lücke" in seinen bisherigen Gedanken bemerkt wurde? Es wird hier auf den Text im Einzelnen verwiesen. Zusammenfassend heißt es dazu (Abschnitt III):

> Natürlich sind Operationen der traditionellen Logik beteiligt, wie Induktion, Schluß-folgerung, Aufstellung von Lehrsätzen, Ableitung (Deduktion) – und Beobachtung und erfindungsreiche Experimentierkunst. (…) Aber alle diese Operationen finden an ihrem Platz in dem Gesamtprozeß statt. Der Prozeß selbst ist gesteuert durch die Umzentrierung, die dem Verlangen nach umfassender Einsicht entspringt. – (S. 191)

Die Bedeutung der einzelnen „Bewegungs"-Begriffe änderte sich im Denkprozess von Galilei von Grund auf; das von ihm Erdachte erhielt „seine neue Bedeutung kraft seiner Rolle und Funktion in der neuen Struktur" (S. 193). Bemerkenswert an Galileis Entdeckung ist auch, dass die dabei relevanten produktiven Denkprozesse aus seinem persönlichen „…Verlangen nach wirklichem Verständnis erfolg(t)en, um (so) ein *in sich geschlossenes Bild* zu gewinnen und sich zu überzeugen, was von der Struktur des *Ganzen* her für die Teile gefordert ist" (S. 193; Hervorhebung: V.S.).

## Einstein: Das Denken, das zur Relativitätstheorie führte (Kap. VII)

> Das waren wunderbare Tage, als ich, zuerst im Jahre 1916, das Glück hatte, Stunden über
> Stunden mit Einstein zusammenzusitzen, allein in seinem Arbeitszimmer, um von ihm die
> Geschichte der dramatischen Entwicklungen seiner Gedanken zu hören, die in der Relativi-
> tätstheorie gipfelten. Während dieser langen Gespräche richtete ich an Einstein sehr ins
> Einzelne gehende Fragen über die konkreten Ereignisse bei seinen Überlegungen. – (S. 194)

Das Kapitel ist in drei Teile (Teil I bis III, S. 194–218) und zehn Akte für Teil I (195–
210) gegliedert. Es befasst sich mit der Entwicklung der Gedanken, die zur Relativitätstheorie von Albert Einstein (1879–1955) geführt haben. – Erster Akt: „Der Denkprozeß
begann in einer Weise, die nicht sehr klar war und daher schwer zu beschreiben ist –
in einem gewissen Zustand der Verwirrung. Erst kamen Fragen wie: Wie wäre es, wenn
man hinter einem Lichtstrahl hinterherliefe. Wie, wenn man auf ihm ritte (…). – Sein
Wunsch, solche Experimente zu entwerfen, war stets begleitet von einigem Zweifel,
ob es sich wirklich so verhielt" (S. 195 f.). – Zweiter Akt („Bestimmt das Licht einen
Zustand absoluter Ruhe?"): Im Text wird zunächst vermerkt, dass der Laie in moderner
Physik gleich zu Akt IV übergehensolle, um so „die späteren Schritte innerhalb der positiven Lösung (leichter) verfolgen zu können" (S. 196). Danach heißt es:

> Hinter allem diesem mußte etwas sein, was noch nicht erfaßt, noch nicht verstanden war.
> Das Unbehagen hierüber kennzeichnet die Geistesverfassung des jungen Einstein. Als
> ich ihn fragte, ob er während dieser Zeit schon eine Ahnung von der Konstanz der Licht-
> geschwindigkeit gehabt habe, unabhängig von der Bewegung des Bezugssystems, antwor-
> tete Einstein entschieden: Nein, es war nur Neugier. Daß die Lichtgeschwindigkeit, je nach
> der Bewegung des Beobachters, verschieden sein könnte, kam mir irgendwie zweifelhaft
> vor. Spätere Entwicklungen verstärkten diesen Zweifel. – (S. 197)

Vierter Akt („Michelsons Befund und Einstein"): In diesem Akt setzt sich Einstein mit
der Versuchsanordnung von Michelsons Experiment auseinander, wobei dessen Resultat nicht in die fundamentalen Anschauungen der klassischen Physik passte: „Wie (aber)
kommt dieses Ergebnis ganz genau zustande? Einstein war von diesem Problem *besessen*,
obwohl er (noch) keinen Weg zu einer positiven Lösung sah" (S. 198 f.; Hervorhebung:
V.S.). – Sechster Akt: „Einstein sagte sich: Abgesehen von dem Ergebnis erscheint die
gesamte Lage in dem Michelson-Versuch durchaus klar; alle beteiligten Faktoren und ihr
Zusammenspiel scheinen klar zu sein. Aber *sind* sie wirklich klar? Während dieser Zeit
war er oft niedergeschlagen, manchmal verzweifelt …" (S. 200). – Siebter Akt („Positive
Schritte auf dem Weg zur Klärung"): Hier werden die Überlegungen zur „Beobachtbar-
keit" und zur „Messung" von Raum-Zeit behandelt. Von dem Augenblick an, „…wo er
dazu kam, den gebräuchlichen Zeitbegriff in Frage zu stellen, brauchte er nur noch fünf
Wochen, um seine Abhandlung über die Relativität zu schreiben" (S. 195). An späterer
Stelle heißt es dazu: „Ereignisse, welche in bezug auf den Bahndamm gleichzeitig sind,
sind in bezug auf den Zug nicht gleichzeitig und umgekehrt (Relativität der Gleichzeitigkeit). Jeder Bezugskörper (Koordinatensystem) hat seine besondere Zeit" (S. 204).

Achter Akt („Invarianten und Transformation"): Auch hier spielen die Überlegungen zum „Bezugssystem", zu der „Zeitmessung" sowie zu den dabei relevanten physikalischen „Invarianten" eine herausragende Rolle: „Kann eine Beziehung zwischen dem Ort und dem Zeitpunkt von Ereignissen in Systemen, die sich linear gegeneinander verschieben, so gefaßt werden, daß die Lichtgeschwindigkeit eine Konstante wird? Schließlich fand Einstein die Antwort: Ja!" (S. 206). Wertheimer hakte dazu nach:

> In den Gesprächen, die ich im Jahr 1916 mit Einstein führte, stellte ich ihm (auch) die folgende Frage: Wie kamen Sie dazu, gerade die Lichtgeschwindigkeit als Konstante zu wählen? War das nicht willkürlich, einfach damit es zu diesen Experimenten und zur Lorentz-Transformation paßte? … Einsteins erste Erwiderung war, daß wir in der Wahl völlig frei seien. … Aber dann ging Einstein lächelnd dazu über, mir ein besonders hübsches Beispiel von einem sinnlosen Axiom zu geben. – (S. 206 f.)

Neunter Akt („Über Bewegung, über den Raum, ein Gedankenexperiment"): Hier wird ein Vergleich zwischen Newtons klassischer Theorie und Einsteins eigenem Denkansatz gezogen und dabei das Problem der „absoluten" versus „relativen" Bewegung erneut behandelt, um so die Basis für das experimentelle Vorgehen zu schaffen (S. 208 f.). – Zehnter Akt („Fragen für Beobachtung und Experiment"): Dazu wird Einstein weiter gefragt, ob er entsprechende „Entscheidungs-Versuche" für seine Theorie anführen könne. In der Tat bezogen sich seine weiteren Gedankenentwicklungen auf konkrete experimentelle Probleme – er konzenrierte sich besonders auf diesen Punkt wie folgt: „Ist es möglich, physikalische Entscheidungsfragen zu finden, beantwortbar in Experimenten, die entscheiden, ob diese neuen Thesen ´wahr´ sind; ob sie zu den Tatsachen besser passen, ob sie bessere Voraussagen physikalischer Ereignisse erlauben als die alten Thesen?" (S. 209). Einstein fand in der Tat eine Reihe solcher „Entscheidungs"-Versuche, „… von denen Physiker einige durchführen konnten und später tatsächlich durchgeführt haben" (S. 209).

Einsteins komplexe Problemstellung führte am Ende noch weiter (Teil II & III, S. 210–218), sie führte nämlich „… zu den Fragen der Allgemeinen Relativitätstheorie". Wertheimer merkt dazu an, dass auch hier immer wieder hinterfragt werden müsse: „Wie kommen die (weiteren) Operationen in Gang, wie treten sie in die Problemlage ein; was war ihre Funktion in dem tatsächlichen (ganzen) Prozeß?" (S. 210). Dazu zitiert er Einsteins psychologisch bedeutsame Feststellung: „Ich bin nicht sicher, ob es eine Möglichkeit gibt, das Wunder des Denkens wirklich zu verstehen. Aber sicher haben Sie (Wertheimer) recht, wenn Sie versuchen, zu einem tieferen Verständnis dessen zu gelangen, was in einem Denkprozeß wirklich vorgeht …" (Fußn. 5, S. 211). Natürlich interessiert für Wertheimers denkpsychologische Analyse besonders auch die folgende Frage und Beantwortung: „Wurden die (Einsteinschen) Axiome eingeführt, bevor die strukturellen Erfordernisse, die strukturellen Änderungen der Situation ins Auge gefaßt waren? Ging es nicht genau anders herum? Die Axiome waren (tatsächlich) nicht der Anfang, sondern das Ergebnis dessen, was da vor sich ging" (S. 212). Einsteins Antwort darauf lautete unter anderem: „Diese (meine) Gedanken kamen nicht in irgendeiner sprachlichen Formulierung. Ich denke überhaupt sehr selten in Worten. Ein Gedanke kommt, und ich kann hinterher versuchen, ihn in Worte auszudrücken" (Fußn. 7, S. 212 f.). – Am Kapitelende heißt es schließlich: „Genaue Nachprüfung der Gedankengänge Einsteins ergab stets, daß, wenn ein Schritt vollzogen wurde, dies deshalb geschah, weil er gefordert war; (…) irgenwelches blinde, nur aufs Geratewohl unternommene Vorgehen (ist) seinem Geist völlig fremd" (S. 217; s. auch Fußn. 8).

Wertheimers vermutlich letzter Brief an Albert Einstein, datiert vom 9. August 1943, befasste sich mit einigen besonderen Passagen seines Kapitels zur Relativitätstheorie mit der Bitte um Einsteins Stellungnahme; dessen zustimmende Antwort erfolgte am 9. September 1943 (Max Wertheimer Archives in Boulder, CO; s. Sarris, 1996).

Am Schluss („Dynamik und Logik des produktiven Denkens"; Teil I bis III, S. 219–249) präsentiert Wertheimer ein sechsteiliges *Credo* seiner gestalttheoretischen Perspektiven zum produktiven Denken (Sarris & Michael Wertheimer, 2018). Dabei wird das gestaltpsychologische Schlüsselprinzip der Transposition („Transponierbarkeit") besonders gewürdigt, das mithilfe eines längeren musikalischen Notenbeispiels (S. 240–243, s. FIG. 150).

## Wertheimers Credo

1. Es wurde etwas gefunden, das die echten, d. h. produktiven Denkvorgänge erfasst. Tatsächlich trifft es nicht zu, dass Menschen keine Freude daran haben oder unfähig sind, produktiv zu denken – eine Tatsache, die man als besonders hoch bewerten muss. Selbstverständlich sind beim Denken typischerweise immer auch negative Faktoren am Werk, wie beispielsweise die „blinden" Gewohnheiten, ferner gewisse Arten von (Schul)-„Drill" sowie individuelle Vorurteile oder auch nicht-zielführende Interessen einer Person (Sarris & Michael Wertheimer, 2018).
2. Bei produktiven Denkvorgängen sind insbesondere solche Faktoren und Operationen am Werk, die von den herkömmlichen, traditionellen Theorien der Assoziationspsychologie und des Behaviorismus kaum beachtet oder von diesen schlicht ignoriert wurden.
3. Die für das produktive Denken relevanten Besonderheiten der einzelnen Operationen sind jeweils von einer charakteristischen Art; sie sind nicht „stückhaft", sondern auf die Besonderheiten der jeweiligen *Gesamtsituation* bezogen; ihre Teile funktionieren in ihrer Rolle innerhalb des jeweils Ganzen – „von oben nach unten" (s. das Motto in der Einleitung zu diesem Kommentar, S. oo).
4. Obwohl es zutrifft, dass auch solche Operationen, wie diese in den traditionellen Ansätzen behandelt werden, an den typischen Denkprozessen beteiligt sind, funktionieren sie immer nur in bezug auf die Eigentümlichkeiten des jeweiligen *Kontexts* – d. h. im Sinne einer relationalen Wirkungsweise („Transponierbarkeit").
5. Dabei sind die produktiven Denkvorgänge nicht von der Art einer (blinden) „und-summativen" Anhäufung, etwa im Sinne eines bloßen Nacheinanders von „stückhaften" Assoziationen: Trotz gelegentlicher – oder gar: häufiger – Verirrungen

oder dramatischer Negativwendungen erweisen sich die produktiven Denkvorgänge als in sich geschlossene ganzheitliche Phänomene.

6. In ihrer Entwicklung führt echt produktives Denken zu sinnvollen Lösungen, Erwartungen und Vermutungen. Diese verlangen nach einer „redlichen Haltung", das im Sinne einer wirklichen Suche nach „Verifikation". Denn fehlt beim Denkenden in dessen Einstellung zur „Wahrheit" die erforderliche Gewissenhaftigkeit, so besteht die Gefahr eines Dilettantismus (z. B. die starke Tendenz, sich mit dem nur oberflächlich Einleuchtenden zu begnügen): Hinter dem gewissenhaften Denken steckt das menschliche Verlangen, den jeweils springenden Punkt in den Blick zu nehmen, d. h. einem Sachverhalt wirklich auf den Grund zu gehen und so zu einer klaren Problemsicht zu gelangen (s. dazu Wertheimers Hinweis auf seinen Artikel „On Truth", S. 220, Fußn. 1).

Das folgende Zitat soll dem Leser als weitere Hilfe dienen, die Botschaft dieses Wertheimerschen Credo zu ermessen – nämlich (Abb. 1.2): „Die Menschen sind unglücklich, wenn die Verwicklung (von stückhaften sowie und summen-haften) Zügen den (einzelnen) Sachverhalt (eines produktiven Denkens) vernebelt; sie verlangen nach einer strukturell klaren Ansicht, in der die Einzelheiten ihren bestimmten Platz, ihre Rolle und Funktion finden und die Hauptlinie und die daraus hervorgehende Blick- und Handlungsrichtung nicht verwirren" (S. 232; Ergänzung: V.S.).

## Rezeption des Werkes

Auf Wertheimers langjährigen Freund Albert Einstein soll die Überlegung zurückgehen, dass ein guter Wissenschaftler sich täglich mindestens eine halbe Stunde lang Gedanken über mögliche Gegenpositionen seiner Fachkollegen machen solle: Wie sehr bzw. inwieweit trifft diese Einsteinsche Empfehlung auf Wertheimers *gestalttheoretisches* Werk zu?

Das Originalwek „Productive Thinking" (1945) wurde in Nordamerika kurz nach seiner Veröffentlichung in mehr als fünfzehn Fachzeitschriften und erziehungswissenschaftlichen Fachjournalen sowie renommierten US-Zeitungen besprochen: von der *Philosophical Review* über das *American Journal of Psychology* bis zum *Psychological Bulletin* und der *New York Times*. Bis auf wenige Ausnahmen waren alle Buchrezensionen positiv. Allerdings weisen Brett King und Michael Wertheimer (2005, S. 351) auch auf einen Kommentar mit folgender kritischen Anmerkung hin: „One commentator noted (that) Wertheimer assumes that any of his examples can without undue distortion be taken as instances of *one basic process*" (Hervorhebung: V.S.; s. unten „Zur Bedeutung des Werkes aus heutiger Sicht").

Bezeichnend für den großen Anklang, den das Buch fand, ist die Tatsache, dass es neben der englischen auch in weiteren Sprachen erschien. Eine japanische Übersetzung wurde 1952 publiziert und die vorliegende deutsche Übersetzung erfolgte 1957 (2. Aufl. 1964). Eine leicht erweiterte Ausgabe des amerikanischen Originalwerks erschien 1959;

**Abb. 1.2** Titelblatt von Wertheimers Werk „Productive Thinking" mit dem Foto von Max Wertheimer und seiner Frau Anna sowie deren Kindern Valentin, Lise und Michael bei ihrer Ankunft in New York am 16. September 1933 (von links nach rechts). (Quelle: Sarris, 1996)

danach folgten zwei Neuausgaben (1971, 1978). Die letzte Ausgabe des Werks erschien 1982 mit einem längeren Vorwort von Anders Ericsson, Peter G. Polson und Michael Wertheimer sowie weiteren – zuvor unveröffentlichten – Anhängen. Angesichts der Tatsache, dass die Rezeption eines Werks immer auch von den Faktoren der jeweils zeitgebundenen, auch wertebezogenen Erkenntnisse einer Wissensgesellschaft mitbestimmt wird („Zeitgeist"), sollte das Buch natürlich auch im Lichte der neueren Psychologieentwicklung betrachtet werden; das heißt: Was ist und bleibt seit den letzten Jahren bzw. Jahrzehnten das wirklich „Revolutionäre" an diesem Werk (Murray, 1995; Kaufman & Sternberg, 2019)? Und wie können die sich dabei aufdrängenden praktische Fragen von heute und morgen „produktiv" im Wertheimerschen Originalsinne gelöst werden (*wenn einem dabei gleichsam* fort *die Schuppen von den Augen fallen:* s. Vorwort, S. V)?

## Zur Bedeutung des Werkes aus heutiger Sicht

Abgesehen davon, dass die Mathematik an den heutigen Schulen vermutlich immer noch als eines der unbeliebtesten Fächer gilt, sind Wertheimers psychologische Analysen des produktiven Denkens mehr denn je von aktuellem Interesse geblieben (man denke nur an die heutigen zum Teil anti-produktiven Probleme vieler blindmachenden Computerspiele und auch an die der mancherorts zunehmenden Internetsucht). Allerdings hat das Werk keine systematische Darstellung der Gestalttheorie geliefert. Im *Vorwort* hat Wertheimer sein Buch nur als eine erste Einführung („Prolegomena") bezeichnet; es müssten diesem noch zwei weitere Werke folgen – eines über die „Gestaltlogik", ein zweites über die systematischen Aspekte der Psychologie; jedoch sind die beiden angekündigten Bände nie erschienen (King & Michael Wertheimer, 2005, S. 354).

Das Buch ist eine Herausforderung auch für die heutige Psychologie des Denkens. Die Kognitionspsychologen, die auf dem Gebiet des kreativen bzw. zielgerichteten schöpferischen Denkens arbeiten und sich auf die schwierige Erfassung der *Komplexität* der dynamischen Aspekte und deren Beziehungen zum „schnellen" und „langsamen" Denken konzentrieren (Kahneman, 2011), sehen sich mit einer Fülle von noch unerforschten Aspekten des Lernens und Gedächtnisses konfrontiert (Kurz- und Langzeitgedächtnis) – sowie auch mit den noch ungeklärten Fragen des dabei involvierten Motivations- und Emotionsgeschehens (Kaufman & Sternberg, 2019). Allerdings, wie verträgt sich allein schon die These der bekannten perzeptiven und kognitiven Verzerrungen mit Wertheimers Herausstellung der „produktiven" Denkprozesse? Vielleicht gilt im Sinne der gestalttheoretischen Grundidee noch heute die auch von Irvin Rock (1983) geäußerte Vermutung, dass bereits die Wahrnehmungs- und Denkprozesse engstens miteinander verflochten seien: „… it is entirely possible that we may learn about the operations of thinking by studying perception" (Rock, 1983). Damit fragt sich auch, ob und inwieweit die zumeist still angenommenen engen Verflechtungen der Wahrnehmungs- und Denkprozesse sowohl entwicklungs- und sozialpsychologisch als auch tierpsychologisch relevant sind (Sarris, 2006).

Für Wertheimers häufig emphathisch und – aus heutiger Sicht – vielfach idealistisch anmutende Sichtweise auf die von ihm behandelten produktiven Denkprozesse beim Menschen gilt allerdings auch seine wichtige **Einschränkung** am Ende des Buchs (Widerstreit zwischen „produktiven" versus „nicht-produktiven" Kräften): „Natürlich sind oft starke äußere Faktoren *gegen* die (produktiven) Vorgänge am Werk, wie z. B. blinde Gewohnheiten, gewisse Arten von Schul-Drill, Vorurteile oder besondere (persönliche) Interessen" (ebd., S. 219; Hervorhebung: V.S.). Jedenfalls sind durch sein Werk viele Folgearbeiten entstanden, besonders auf den sich rapide entwickelnden Feldern der Einzelforschung zu den kognitiven Heuristiken und zur begrenzten Rationalität (Simon, 1978; Simon et al., 2008; Gigerenzer & Gaissmaier, 2011) sowie auch zu der Hirnforschung und Neuroinformatik (z. B. Kounios & Beeman, 2014). Die nachhaltende Aktualität des Buchs ist umso bemerkenswerter, als Wertheimer spätestens seit seiner Emigration in die USA – im Vergleich zu seinem Wirken in Deutschland – vielfach isoliert gearbeitet hat.

**Kritisch ist allerdings weiterzufragen** Wie steht es mit der *methodisch-methodologischen* Relevanz des Wertheimerschen Werks aus heutiger Perspektive? Inwieweit stellen die untersuchten produktiven Denkprozesse – wie im Buch fast durchgängig unterstellt – wirklich eine inhaltliche **Einheit** dar? Oder müsste nicht erst einmal eine differentialpsychologisch abgesicherte Typologie von den zum Teil wohl sehr unterschiedlichen Prozessen erfolgen? In der gegenwärtigen Forschung zum kreativen Denken wird charakteristischerweise systematischer als früher gearbeitet, d. h. nicht nur vorwiegend qualitativ beschreibend auf einer *post hoc* Basis mit Einzelfällen (N = 1). Denn die meisten Forscher sind heute weit mehr darum bemüht, den jeweiligen methodologischen Standards einer statistisch quantitativen Datengewinnung zu genügen, das auch unter Verwendung von mathematischen Methoden oder Computermodellen. Wertheimers Werk findet dabei trotzdem die weitere Beachtung der Psychologen und der anderen Wissenschaftler aus der Neurowissenschaft, Erziehungswissenschaft, Philosophie und Wissenschaftsgeschichte – denn die Konzepte der Einsicht und des Verstehens sind und bleiben die zentralen Bestandteile eines jeden schöpferischen Denkprozesses, gleichsam als ein *permanenter Stachel* für die künftige Forschung (Sternberg & Davidson, 1995; Knoblich & Öllinger, 2006; Kaufman & Sternberg, 2019). Das gilt auch angesichts der unbestreitbaren Tatsache, dass die echt kreativen bzw. schöpferischen Potentiale unseres menschlichen Denkens bis heute vielfach ungenutzt sind.

## Literatur

Arnheim, R. (1989). Max Wertheimer. *Psychological Research, 51*, 45–46.
Ash, M. G. (1989). Max Wertheimer's university career in Germany. *Psychological Research, 51*, 52–57.

Ash, M. G. (1995). *Gestalt psychology in German culture 1890–1967: holism and the quest for objectivity*. Cambridge, MA.: Cambridge University Press.

Duncker, K. (1935). *Zur Psychologie des produktiven Denkens*. Berlin: Springer. (Übersetzt ins Amerikanische, 1945).

Ehrenfels, C. von (1890). Über Gestaltqualitäten. *Vierteljahresschrift für wissenschaftliche Philosophie, 14*, 249–292.

Einstein, A. (1991). Vorwort von 1950. In H.-J. Walter (Hrsg.), *Max Wertheimer: Zur Gestaltpsychologie menschlicher Werte* (S. 9–10). Wiesbaden: Springer.

Ericsson, A., Polson, P. G. & Mich. Wertheimer. (1982). Preface to the Phoenix edition. In Mich. Wertheimer (Hrsg.), *Max Wertheimer: Productive Thinking* (S. xi–xvii). New York: Harper.

Gigerenzer, G. & Gaissmaier, W. (2011). Heuristic decision making. *Annual Review of Psychology, 62*, 451–482.

Gundlach, H. (2014). Max Wertheimer, *habilitation* candidate at the Frankfurt Psychological Institute. *History of Psychology, 17*, 134–148.

Kahneman, D. (2011). *Thinking: fast and slow*. New York: Farrar.

Kaufman, C. & Sternberg, R.J. (Hrsg.).(2019). *The Cambridge handbook of creativity* (2nd ed.). Cambridge, MA: Cambridge University Press.

King, D. B. & Mich. Wertheimer (2005). *Max Wertheimer & Gestalt theory*. New York: Transaction Publ.

Knoblich, G. & Öllinger, M. (2006). Einsicht und Umstrukturierung beim Problemlösen. In J. Funke (Hrsg.), *Enzyklopädie der Psychologie. Denken und Problemlösen* (Bd. 8, S. 1–85). Göttingen: Hogrefe.

Kounios, J. & Beeman (2014). The cognitive neuroscience of insight. *Annual Review of Psychology, 65*, 71–93.

Murray, D. J. (1995). Gestalt ideas about thinking and problem-solving. In D. J. Murray, *Gestalt psychology and the cognitive revolution* (S. 132–164). New York: Harvester.

Mussweiler, T. (2003). Comparison processes in social judgment: mechanisms and consequences. *Psychological Review, 110*, 472–489.

Newman, E. B. (1989). Remembering Max Wertheimer 1931–1943. *Psychological Research, 51*, 47–51.

Rock, I. (1983). *The logic of perception*. Cambridge, MA: MIT Press. (Zit. nach Sarris, 1995).

Sarris, V. (1987). Max Wertheimers Frankfurter Arbeiten zum Bewegungssehen – die experimentelle Begründung der Gestaltpsychologie. *Forschung Frankfurt, 5*, 17–23. (Aktualisierter Nachdruck: In W. Meißner, Hrsg., *Forschung Frankfurt: Sonderband zur Geschichte der Universität*; S. 120–126. Frankfurt a. M.: Goethe-Universität, 2000).

Sarris, V. (1989). Max Wertheimer on seen motion: theory and research. *Psychological Research, 51*, 58–68.

Sarris, V. (1995). *Max Wertheimer in Frankfurt: Beginn und Aufbaukrise der Gestaltpsychologie*. Lengerich: Pabst.

Sarris, V. (1996). Max Wertheimer in New York: Zum 50. Jahrestag von *Productive Thinking (1945)*. *Psychologische Rundschau, 47*, 137–145.

Sarris, V. (1997). Reflexionen über den Gestaltpsychologen Max Wertheimer und sein Werk. Vergessenes und wieder Erinnertes. In M. Hassler & J. Wertheimer (Hrsg.), *Der Exodus aus Nazi-Deutschland und die Folgen: Jüdische Wissenschaftler im Exil* (S. 177–190). Tübingen: Attempto.

Sarris, V. (2006). *Relational psychophysics in humans and animals: a comparative-developmental approach*. London: Psychology Press.

Sarris, V. (2012). Epilogue: Max Wertheimer in Frankfurt and thereafter. In L. Spillmann (Hrsg.), *Max Wertheimer on perceived motion and figural organization* (S. 253–265).

Sarris, V. & Mich. Wertheimer. (1987). Max Wertheimer (1880-1943) im Bilddokument – ein historiografischer Beitrag. *Psychologische Beiträge, 29*, 469–493.

Sarris, V. & Mich. Wertheimer. (2001). Max Wertheimer's research on aphasia and brain disorders: a brief account. *Gestalt Theory, 23*, 267–277.

Sarris, V. & Mich. Wertheimer. (2018). Max Wertheimer: Productive Thinking (1945). In H. E. Lück, R. Miller & G. Sewz (Hrsg.), *Klassiker der Psychologie* (2. Aufl., S. 158–162). Stuttgart: Kohlhammer.

Sekuler, R. (1996). Motion perception: a modern view of Wertheimer's 1912 monograph. *Perception, 25*, 1243–1258. (Reprinted in L. Spillmann, Hrsg., *Max Wertheimer on perceived motion and figural organization*, S. 101–125; Cambridge, MA: MIT Press).

Simon, H. A. (1978). Information-processing theory of human problem solving. In W. K. Estes (Hrsg.), Human information processing. Hillsdale, NJ: Erlbaum.

Simon, H. A., Egidi, M., Viale, R. & Marris, R. (Hrsg.). (2008). *Economics, bounded rationality and the cognitive revolution.* London: Edward Elgard Publ. (Zugriff: 27.04.2019).

Sternberg, R. J. & Davidson, J. E. (Hrsg.). (1995). *The nature of insight.* Cambridge, MA.: MIT Press.

Stock, A. (2014). Schumann's wheel tachistoscope: its reconstruction and its operation. *History of Psychology, 17*, 149–158.

Wertheimer, Mich. (2014). Music, thinking, perceived motion: the emergence of gestalt theory. *History of Psychology, 17*, 131–133.

Westheimer, G. (1999). Gestalt theory reconfigured: Wertheimer's anticipation of recent developments in visual neuroscience. Perception, 28, 5–16.

## Im Text zitiertes Schrifttum von Max Wertheimer

Wertheimer, M. (1905). Experimentelle Untersuchungen zur Tatbestandsdiagnostik. *Archiv für die gesamte Psychologie, 6*, 59–131. (Auch Separatdruck als Inauguraldissertation, Leipzig: Engelmann, 1905).

Wertheimer, M. (1910). Musik der Wedda. *Sammelbände der internationalen Musikgesellschaft, 11*, 300–309.

Wertheimer, M. (1912a). Über das Denken der Naturvölker: 1. Zahlen und Zahlgebilde. *Zeitschrift für Psychologie, 60*, 321–378.

Wertheimer, M. (1912b). Experimentelle Studien über das Sehen von Bewegung. *Zeitschrift für Psychologie, 61*, 161–265. (Übersetzt ins Amerikanische: *Max Wertheimer on perceived motion and figural organization*, S. 1–91; L. Spillmann, Hrsg., Cambridge, MA: MIT Press, 2012).

Wertheimer, M. (1913). Über hirnpathologische Erscheinungen und ihre psychologische Analyse. *Münchener Medizinische Wochenschrift, 60*, 2651–2652.

Wertheimer, M. (1920). *Über Schlußprozesse im produktiven Denken.* Berlin: de Gruyter.

Wertheimer, M. (1923). Untersuchungen zur Lehre von der Gestalt. II. *Psychologische Forschung, 3*, 106–123. (Übersetzt ins Amerikanische: *Max Wertheimer on perceived motion and figural organization*, S. 127–182; L. Spillmann, Hrsg., Cambridge, MA: MIT Press, 2012).

Wertheimer, M. (1925). Über Gestalttheorie. (Vorlesung in der Kant Gesellschaft, 17. Dezember 1924). *Philosophische Zeitschrift für Forschung und Aussprache, 1*, 39–60. (Übersetzt ins Amerikanische: *Social Research*, 1944, *11*, 78–99).

Wertheimer, M. (1934). On truth. *Social Research, 1*, 135–146. (Nachruck in M. Henle, Hrsg., *Documents of Gestalt psychology.* Los Angeles: University of California Press, 1961).

Wertheimer, M. (1935). Some problems in the theory of ethics. *Social Research, 2,* 353–367. (Nachdruck in M. Henle, Hrsg., *Documents of Gestalt psychology.* Los Angeles: University of California Press, 1961).

Wertheimer, M. (1937). On the concept of democracy. In M. Ascoli & F. Lehman (Hrsg.), *Political and economic democracy* (S. 271–283). New York: Norton. (Nachdruck in M. Henle, Hrsg., *Documents of Gestalt psychology.* Los Angeles: University of California Press, 1961).

Wertheimer, M. (1940). A story of three days. In R. N. Anshen (Hrsg.), *Freedom: its meaning* (S. 555–569). New York: Harcourt, Brace. (Nachdruck in M. Henle, Hrsg., *Documents of Gestalt psychology.* Los Angeles: University of California Press).

Wertheimer, M. (1945). *Productive thinking.* New York: Harper. (Übersetzt ins Japanische von T. Yatabe und publiziert bei I.G. Sosho, Tokyo 1952; übersetzt ins Deutsche von W. Metzger und publiziert bei W. Kramer, Frankfurt a. M. 1957; 2. Aufl. 1964. – Erweiterte amerikanische Neuherausgabe von Mich. Wertheimer bei Harper, New York 1959 sowie bei University of Chicago Press, Chicago 1982).

Wertheimer, M. (1959). On discrimination experiments: I. Two logical structures. (Late undated manuscript, hrsg. von L. Wertheimer). *Psychological Review, 66,* 252–266.

# Produktives Denken (übersetzt ins Deutsche von Wolfgang Metzger, 1957)

Die Originalversion dieses Kapitels wurde revidiert. Ein Erratum ist verfügbar unter
https://doi.org/10.1007/978-3-662-59821-4_3

© Springer-Verlag GmbH Deutschland, ein Teil von Springer Nature 2019
V. Sarris, *Max Wertheimer*, Klassische Texte der Wissenschaft,
https://doi.org/10.1007/978-3-662-59821-4_2

MAX WERTHEIMER: PRODUKTIVES DENKEN

# PRODUKTIVES DENKEN

VON MAX WERTHEIMER

Ehemals Professor für Psychologie und Philosophie
an der Universität Frankfurt a. M. und an der
Graduate Faculty of Political and Social Science
der New School for Social Research, New York

Übersetzt von Wolfgang Metzger

Professor der Psychologie an der Universität Münster

IM VERLAG WALDEMAR KRAMER  FRANKFURT AM MAIN

MAX WERTHEIMER

1880—1943

Productive Thinking, Copyright, 1945, by Valentin Wertheimer.

Alle Rechte vorbehalten!

2. Auflage der deutschen Ausgabe mit Genehmigung von Harper & Brothers Publishers,
New York und London, 1964.

Druck von W. Kramer & Co. in Frankfurt am Main.

INHALT

VIII

Hinweis: Die Anmerkungen der amerikanischen Ausgabe sind durch Ziffern,
die des Übersetzers mit Sternchen gekennzeichnet.

X

DANKESWORTE

Dieses Buch hat Clara W. Mayer, Dean der School of Philosophy and Liberal Arts an der New School for Social Research, viel zu verdanken. Ohne ihre unermüdlichen Anstrengungen hätte das Manuskript seine endgültige Gestalt nie erreicht; sie war aufs stärkste an seinem Gegenstand interessiert und von der Bedeutung seiner Absichten durchdrungen. Daß sie Zeit dafür hatte, ohne Rücksicht auf ihre Vollbeschäftigung an der Schule, war eine Quelle der Inspiration.

Sehr dankbar bin ich Dr. S. E. Asch für seine wertvolle Hilfe bei der Fertigstellung des Manuskriptes; Mr. und Mrs. Benno Elkan für unermüdliche freundliche Ermutigung; Mrs. Clara Mond und Mrs. Maria di Piazza für ihren nimmermüden Beistand als Sekretärin.

Besonderen Dank schulde ich Dr. Alwin Johnson und meiner Fakultät. Zu meinem Bedauern bringt dies Buch, das sich auf einige elementare Probleme beschränkt, nicht in vollem Maß den Geist der Zusammenarbeit in den Sozialwissenschaften zum Ausdruck, der in unserer Fakultät so lebendig ist und Alwin Johnson so viel verdankt. Nur kurz und gelegentlich konnte ich diese Anliegen berühren, die für uns alle so viel bedeuten. Ich bin gleichermaßen in der Schuld meiner Freunde, deren Arbeit mit den Problemen dieses Buches in Verbindung steht.

Den Versuchspersonen meiner Experimente, Erwachsenen und Kindern, bin ich dankbar dafür, daß ich von ihnen so viel lernen konnte. Und besonders dankbar bin ich den hervorragenden Männern der Wissenschaft — vor allem Einstein —, die es mir ermöglichten, in vielen Gesprächen eingehend zu erkunden, wie einige ihrer großen Leistungen sich im Denken entwickelten.

Das Buch enthält nur einen kleinen Ausschnitt aus den Studien und dem Material, das ich meinen Studenten in Vorlesungen und Übungen vermittelt habe. Über Teile davon habe ich in einzelnen Vorträgen in Harvard, Chicago, Bloomington, Ann Arbor, Smith College, Swarthmore, Bryn Mawr und sonst berichtet.

Es sind sozusagen Prolegomena; ich hoffe, zwei weitere Bücher zum Abschluß bringen zu können, zu denen dieses nur die Einführung ist. Trotz seiner Begrenzung hoffe ich, daß es von Nutzen sein wird.

New Rochelle, N.Y.                         *Max Wertheimer*
23. September 1943

VORWORT DER AMERIKANISCHEN HERAUSGEBER

Das Manuskript von *Productive Thinking*, an dem Max Wertheimer während der letzten sieben Jahre gearbeitet hatte, wurde kurz vor seinem Tode abgeschlossen. Bei der Vorbereitung des Werkes für den Druck fanden wir, daß es sprachlich da und dort etwas überarbeitet werden mußte.

Wir durften nicht zulassen — so schien es uns —, daß durch reine Ausdrucksschwierigkeiten das verdunkelt würde, was Wertheimer klar im Sinn gehabt hatte. Der Leser kann aber versichert sein, daß Änderungen nur dort vorgenommen wurden, wo der Zweck der Klarheit auf andere Weise nicht hätte erreicht werden können. Der Inhalt und die Form der Diskussion sind nirgends geändert.

Alle hinterlassenen Aufzeichnungen und Manuskripte von Wertheimer werden bei der Graduate Faculty of Political and Social Science verwahrt, wo sie ausgewiesenen Forschern zum Studium zugänglich sind.

Valentin Wertheimer unterstützte seinen Vater bei den letzten Durchsichten des Manuskriptes und war auch uns ein vielseitiger Helfer.

Wir danken Mrs. Ray Borne für die große Sorgfalt, mit der sie sich den Druck-Korrekturen widmete.

*S. E. Asch    W. Köhler    C. W. Mayer*

XIII

VORBEMERKUNG DES ÜBERSETZERS

*„Productive Thinking"* nannte Max Wertheimer dieses Buch, mit
dem er dem Psychologen ein völlig neues, wesentliches Arbeitsgebiet
erschlossen hat: *„Produktives Denken"* im buchstäblichen Sinn des
pro-ducere, das heißt eines vorwärts dringenden, eines weiterführenden Denkens, — im Gegensatz zu einem Denken, das nur konsta-
tierend und klassifizierend auf einem schon erreichten Stand verweilt,
oder das vermittels eines vor Zeiten eingebläuten, persönlichkeits-
fremden geistigen Instrumentariums sich mehr oder weniger blind und
vertrauensvoll auf schon gefundenen und bewährten Lösungspfaden
bewegt. Man hätte auch übersetzen können *„einsichtiges Denken"*;
denn nur einsichtiges Denken, dies wird hier überzeugend dargetan,
*kann* überhaupt weiterführen, und die Theorie der Einsicht und die
Entwicklung experimenteller Verfahren, um festzustellen, ob im konkreten Fall Einsicht gewonnen ist oder nicht, gehören zu den Grund-
anliegen des Wertheimerschen Buches. Man hätte endlich auch sagen
können „lebendiges" oder *„selbständiges Denken"*, denn nur wo es
gelingt, in unmittelbarer lebendiger Auseinandersetzung mit der Sache
eigene Einsicht zu gewinnen und sich von ihr leiten zu lassen, kann
von geistiger Selbständigkeit die Rede sein.

Dieses Buch ist, außer für den Psychologen, vor allem für den
Lehrer geschrieben, den Lehrer aller Stufen, von der ersten Grund-
schulklasse bis zum letzten Hochschulsemester. Aus einem vorbehalt-
losen Eindringen in die Schwierigkeiten des Lehrens sind einige seiner
eindrucksvollsten Beispiele hervorgegangen; und der Lehrer wird darin
immer wieder unmittelbar angesprochen. Sollte es wirklich in dem
Maß studiert werden, auf das es Anspruch erheben kann, nämlich von
jedem, dessen Beruf es ist, zu unterrichten, Lehrbücher zu schreiben,
Schulen zu verwalten, Lehrpläne zu entwerfen und Lehrer zu bilden,
so kann eine Umwälzung des gesamten Unterrichts nicht ausbleiben,
in der zum ersten Mal das Wirklichkeit werden wird, was Pestalozzi

XV

in seinem Anschauungsbegriff vorschwebte, was ihm selbst aber nicht
zu verwirklichen gelang, — und in der vor allem diejenigen Fächer,
die man formal bildende nennt, diese ihnen bisher — außer in den
seltenen Fällen, wo ein *geborener* Lehrer vor der Klasse stand —
vergeblich gestellte Aufgabe endlich werden erfüllen können: *die Erziehung zur geistigen Selbständigkeit.*

Als der Übersetzer zum ersten Mal seinen Versuch einer Verdeut-
schung gedruckt vor sich hatte, war er verzweifelt; denn was er da las,
war alles andere als die Sprache seines Lehrers, wie sie ihm seit mehr
als 20 Jahren noch unverwechselbar im Ohr klingt. Es ist unmöglich,
sie wieder zum Leben zu erwecken. Nun bleibt zu hoffen, daß es
wenigstens gelungen ist, ihren Sinn mit eigenen Worten so wiederzugeben, daß ihr Verfasser damit zufrieden sein könnte.

Zum Schluß möchte ich Herrn Dr. Valentin Wertheimer, New York,
für seine freundliche Erlaubnis zu dieser deutschen Ausgabe, Herrn
Prof. Dr. Edwin Rausch, Frankfurt am Main, Max Wertheimers letz-
tem deutschen Schüler, für wertvollen textlichen Rat und Herrn Dr.
W. Kramer für sein kurz entschlossenes Eingehen auf den Über-
setzungsplan aufs herzlichste danken.

Der tiefste, nie abzutragende Dank gebührt Max Wertheimer selbst
und denjenigen, die uns dieses letzte Werk aus seiner Hand noch
zugänglich gemacht haben.

*Wolfgang Metzger*

Münster (Westf.), 31. Mai 1956

### VORBEMERKUNG ZUR 2. AUFLAGE.

Um die erfreulich lebhafte Nachfrage nicht allzulange unbefriedigt
zu lassen, erscheint diese zweite deutsche Auflage als einfacher Neu-
druck der ersten.

*Wolfgang Metzger*

Münster (Westf.), 19. April 1964

XVI

## EINFÜHRUNG

Was geht vor sich, wenn irgendwann das Denken wirklich fruchtbar ist? Was geschieht, wenn das Denken irgendwann wirklich vorwärts dringt? Was geht recht eigentlich vor bei solchem Prozeß?

Wenn man in den Büchern nach Antworten sucht, sehen sie oft recht einfach aus. Aber wenn man sie einem tatsächlichen Prozeß dieser Art gegenüberstellt — wenn man gerade einen schöpferischen Einfall gehabt hat, ganz gleich wie bescheiden die Frage war, wenn man eben wirklich begonnen hat einen Sachverhalt zu erfassen, wenn man etwas von dem Schönen eines sauberen, weiterführenden Gedankengangs verspürt hat — scheinen diese Antworten die wirklichen Probleme eher zu verdecken als sie ehrlich ins Auge zu fassen.

Das Fleisch und Blut dessen, was da vorgegangen ist, scheint darin zu fehlen.

Sicherlich haben Sie sich im Verlauf Ihres Lebens über vielerlei Dinge Gedanken gemacht, manchmal sehr ernste. Haben Sie schon ebenso ernsthaft darüber nachgedacht, was das für ein merkwürdiges Ding sein mag, das man Denken nennt?

In dieser unserer Welt gibt es die verschiedensten Dinge: Essen, Gewitter, Blüten, Kristalle. Allerlei Wissenschaften beschäftigen sich damit; sie versuchen mit vieler Mühe zu wirklichem Verständnis zu gelangen, zu erfassen, was diese Dinge recht eigentlich sind. Nehmen wir es ebenso ernst, wenn wir fragen, was produktives Denken ist?

Es gibt da erfreuliche Beispiele. Man kann sie leicht finden, selbst im täglichen Leben. Wenn Sie Ihre Augen offen hatten, haben Sie wahrscheinlich irgendwann in Ihrem Leben — wenn sonst nirgends, so gewiß bei Kindern — dieses überraschende Ereignis miterlebt: die Geburt eines echten Einfalls, eines fruchtbaren Vorwärtsdringens, den Über-

1

gang von einem blinden Vernageltsein zu wirklichem Verständnis in einem produktiven Vorgang. Wenn Sie nicht das Glück hatten, es an sich selbst zu erleben, haben Sie es vielleicht bei anderen angetroffen; oder Sie mögen voller Entzücken einen Schimmer davon bekommen haben, als Sie ein gutes Buch lasen.

Viele meinen, die Menschen dächten nicht gern; sie mühten sich sehr es zu umgehen; sie führen lieber auf alten Geleisen. Aber trotz vieler Dinge, die wirklichem Denken im Wege stehen, die es ersticken, bricht es hier und dort hervor oder kommt zur Blüte. Und oft hat man den lebhaften Eindruck, daß die Menschen, sogar Kinder, danach hungern.

Was geht recht eigentlich vor bei solchen Prozessen? Was geschieht, wenn man wirklich denkt und dabei vorwärts kommt? Was sind hierbei die entscheidenden Züge, die entscheidenden Schritte? Wie kommen sie zustande? Woher kommt die Erleuchtung, der Geistesblitz? Welches sind die Bedingungen, die Einstellungen, die solches bemerkenswerte Ereignis begünstigen oder verhindern? Welches ist recht eigentlich der Unterschied zwischen gutem und schlechtem Denken? Und in Verbindung mit allen diesen Fragen: wie kann man das Denken — Ihr eigenes Denken, Denken überhaupt — verbessern? Angenommen, wir hätten eine Aufstellung der Grundoperationen beim Denken zu machen — wie würde sie aussehen? Was gibt es hier an Grundlegendem? Ist es vielleicht möglich, die Grundoperationen selbst zu erweitern und zu verbessern und so noch fruchtbarer zu machen?

Mehr als zweitausend Jahre haben einige der besten Köpfe in der Philosophie, in der Logik, in der Psychologie, in der Erziehungslehre angestrengt daran gearbeitet, greifbare Antworten auf diese Fragen zu finden. Die Geschichte dieser Bemühungen, die glänzenden Gedanken, die dabei vorgebracht wurden, die angestrengte Arbeit in Forschung und theoretischer Erörterung, ergaben im ganzen ein reiches und wechselvolles Bild. Viel ist erreicht worden. In einer großen Anzahl spezieller Fragen ist Rechtschaffenes zum Verständnis beigetragen worden. Zur gleichen Zeit ist etwas Tragisches in der Geschichte dieser Bemühungen. Immer wieder, wenn große Denker die fertig vorliegenden Antworten mit tatsächlichem gutem Denken verglichen, waren sie beunruhigt und aufs tiefste unbefriedigt — sie spürten, daß was getan war Verdienste hatte, aber daß es tatsächlich vielleicht den Kern der Frage überhaupt nicht berührte.

2

Die Lage ist immer noch ungefähr von dieser Art. Zugegeben, viele
Bücher behandeln diese Frage, als ob, im Grunde, alles — so oder so —
erledigt sei. Denn es gibt grundlegend verschiedene Meinungen darüber, was Denken ist, jede mit ernsten Folgen für das Verhalten, für
die Erziehung. Wenn wir einen Lehrer beobachten, können wir oft
sehen, wie ernst die Folgen solcher Meinungen über das Denken sein
können.

Obwohl es gute Lehrer gibt, mit einem natürlichen Gefühl dafür,
was ursprüngliches Denken bedeutet, ist oft die Lage in der Schule nicht
gut. Wie Lehrer vorgehen, wie sie einen Stoff behandeln, wie Lehrbücher geschrieben werden, all das ist weitgehend festgelegt durch zwei
überlieferte Ansichten über die Natur des Denkens: die Ansicht der
traditionellen Logik und die Ansicht der Assoziationstheorie. Diese
beiden Ansichten haben ihre Verdienste. Zu einem gewissen Grad scheinen sie auf gewisse Typen von Denkvorgängen, auf gewisse Arten
von Denkgeschäften zuzutreffen; aber es ist mindestens eine offene
Frage, ob die Art und Weise, in der sie das Denken auffassen, nicht für
die eigentliche Denkfähigkeit ernste Hindernisse schaffe, ja sie geradezu
schädige.

Dies Buch ist geschrieben, weil in den überlieferten Ansichten wichtige Eigentümlichkeiten der Denkvorgänge übersehen sind, weil in
vielen anderen Büchern diese Ansichten ohne wirkliche Forschungsarbeit
als bewiesene Wahrheiten hingenommen werden, weil in solchen
Büchern die Erörterung des Denkens sich weithin in leeren Allgemeinheiten bewegt, und weil zumeist die Ansicht der Gestalttheorie nur
oberflächlich bekannt ist. Die Frage ist wichtig genug, und es scheint
geboten, diese vernachlässigten Gesichtspunkte in den Mittelpunkt zu
rücken, die überlieferten Anschauungen zu prüfen, die entscheidenden
Probleme an konkreten Beispielen schönen produktiven Denkens zu
erörtern, und dabei eine Gestalttheorie des Denkens zu entwickeln.

In einigen Kapiteln (1-3) werden ganz einfache, scheinbar selbstverständliche Beispiele der Erörterung zu Grunde gelegt. Wir werden
die grundlegenden theoretischen Gesichtspunkte in unmittelbarer
Berührung mit dem konkreten Einzelfall betrachten. Verschiedene Verfahren experimenteller Diskussion werden zur Klärung beitragen. Wir
werden untersuchen, wie Denken recht eigentlich vorwärts dringt und
welches die Natur des Denkvorganges ist, im Ganzen sowohl wie in

3

seinen Teilen, Schritten und Operationen. In der Gegenüberstellung mit ärmlicheren Arten des Denkens kann der Lehrer sich an der Art erfreuen, wie schöne, wenn auch bescheidene, produktive Vorgänge sich in Kindern abspielen.

Wir werden sehen, daß was in diesen Prozessen vor sich geht, mit den Denkmitteln und Gesichtspunkten der zwei überlieferten Ansätze einfach nicht angemessen behandelt werden konnte. Wir werden Eigentümlichkeiten und Verfahrensweisen kennenlernen, die übersehen worden sind, weil sie in ihrem Wesen den gewohnten Begriffen fremd sind. Wir werden sehen, wie solche Faktoren im Vollzug des Denkens wirksam sind.

Im 4. Kapitel werden wir ein bescheidenes Beispiel aus dem Leben beschreiben, das, wie uns scheint, an den Kern tiefster menschlicher Anliegen rührt.

Wir bringen — im 3., 5., 6. und 7. Kapitel — auch verschiedene Beschreibungen und Deutungen umfassenderer Denkvorgänge und schließen mit der Geschichte des Denkvorgangs, der Einstein zur Entdeckung der Relativitätstheorie führte. Im Schlußkapitel formulieren wir unsere allgemeinen Schlußfolgerungen.

———

Der Fachmann weiß, wie viele Bedingungen in einer sorgsamen Untersuchung berücksichtigt werden müssen. Ich werde die Beschreibung vieler technischer Einzelheiten, die für die Forschungsarbeit wichtig sind, auslassen, weil sie den Bericht zu schwerfällig machen würden. In einer experimentellen Untersuchung stößt man oft auf Dinge, die man zunächst auf irgend eine der herkömmlichen Weisen zu verstehen geneigt ist. Genauere Prüfung zeigt dann, daß die Sache nicht so leicht zu erledigen ist. Man sucht darum nach Wegen, nach Verfahren, die eine tiefere Klärung versprechen. Der wissenschaftliche Leser wünschte wohl mehr zu hören von solchen besonderen Verfahren und Techniken, von der Natur der Schritte, die in der theoretischen und experimentellen Erörterung zu tun sind. Aber das erste Erfordernis ist sorgsame Beobachtung und Untersuchung im qualitativen Vorgehen.

Für den wissenschaftlichen Psychologen, den Logiker, den Erzieher ist dieses Buch in erster Linie als eine Einladung gedacht, grundlegende

Streitfragen aufs Neue durchzudenken. Ich habe eine Fachsprache
gebraucht, die mir der Natur der tatsächlichen Vorgänge am nächsten
zu kommen schien. Obwohl vieles von dem, was ich sagen werde, wie
ich glaube, dem wahren gesunden Menschenverstand ziemlich nahe
kommt, ist es schwer, es in wissenschaftlichen Ausdrücken wiederzugeben, und die Bezeichnungen, die ich gebrauche, mögen den Leser oft
befremden, weil sie zu seiner gewohnten Art, an die Fragen heranzu-
gehen, nicht recht passen wollen. Meine Ausdrücke sollen nicht den
Eindruck erwecken, als seien die Probleme erledigt; sie sind selbst mit
— wie ich glaube — fruchtbaren Problemen beladen. Die Ausdrücke
und Thesen möchten eher als Wegweiser verstanden werden, die zu
allererst auf die konkreten Schritte und Eigentümlichkeiten hinweisen,
die in den Beispielen tatsächlich vorkommen. Viel von dem, was ich
sagen werde, könnte auch mit anderen Worten ausgedrückt werden.
Viele der Probleme und Thesen sind in einem gewissen Maß neutral
gegenüber Ausdrücken der einen oder der anderen Art. Auf den Sprachgebrauch kommt es nicht an. Worauf es ankommt, sind die Probleme
und die Natur der Thesen in der Lebendigkeit, mit der sie sich bei der
Erörterung der konkreten Fälle einstellen. Manche der Ausdrücke und
Sätze werden üblicherweise recht oberflächlich gebraucht — die Kon-
kretheit der Erörterung wird, wie ich hoffe, Mißverständnisse auf-
klären helfen, die daraus andernfalls folgen würden.

Ungeachtet der Möglichkeit, die Tatsachen auch in anderer Sprache
auszudrücken, einschließlich der Sprachen anderer Ansätze, möchte ich
den wissenschaftlichen Leser doch warnen: Die Wendung, die in dieser
Untersuchung zum Ausdruck kommt, führt zu einer Ansicht, die vielen
gebräuchlichen Ansichten von Grund auf widerspricht. Ich hoffe, der
Leser wird sich nicht damit beruhigen, die Ansicht in ein Schubfach
zu legen, in das er psychologische oder philosophische Meinungen ein-
ordnet. Es steht mehr auf dem Spiel. Hier sind Lebensfragen, die wir
in konkreter und fruchtbarer Weise ins Auge fassen müssen.

Als eine Art Hintergrund für die folgenden Erörterungen gebe ich
zunächst eine ganz kurze Kennzeichnung der beiden herkömmlichen
Ansätze. Sie übertreffen alle anderen in der Strenge und Vollständigkeit, mit der sie die Operationen betrachten und Grundbegriffe, Maß-
stäbe, Kennzeichen, Gesetze und Regeln aufstellen. Andere Ansätze —
selbst wenn sie auf den ersten Blick zu diesen zweien in heftigem

Widerspruch zu stehen scheinen — enthalten doch oft als ihr eigentliches Fleisch und Blut, so oder so, haargenau die Verfahrensweisen, die Regeln dieser zwei. Die gegenwärtige Denkforschung ist weitgehend bestimmt durch die eine oder die andere, oder durch beide zugleich. Ich werde ihre Hauptlinien andeuten, aber einige Punkte auslassen, die mir als fremdartige Zusätze erscheinen und überdies in sich selbst nicht klar sind.

I. Die traditionelle Logik hat die Probleme höchst scharfsinnig angegriffen: Wie können wir in der unübersehbaren Mannigfaltigkeit der Fragen des Denkens die wesentlichen Gesichtspunkte finden? Wir können es folgendermaßen machen: Denken hat mit der Wahrheit zu tun. Wahr oder falsch zu sein, ist eine Eigenschaft von Behauptungen, von Aussagen, und nur von solchen. Die einfachste Form einer Aussage behauptet oder leugnet ein Prädikat eines Gegenstandes, in der Form „alle S sind P", oder „kein S ist P", oder „manche sind", oder „manche sind nicht". Aussagen enthalten allgemeine Begriffe — Klassenbegriffe. Diese sind grundlegend für alles Denken. Für die Richtigkeit einer Behauptung ist es entscheidend, ob man mit ihrem „Inhalt" oder ihrem „Umfang" richtig umgeht. Auf Grund von Behauptungen werden Folgerungen gezogen. Die Logik untersucht die formalen Bedingungen, unter denen Folgerungen richtig oder falsch sind. Gewisse Zusammenstellungen von Behauptungen machen es möglich, „neue" richtige Behauptungen abzuleiten. So sind die Syllogismen mit ihren Prämissen und Folgesätzen die Krone, das eigentliche Kernstück der traditionellen Logik. Die Logik stellt die verschiedenen Formen des Syllogismus auf, die die Richtigkeit des Schlußsatzes garantieren.

Obwohl die meisten der Lehrbuch-Syllogismen leer und nichtssagend erscheinen, eine Art von Zirkel, wie das klassische Beispiel —

> Alle Menschen sind sterblich
> Sokrates ist ein Mensch
> also    ist Sokrates sterblich —

gibt es Beispiele wirklicher Entdeckungen, die in erster Annäherung als Syllogismen betrachtet werden können, wie zum Beispiel die Entdeckung des Planeten Neptun. Aber formal, grundsätzlich, scheint kein wirklicher Unterschied zwischen den beiden Arten von Syllogismen zu

6

bestehen[1]). Die entscheidenden Merkmale und die Regeln sind dieselben für beide — für die etwas töricht wirkenden und für die wirklich sinnvollen.

Die traditionelle Logik beschäftigt sich mit den Kennzeichen, welche die Genauigkeit, Gültigkeit, Widerspruchsfreiheit allgemeiner Begriffe, Urteile, Folgerungen und Schlüsse garantieren. Die Hauptkapitel der klassischen Logik handeln von diesen Gegenständen. Freilich: manchmal erinnern einen die Regeln der traditionellen Logik an ein brauchbares Polizei-Handbuch der Verkehrsregelung.

Wenn wir Unterschiede der Ausdrucksweise und Meinungsverschiedenheiten über Feinheiten außer acht lassen, können wir als charakteristisch für die traditionelle Logik die folgenden Operationen aufzählen:

*Tabelle I.*

Definition
Vergleich und Unterscheidung
Analyse
Abstraktion
Verallgemeinerung
Bildung von Klassen-Begriffen
Subsumption usw.
Urteilsbildung
Das Ziehen unmittelbarer Folgerungen
Die Bildung von Syllogismen usw.[2]).

Diese Operationen, wie sie vom Logiker verstanden, definiert und ausgeführt werden, sind von Psychologen als Untersuchungsgegenstände gewählt worden und werden es noch. Als Ergebnis haben wir eine Menge experimenteller Untersuchungen über Abstraktion, Verallgemeinerung, Definition, über das Schließen usw.

---

[1]) Siehe M. Wertheimer, „Über Schlußprozesse im produktiven Denken", in Drei Abhandlungen zur Gestalttheorie (Erlangen 1925), S. 164-184; siehe auch W. D. Ellis, A Source Book of Gestalt Psychology; Selection 23 (Harcourt, Brace & Company, 1939).

[2]) Die Natur dieser Operationen ist bis ins Feinste durcherörtert. Für unsere Zwecke kommt es nicht darauf an, ob sie mentalistisch, behavioristisch, pragmatistisch oder in noch anderer Sprache definiert werden, obwohl philosophisch große Unterschiede zwischen den verschiedenen Anschauungen bestehen.

7

Manche Psychologen sind geneigt die Ansicht zu vertreten, daß ein Mensch fähig ist zu denken, daß er intelligent ist, wenn er die Operationen der traditionellen Logik leicht und richtig ausführen kann. Die Unfähigkeit, allgemeine Begriffe zu bilden, wird als eine Art geistiger Schwäche betrachtet, die in Versuchen festgestellt und gemessen wird[3]).

Wie man auch zur klassischen Logik stehen mag, sie hatte und hat große Verdienste:

in der Entschiedenheit ihres Willens zur Wahrheit;

in der Konzentration auf den grundsätzlichen Unterschied zwischen einer bloßen Behauptung, einem Glaubenssatz und einem exakten Urteil;

in ihrer Betonung des Unterschieds zwischen verschwommenen Begriffen, verschwommenen Verallgemeinerungen und scharfen Formulierungen;

in der Entwicklung einer Fülle von Kennzeichen, die geeignet sind, Fehler und Verschwommenheit im Denken, wie unzulässige Verallgemeinerung, Sprünge beim Schließen, aufzusuchen und zu entdecken;

in dem Nachdruck, den sie auf den Beweis legt;

in dem Ernst ihrer Diskussionsregeln;

in ihrem Bestehen auf Stringenz und Schärfe bei jedem einzelnen Denkschritt.

Das System der traditionellen Logik, wie es in seinen Grundlinien im Organon des Aristoteles angelegt ist, wurde durch Jahrhunderte für endgültig gehalten; hier und da wurden Feinheiten angefügt, aber das änderte nichts Wesentliches an seinem Charakter. Ein neuer Zweig entstand in der Renaissancezeit, eine Entwicklung, die für das Wachstum der modernen Naturwissenschaft wesentlich war. Der Kernpunkt war die Einführung eines Vorgehens, und zwar als **grundlegend**, dem man

---

[3]) Manche Gelehrte denken heutzutage, die traditionelle Logik lasse sich auf Fragen des *Verhaltens* nicht anwenden. Das ist ein Irrtum. Denn die Anwendung auf das Verhalten setzt nur ein Verknüpfungs-Axiom voraus, annähernd der folgenden Art: das Verhalten wird unvernünftig sein, es wird sein Ziel verfehlen, zu Schwierigkeiten führen, wenn es von Faktoren bestimmt wird, die den Fehlern im Sinn der traditionellen Logik analog sind.

8

bis dahin immer nur geringen Wert beigemessen hatte, weil es ihm an
der völligen Schlüssigkeit mangelte. Es ist das *Verfahren der Induktion*,
mit seiner Betonung der Erfahrung und des Experiments, ein metho-
dologischer Ansatz, der seine größte Vollendung in *John Stuart Mills*
berühmten Kanon der Induktionsregeln erreichte.

Ia. Der Hauptnachdruck liegt hier nicht auf der rationalen Deduk-
tion aus allgemeinen Prämissen, sondern auf dem Sammeln von Tatsachen, auf dem Studium der erfahrungsmäßig beständigen Verbindung von Tatsachen, von Veränderungen, und auf der Beobachtung
der Folgen von Änderungen, die man an faktischen Situationen vor-
nimmt, Verfahrensweisen, die in allgemeinen Annahmen gipfeln[4]).
Syllogismen werden dabei als Werkzeuge betrachtet, mit denen man
aus solchen hypothetischen Annahmen Folgerungen ziehen kann, um
sie zu prüfen.

Es wird vielfach angenommen, daß die induktive Logik außer auf
die Regeln und Operationen der klassischen zusätzlich Wert legt auf:

*Tabelle Ia*

empirische Beobachtung
sorgfältiges Sammeln von Tatsachen
empirisches Studium der Probleme
die Einführung experimenteller Methoden
die Feststellung der Korrelationen zwischen Tatsachen
die Entwicklung von Entscheidungsversuchen.

II. Die zweite große Theorie des Denkens hat ihren Schwerpunkt
in der klassischen Theorie des Assoziationismus. Denken ist eine Kette
von Vorstellungen (oder, in modernerer Fassung, eine Kette von Reizen und Reaktionen, oder eine Kette von Verhaltens-Elementen). Der
Weg zum Verständnis des Denkens ist klar: Wir haben die Gesetze zu
studieren, die die Folge der Vorstellungen (oder, in moderner Fassung,
der Verhaltens-Elemente) beherrschen. In der klassischen Assoziationstheorie ist eine „Vorstellung" eine Art Überbleibsel einer Wahrneh-

---

[4]) Der Hauptpunkt war das Studium der Korrelation zwischen zwei Reihen
veränderlicher Werte, wobei sich, statt bloßer Klassifikationen, Funktionsgesetze
ergaben.

9

mung, ein Abbild, in modernerer Ausdrucksweise eine Spur von Rei-
zungen. Was ist das Grundgesetz der Folge, der Verbindung dieser
Daten? Antwort — sehr elegant in ihrer theoretischen Einfachheit:
Wenn zwei Daten, a und b, oft zusammen vorgekommen sind, ruft
ein späteres Vorkommen von a im Subjekt b wach[5]). Grundsätzlich
sind die Daten verbunden nach der Art, in der die Telefonnummer
meines Freundes mit seinem Namen verbunden ist, in der sinnlose
Silben reproduziert werden, wenn man sie in einer Reihe solcher
Silben gelernt hat, oder in der man einem Hund den bedingten Reflex
beibringt, auf einen bestimmten Ton mit Speichelfluß zu antworten.

Gewohnheit, frühere Erfahrung, im Sinne der Wiederholung einander benachbarter Daten — Trägheit eher als Sinn und Verstand,
sind die wesentlichen Faktoren, ganz wie es David Hume behauptet
hatte. Im Vergleich mit der klassischen Assoziationslehre wird diese
Theorie heute auf höchst komplizierte Weise entwickelt; aber der alte
Gedanke der Wiederholung im Beisammensein (der Kontiguität), ist
immer noch der wesentliche Zug. Ein führender Vertreter dieses
Ansatzes stellte unlängst ausdrücklich fest, daß die moderne Theorie
des bedingten Reflexes *ihrem Wesen nach dasselbe* sei wie der klassische
Assoziationismus.

Die Liste der Operationen sieht hier etwa folgendermaßen aus:

*Tabelle II*

Assoziation, Erwerb von Verbindungen — von Verknüpfungen
    auf Grund von Wiederholungen
die Rolle der Häufigkeit und der Neuheit
Reproduktion aus früherer Erfahrung
Trial and error, mit Zufallserfolg
Lernen aufgrund wiederholten Erfolgs
Handeln nach Maßgabe bedingter Reflexe und der Gewohnheit.

Die Operationen und Vorgänge werden gegenwärtig vielerorts mit
hochentwickelten Verfahren studiert.

---

[5]) In der späteren Entwicklung der Wissenschaft mußte das Gesetz in gewissen
Einzelheiten modifiziert werden.

10

Manche Psychologen würden sagen: die Fähigkeit zu denken beruht
auf der Wirksamkeit assoziativer Verbindungen; sie kann gemessen
werden an der Zahl der Assoziationen, die ein Mensch erworben hat,
an der Leichtigkeit und Richtigkeit, mit der er sie lernt und sich ins
Gedächtnis ruft[6]).

Ohne Zweifel hat auch dieser Ansatz Verdienste hinsichtlich der
feineren Züge, die in dieser Art zu lernen und sich zu verhalten am
Werk sind.

Beide Ansätze hatten Schwierigkeiten, wo es sich um sinnvolle, produktive Denkvorgänge handelte.

---

[6]) Vgl. z. B.: E. L. Thorndike, Psychology of Arithmetic (Macmillan, 1922):
„Die frühere Erziehungspraxis machte zwei bemerkenswerte Fehler, die auf zwei
Irrtümern hinsichtlich der Psychologie des Denkens beruhten. Sie betrachtete das
Denken als eine sozusagen magische Macht oder Essenz, deren Wirkung darin bestand,
gegen die gewöhnlichen Gesetze der Gewohnheit im Menschen zu wirken und sie
zunichte zu machen; und sie unterschied zu scharf zwischen dem „Verständnis von
Grundsätzen" durch Nachdenken und der „mechanischen" Tätigkeit des Berechnens,
des Erinnerns von Tatsachen und dergleichen, das sich durch „bloße" Gewohnheit
und Gedächtnis vollzieht.

„Überlegen oder auswählendes schlußfolgerndes Denken ist den Gesetzen der
Gewohnheit nicht im geringsten entgegengesetzt oder unabhängig von ihnen, sondern ist ihr notwendiges Ergebnis unter den Bedingungen, die dem Menschen durch
seine Natur und seine Ausbildung auferlegt sind. Eine genauere Prüfung des wäh-
lenden Denkens zeigt, daß über die Gesetze der Bereitschaft, der Übung und des
Effekts hinaus keine weiteren Erklärungsgrundsätze dafür benötigt werden, daß
es nur ein extremer Fall dessen ist, was vor sich geht beim assoziativen Lernen, wie
es unter der „stückhaften" Wirksamkeit von Situationen beschrieben ist..." (S. 190).
Ähnlich W. P. Pillsbury in „Recent Naturalistic Theories of Reasoning" (Scien-
tia, 1924): „Das Tier löste seine Aufgabe durch eine Reihe zufälliger Versuche...
Ein wissenschaftliches Problem wird in ziemlich genau derselben Weise durch eine
Reihe zufälliger Gedanken gelöst" (S. 25). „Man kann nie voraussagen, wann eine
fruchtbare Vermutung auftreten wird. Gewöhnlich wird eine Anzahl ungeeigneter
Vermutungen vorgebracht, bevor die richtige kommt. Sie können von einer anderen
Person nahegelegt werden, ja sogar von einem Kinde oder einem Menschen, der
von dem Problem nichts weiß. Während des Lösungsvorganges steht der Denker
lediglich bereit, um die sich anbietenden Lösungen vorbeiziehen zu lassen. Seine
Haltung ist ziemlich dieselbe, wie sie nach unseren Annahmen das Tier beim Trial-
and-error-Lernen hat. Sie ist genau so wenig beherrscht. Es ist in der Tat ein Trial-
and-error-Vorgang, der sich von den anderen nur dadurch unterscheidet, daß die
einzelnen Versuche nur in der Einbildung gemacht werden, nicht in wirklichen Bewegungen... um einen Weg zu finden, auf dem man mit der Schwierigkeit fertig
wird. Das geschieht immer durch eine Reihe von Trial-and-error-Vorgängen, durch
eine Anzahl von Vermutungen, die durch Assoziation angeboten werden" (S. 30).
Es ist nur gerecht hinzuzufügen, daß in neueren Veröffentlichungen Pillsbury
die Lage ganz anders sieht.

**11**

Man betrachte zunächst die traditionelle Logik. Im Laufe der Jahrhunderte erhob sich immer wieder eine tief empfundene Unzufrieden-
hat mit der Art, in der die traditionelle Logik solche Vorgänge
behandelt[7]). Im Vergleich mit tatsächlichen, sinnvollen, vorwärts dringenden Erkenntnisprozessen wirken die Fragestellungen sowohl wie
die üblichen Beispiele der traditionellen Logik oft dürftig, fade,
unlebendig. Zwar ist die Behandlung streng genug, aber oft wirkt sie
steril, langweilig, leer und nichtssagend. Wenn man versucht, ursprüngliche Denkprozesse mit den Mitteln der formalen traditionellen Logik
zu beschreiben, ist das Ergebnis oft unbefriedigend: Man hat dann eine
Reihe korrekter Operationen, aber der Sinn des ganzen Vorgehens,
und was lebendig, kraftvoll, schöpferisch darin war, scheint in den
Formulierungen sich irgendwie verflüchtigt zu haben. Auf der anderen
Seite ist es möglich, eine Kette von logischen Operationen zu haben,
jede in sich völlig korrekt, die keinen sinnvollen Gedankenzug bildet.
Tatsächlich gibt es Leute mit logischer Schulung, die in manchen Lagen
Reihen korrekter Operationen produzieren, die, als Ganzes betrachtet,
gleichwohl etwas der Ideenflucht täuschend Ähnliches darstellen. Man
soll Schulung in traditioneller Logik nicht verächtlich machen: sie führt
zu Schärfe und Strenge bei jedem Schritt, sie fördert die Kritikfähig-
keit; aber sie scheint als solche produktives Denken nicht hervorbringen zu können[8]). Kurz, man ist in Gefahr, leer und sinnlos, wenn auch
exakt zu sein; und es bleibt immer die Schwierigkeit, wirkliche Produktivität zu erfassen.

Das Gewahrwerden des letzteren Punktes hat — unter anderm —
in der Tat bei manchen Logikern zu der nachdrücklichen Erklärung
geführt, daß die Logik an Korrektheit und Gültigkeit interessiert sei,
aber ganz und gar nichts zu tun habe mit wirklichem Denken und mit
Fragen der Produktivität. Es wurde dafür auch ein Grund angegeben:

---

[7]) Vergleiche zum Beispiel gewisse Bewegungen gegen die traditionelle Logik am
Ende des Mittelalters, oder das bewundernswerte Fragment des jungen Spinoza
„Verbesserung des Verstandes". Es waren tragische Bewegungen, hervorgerufen
durch ein Gefühl irgend einer grundlegenden Unangemessenheit, aber zugleich
unfähig, einen wirklich positiven neuen Ansatz zustande zu bringen.

[8]) Die methodologischen Diskussionen in der traditionellen Logik, so verdienst-
lich sie in verschiedener Hinsicht sind, geben in diesem Punkt keine wirkliche Hilfe.
Vgl. die heuristischen Ideen (oder auch richtiggehenden logischen Maschinen) von
Buridan, von Raimundus Lullus, von Jevons.

12

Logik, so sagt man, hat mit zeitlosen Sachbezügen zu tun und ist
daher im Prinzip weit ab von Fragen des aktuellen Denkvollzugs, der
rein faktisch und notwendig ein Vorgang in der Zeit ist. Diese Trennung war zweifellos für manche Probleme verdienstlich; von einem
weiteren Gesichtspunkt sehen solche Behauptungen freilich oft ein
wenig wie die Erklärung des Fuchses aus, die Trauben seien sauer.

Ähnliche Schwierigkeiten ergeben sich in der Assoziationstheorie:
Die Tatsache, daß wir zu unterscheiden haben zwischen sinnvollem
Denken und sinnlosem Kombinieren, und die Schwierigkeit, die *pro-
duktive* Seite des Denkens zu erfassen[9]).

Wenn ein Problem durch Rückbesinnung gelöst wird, durch mechanische Wiederholung dessen, was einmal eingedrillt wurde, durch eine
rein zufällige Entdeckung in einer Folge blinder Versuche, möchte man
zögern, einen solchen Vorgang sinnvolles Denken zu nennen; und es
erscheint zweifelhaft, ob die bloße Anhäufung solcher Faktoren, selbst
in großen Mengen, zu einem zutreffenden Bild sinnvoller Prozesse führen kann. Um irgendwie Prozesse behandeln zu können, in denen neue
Lösungen erreicht werden, wird eine Anzahl von Hilfshypothesen
vorgeschlagen (zum Beispiel Selz's Konstellationstheorie, oder der
Begriff der Hierarchie von Gewohnheitsgruppen), die ihrer Natur nach
offenbar keine entscheidende Hilfe geben können.

In den vergangenen Jahrzehnten entstanden andere Ansichten, die
neue Konzeptionen, neue Richtungen in die Theorie des Denkens hin-
einbrachten: z. B. der Ansatz der Hegelschen und Marxistischen Dia-
lektik, die das Dynamische der Entwicklung betonen in ihrer Lehre

---

[9]) Charakteristisch in der ersteren Hinsicht war das glänzende Buch von Hugo
Liepmann, Über Ideenflucht (1904). Bei der Erörterung konkreter Beispiele von
Ideenflucht bei Geisteskranken fand er, daß die Kennzeichen, die die Assoziations-
theorie anbietet, in Wirklichkeit nicht einmal hinreichen, um bestimmte Formen von
Ideenflucht von einer vernünftigen Unterhaltung zu unterscheiden.

Eine neuere Formulierung enthüllt den grundsätzlichen Charakter der modernen
Form der Assoziationstheorie in der Nußschale. Ich beziehe mich auf Clark Hulls
Abhandlung über „Mind, Mechanism, and Adaptive Behavior", Psychol. Review,
1937, Bd. 44, S. 1-32: „Eine *korrekte* oder ‚richtige' Reaktion ist eine Verhaltensfolge, die zur Selbstverstärkung führt. Eine *unkorrekte* oder ‚falsche' Reaktion ist
eine Verhaltensfolge, die zu experimenteller Selbstauslöschung führt." (S. 15). Man
sieht, daß die Frage der Wiederholung *der* Gesichtspunkt ist. Diese grundlegenden
Definitionen sind zweifellos in Übereinstimmung mit dem Geist der Assoziationstheorie.

vom „inneren Widerspruch" mit den drei Schritten von These, Antithese und Synthese; die breite Entfaltung der Logistik oder mathematischen Logik (Whitehead, Russell und andere), die die Themen und Operationen der traditionellen Logik durch das Studium der Logik der Beziehungen, der Beziehungs-Netzwerke bereichern und sich mit anderen, vom Syllogismus abweichenden Schlußformen beschäftigen; die Phänomenologie (Husserl), die die Wesensschau in „phänomenologischer Reduktion" betont; der Pragmatismus (besonders John Dewey) mit seiner Betonung des Tuns und Handelns (anstelle des ungreifbaren Denkens), der Zukunft und des tatsächlichen Fortschritts; auch in der Psychologie — beginnend etwa um dieselbe Zeit wie der Ansatz, der in diesem Buch entwickelt wird — die „Denkpsychologie" der Würzburger Schule (Külpe, Ach, Bühler, Selz und andere) mit ihrer Betonung der „Aufgabe" und ihrer Rolle, der Gedanken als „unanschaulicher Inhalte", der Beziehungen, der Schemata usw.; der „naturalistische Ansatz" (John Dewey, Pillsbury und andere), der in den Mittelpunkt die Bedingungen setzt, die in einer gegebenen Situation tatsächliches Denken in Gang bringen.

Die meisten dieser Ansätze sind bedeutsam in ihren philosophischen und psychologischen Aspekten. Obwohl in dieser Entwicklung die Lage im Hinblick auf unser Hauptproblem und die entscheidenden Punkte, die wir erwähnten, immer noch alles andere als befriedigend erscheint, verdanken wir einigen unter ihnen wirklich neue Beiträge. Manche zeigen wieder den Einfluß der zwei klassischen Ansätze. Mit anderen Worten, wenn man durch die neuen Formulierungen zu der Natur der Operationen durchdringt, die tatsächlich in concreto postuliert werden, so findet man zu seiner Überraschung, daß es wesentlich die Operationen dieser zwei herkömmlichen Ansätze sind. Das erinnert an Fälle, wie sie in der Geschichte der Logik häufig vorgekommen sind. In der Einführung oder in einem der ersten Kapitel scheint ein Buch eine neue Art des Herangehens einzuleiten, die ganz und gar verschieden ist von der üblichen Art die Logik zu behandeln; tatsächlich sehen manche Formulierungen denen der Gestalttheorie täuschend ähnlich. Aber wenn man dann dazu übergeht ein konkretes Problem zu behandeln, tauchen die alten Operationen, die alten Regeln, die alten Einstellungen wieder auf.

Ich konnte diese Ansätze hier nur kurz erwähnen. Der Fachmann wird, glaube ich, im Text sehen, was davon mit dem Ansatz dieses

14

Buches übereinstimmt und was sich seiner Natur nach davon grundsätzlich unterscheidet.

Dieses Buch konzentriert sich auf einige elementare, grundlegende
Fragen. Die Natur der Themen erlaubt uns, das Denken als „relativ
geschlossenes System" zu behandeln, so als ob das Nachdenken über
eine Frage ein Vorgang wäre, der unabhängig von umfassenderen
Anliegen vor sich gehe. Nur gelegentlich werden wir auf die Stelle, die
Rolle und die Funktion eines solchen Prozesses im Rahmen der Persönlichkeitsstruktur des Subjekts und im Rahmen der Struktur seines
sozialen Feldes eingehen. Für den Augenblick wird es genug sein, wenn
ich bemerke, daß dieselben Feld-Prinzipien, die in diesem Buch erörtert
werden, auch für eine angemessene Behandlung der Prozesse innerhalb
der umfassenderen Gebiete grundlegend zu sein scheinen.

Kapitel I

DIE FLÄCHE DES PARALLELOGRAMMS

Unter den Problemen, mit denen ich arbeitete, befand sich die Aufgabe, den Flächeninhalt des Parallelogramms zu finden.

Ich weiß nicht, ob Sie an den Erfahrungen, von denen ich Ihnen nun berichten möchte, soviel Spaß haben werden, wie ich an einigen davon hatte. Ich hoffe es, wenn Sie mit mir auf diese Entdeckungsreise gehen, auf der Probleme auftauchten und Schwierigkeiten angepackt werden mußten, für die ich erst Werkzeug und Verfahren finden mußte, um die darin enthaltenen psychologischen Probleme zu klären.

I

1. Ich besuche ein Klassenzimmer. Der Lehrer: „In der letzten Stunde haben wir gelernt, wie man den Flächeninhalt des Rechtecks findet. Wißt Ihr es alle?"

Die Klasse: „Ja". Ein Schüler ruft aus: „Der Flächeninhalt eines Rechtecks ist gleich dem Produkt der beiden Seiten". Der Lehrer stimmt zu und gibt dann eine Reihe von Aufgaben mit Rechtecken verschiedener Größe, die alle mühelos lösen.

„Nun", sagt der Lehrer, „gehen wir weiter". Er zeichnet ein Parallelogramm auf die Tafel: „Dies nennt man ein Parallelogramm. Ein

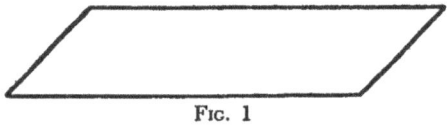

Fig. 1

Parallelogramm ist ein ebenes Viereck, dessen einander gegenüberliegende Seiten gleich und parallel sind".

16

Hier hebt ein Schüler die Hand: „Bitte, Herr Lehrer, wie lang sind
die Seiten?" „O, die Seiten können von sehr verschiedener Länge sein",
sagt der Lehrer. „In unserem Fall mißt die eine Seite 11 Zentimeter*),
die andere 5 Zentimeter". „Dann ist die Fläche 5 mal 11 Quadrat-
zentimeter". „Nein", antwortet der Lehrer, „das ist falsch; ihr sollt
jetzt lernen, wie man den Flächeninhalt eines Parallelogramms findet".
Er bezeichnet die Ecken a, b, c, d.
     „Ich fälle eine Senkrechte von der oberen linken Ecke und eine
andere Senkrechte von der oberen rechten Ecke.
     „Ich verlängere die Grundlinie nach rechts".
     „Ich benenne die zwei neuen Punkte e und f".

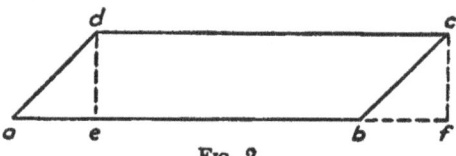

FIG. 2

Mit Hilfe dieser Figur schreitet er zu dem üblichen Beweis des Lehrsatzes, daß der Flächeninhalt eines Parallelogramms gleich dem Produkt aus Grundlinie und Höhe ist, indem er die Gleichheit gewisser
Linien und Winkel und die Kongruenz des Dreieckpaares nachweist.
In jedem Falle weist er auf den zuvor gelernten Lehrsatz, das Postulat
oder das Axiom hin, auf dem die Gleichheit oder Kongruenz begründet
ist. Endlich kommt er zu dem Schluß, daß es bewiesen ist, daß die
Fläche des Parallelogramms gleich Grundlinie mal Höhe ist.
     „Ihr findet, was ich gezeigt habe, in eurem Mathematikbuch auf
Seite 62. Nehmt die Aufgabe zu Hause nochmals durch und wiederholt
sie sorgfältig, damit ihr sie gut könnt."
     Der Lehrer gibt nun eine Anzahl von Aufgaben, die alle das Auf-
finden der Fläche von Parallelogrammen von verschiedenen Größen,
Seitenlängen und Winkeln verlangen. Da es eine „gute" Klasse ist,
werden alle Aufgaben richtig gelöst. Vor dem Schluß der Stunde gibt
der Lehrer zehn weitere Aufgaben dieser Art als Hausaufgaben auf.

---

*) An die Stelle der englischen Inches oder Zoll sind hier und später einfach cm
gesetzt, da die absoluten Maße gleichgültig sind (Übs.).

2. In der nächsten Mathematikstunde, einen Tag später, bin ich wieder da.

Die Stunde beginnt damit, daß der Lehrer einem Schüler aufgibt zu demonstrieren, wie man die Fläche eines Parallelogramms findet. Der Schüler macht es genau. Man sieht, daß er die Aufgabe gelernt hat. Der Lehrer flüstert mir zu: „Und er ist nicht der beste von meinen Schülern. Ohne Zweifel können es die anderen ebenso gut." Eine schriftliche Übungsarbeit ergibt gute Leistungen.

Die meisten Leute würden sagen: „Das ist eine hervorragende Klasse; das Ziel des Unterrichts ist erreicht." Aber wenn ich die Klasse beobachte, ist es mir ungemütlich, ich bin beunruhigt. „Was haben Sie gelernt?" frage ich mich. „Haben Sie überhaupt gedacht?" Haben Sie begriffen, worauf es ankommt? Möglicherweise ist alles, was sie getan haben, nicht viel mehr als blinde Wiederholung. Sicher haben sie prompt die verschiedenen Aufgaben gelöst, die der Lehrer ihnen gegeben hat, und so haben sie irgend etwas von allgemeinem Charakter gelernt, woran auch etwas Abstraktion beteiligt war. Sie waren ja nicht nur fähig, Wort für Wort zu wiederholen, was der Lehrer sagte, sie haben es auch mühelos übertragen. Aber — haben sie überhaupt erfaßt, worauf es ankommt? Wie kann ich das klären? Was kann ich tun?

Ich frage den Lehrer, ob er mir erlauben will, an die Klasse eine Frage zu richten. „Mit Vergnügen", antwortet er, sichtlich stolz auf seine Klasse.

Ich gehe zur Tafel und zeichne diese Figur:

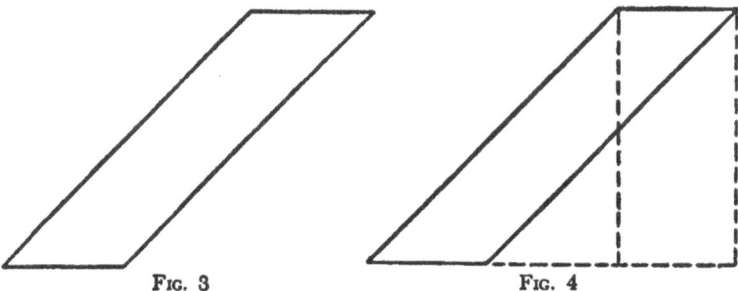

FIG. 3                                    FIG. 4

Manche sind sichtlich verblüfft.

Ein Schüler erhebt die Hand: „Herr Lehrer, das haben wir noch nicht gehabt".

18

Andere sind tätig. Sie haben die Figur abgezeichnet, sie ziehen die Hilfslinien, wie sie es gelernt haben, indem sie Senkrechte von den zwei oberen Ecken fällen und die Grundlinie verlängern. Dann machen sie hilflose und verwirrte Gesichter.

Manche sehen gar nicht unglücklich aus; sie schreiben entschlossen unter ihre Zeichnung: „Die Fläche ist gleich der Grundlinie mal der Höhe" — eine korrekte Subsumption, aber vielleicht eine völlig blinde. Fragt man sie, ob sie zeigen können, daß es auch in diesem Fall zutrifft, so sind sie hilflos[1]).

Bei wieder anderen ist es völlig anders. Ihre Gesichter leuchten auf, sie lächeln und ziehen die folgenden Linien in die Figur

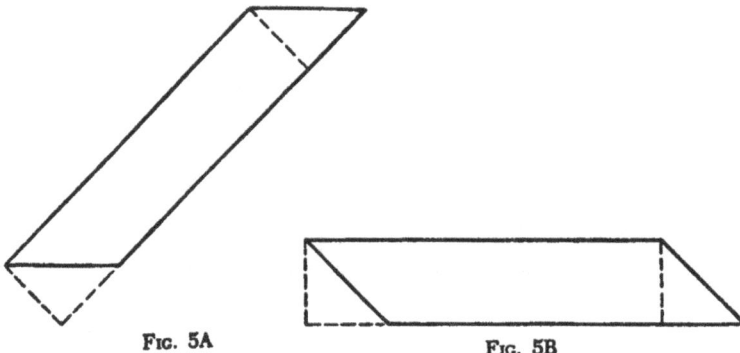

FIG. 5A                                          FIG. 5B

oder sie drehen ihr Heft um 45° und tun es dann.

Der Lehrer, der sieht, daß nur wenige Schüler mit der Aufgabe fertig geworden sind, sagt zu mir etwas gekränkt: „Sie müssen doch zugeben, daß Sie ihnen eine absonderliche Figur gegeben haben. Natürlich sind sie nicht fähig damit umzugehen."

Ganz unter uns, haben Sie nicht auch gedacht: „Kein Wunder, daß so viele versagt haben, wenn er ihnen eine so ungewohnte Figur gibt!"

---

[1]) Ein Junge aus einer anderen Klasse, der diese Schwierigkeiten beobachtet, flüstert mir zu: „In unserer Klasse haben wir gelernt, wie man die Aufgabe mit diesen Überschneidungen löst. Da ist der Lehrer schuld. Warum hat er ihnen nicht auch gleich beigebracht, wie man es bei diesen Überschneidungsfiguren macht." Zu meiner Überraschung wird dieser spezielle und komplizierte Beweis in manchen Lehrbüchern von Anfang an gelehrt; ihn wirklich zu verstehen, ist nicht nur schwierig für die Kinder, sondern auch überflüssig für die Lösung.

Aber ist sie weniger gewohnt als die Variationen der ursprünglichen
Figur, die der Lehrer zuerst gab, und an der sie die Aufgabe lösten?
Der Lehrer stellte Aufgaben, in denen die Figuren stark abwichen nach
der Länge der Seiten, nach der Größe der Winkel und der Flächen. Das
waren entschiedene Variationen, und sie schienen den Schülern nicht die
geringsten Schwierigkeiten zu machen. Haben Sie zufällig gemerkt,
daß *mein* Parallelogramm einfach die ursprüngliche Figur des Lehrers
ist, nur gedreht? Hinsichtlich aller seiner Teil-Eigenschaften war es
nicht mehr sondern weniger verschieden von der Ausgangsfigur als
die Variationen des Lehrers.

Hier möchte ich kurz von experimentellen Verfahren mit Kindern
erzählen, die erst die Fläche des Rechtecks und dann die Fläche des
Parallelogramms gelernt hatten mit den Hilfslinien und dem Ergebnis:
Grundlinie mal Höhe, mit oder ohne Erlernen des Beweises. Sie wurden dann über andere, von der Grundfigur abweichende, Figuren
befragt.

3. Es gibt extreme Fälle gedankenlosen Reagierens, in denen ein
Kind, wenn man ihm einfach die Figur

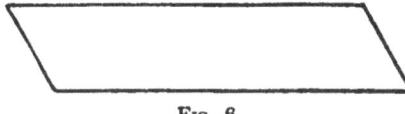

FIG. 6

gibt, Wort für Wort wie ein blinder Sklave wiederholt, was der Lehrer
gesagt hat. Es murmelt „Eine Senkrechte von der linken oberen Ecke",
und zeichnet sie, dann „Eine zweite von der rechten oberen Ecke", und
zeichnet sie, „die Grundlinie nach rechts verlängern", wobei es diese
Figur erhält:

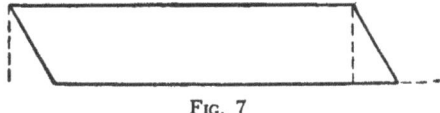

FIG. 7

4. Auf der anderen Seite *kommt* es vor, daß es sogar Kindern, die
erst sechs Jahre alt sind, die nichts von Geometrie gehört haben, nachdem man ihnen kurz gezeigt hat, wie man die Fläche des Rechtecks

findet, gelingt, die Lösung für das Parallelogramm in einem schönen selbständigen Vorgehen zustandezubringen, ohne daß ihnen gesagt wird, was zu tun ist. Einige dieser Fälle werden im dritten Teil dieses Kapitels beschrieben.

Und es kommt vor, daß Kinder, die gefunden haben oder denen man gezeigt hat, wie man die Fläche des Parallelogramms erhält, wenn man ihnen aufgibt die Fläche eines Trapezes oder irgendeiner der folgenden Figuren zu finden, ganz und gar nicht hilflos sind, sondern nach einiger Überlegung, manchmal mit leichter Hilfe, schöne echte Lösungen der folgenden Art hervorbringen.

Hier sind die Aufgaben:

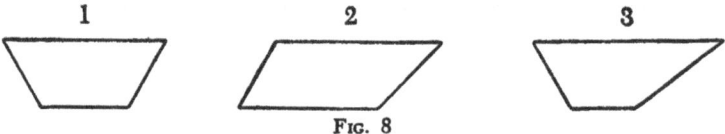

FIG. 8

In allen diesen Figuren ist es möglich das Problem zu lösen, indem man die Figur sinngemäß verändert (A-Antwort), oder indem man die gelernte Operation, oder einige davon, blind und erfolglos anwendet (B-Antworten).

*A-Antworten:*

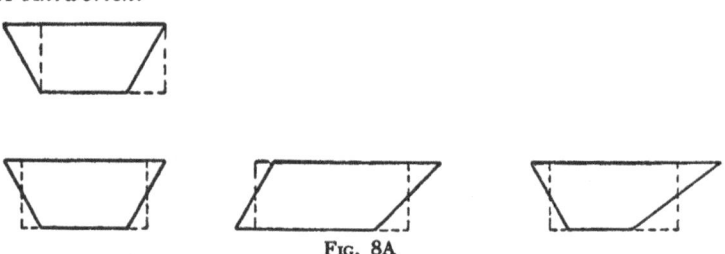

FIG. 8A

Die Versuchspersonen verwandeln die Figuren in Rechtecke, indem sie die Dreiecke verschieben. Sie geben keine

*B-Antworten:*

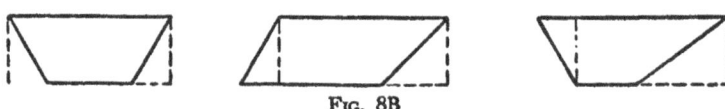

FIG. 8B

21

5. Aber andere *geben* B-Antworten, oder geben A- und B-Antworten durcheinander. Manche Schüler lehnen es ab, sich mit den Aufgaben 1, 2 und 3 überhaupt zu befassen, mit der Erklärung: „Woher sollen wir das wissen? Wir haben nicht gelernt, wie man es bei solchen Figuren macht."

6. Ich führte dann Versuche mit Kindern durch. Ich setzte ihnen einzelne Figuren oder Paare von A- und B-Figuren vor, unmittelbar nachdem ich ihnen gezeigt hatte, wie die Fläche des Parallelogramms mit den Hilfslinien zu finden ist. In diesen Figuren-Paaren kann ein

Beispiele von

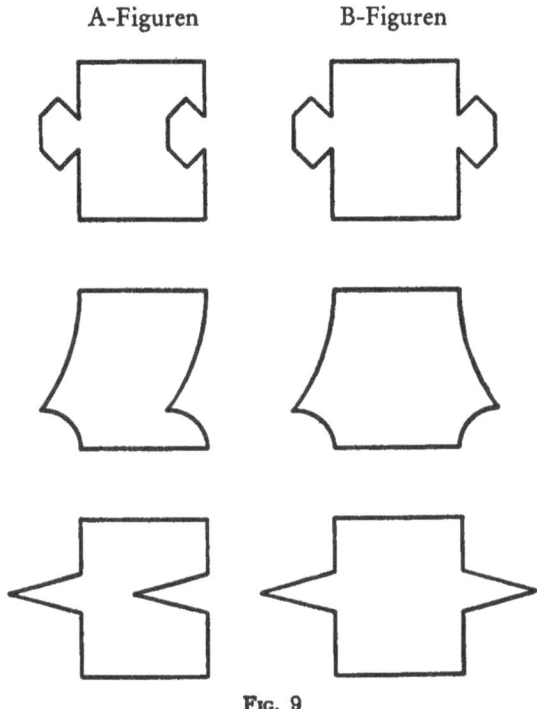

A-Figuren　　　　B-Figuren

FIG. 9

Glied des Paares, die B-Figur, keine A-Lösung haben, während in der A-Figur die A-Lösung möglich ist. Für manche Kinder scheint kein

22

Unterschied zwischen den A- und den B-Figuren zu bestehen. Sie sind
alle neu. „Woher sollen wir das wissen?" ist ihre Einstellung. Entweder antworten sie gar nicht, oder, wenn sie es tun, machen sie überhaupt keinen Unterschied zwischen den A- und den B-Figuren, ziehen
irgendwelche „Hilfslinien" und geben blinde Antworten.

Aber einige geben, ohne zu schwanken, für jede A-Aufgabe die
Lösung und lehnen, manchmal nach einigem Zögern, die B-Aufgaben
ab mit den Worten: „Diese kann ich nicht; ich weiß nicht, wie groß
die Fläche ist"; oder sagen, „Ich weiß nicht, wie groß die Fläche dieser
kleinen Überbleibsel ist". Dahingegen wird die Fläche der Überbleibsel
in den A-Fällen im allgemeinen nicht erwähnt, oder das Kind sagt
etwa: „Natürlich weiß ich nicht, wie groß die kleinen Figuren sind,
aber wenn sie gleich sind, macht das nichts aus".

7. In Figuren der hier folgenden Art sind die A-Figuren, stückhaft
betrachtet, im Vergleich mit der Ausgangsfigur sogar klar stärker verändert als die B-Figuren; tatsächlich sind die Änderungen in A die-

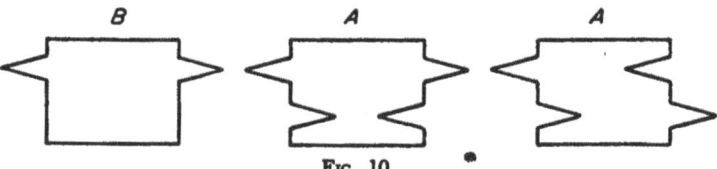

Fig. 10

selben wie in B, nur sind es mehr. Die einfache Erklärung aus der
„Vertrautheit" hilft hier offenbar nicht, die positiven Reaktionen —
die glatte Lösung der A-Fälle, die Ablehnung der B-Fälle — zu verstehen. Unsere Beobachtungen an den A-B-Paaren enthielten schon
Beispiele für die Art, wie eine experimentelle Analyse vor sich zu
gehen hat. Obwohl die Aufgabe hier leicht genug aussieht, kommen
in der Klasse gelegentlich törichte Reaktionen vor.

8. Ein weiterer Schritt in der experimentellen Analyse besteht darin,
zwei verschiebbare Körper anstelle einer einzigen Figur zu geben.
Diese können getrennt liegen oder einander berühren, und in verschiedenen Stellungen:

23

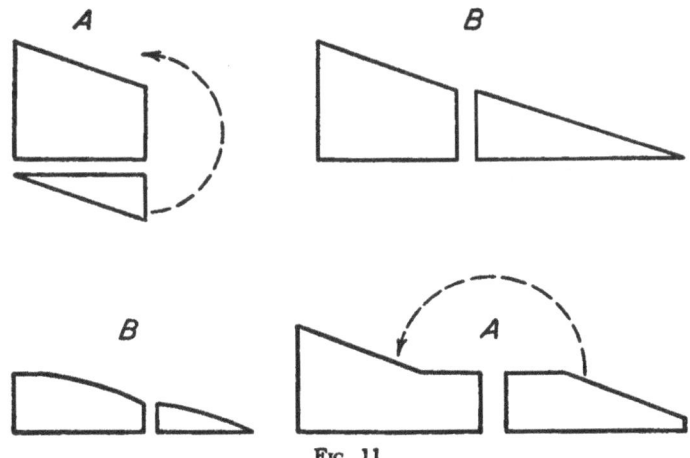

Fɪɢ. 11

Wieder sind törichte Reaktionen möglich — und kommen gelegentlich
vor.

9. Um über die theoretischen Fragen, die hierin vorliegen, Klarheit
zu schaffen, ist es manchmal zweckmäßig, Extremfälle zu betrachten.
Man stelle sich die folgende törichte Reaktion vor:
Ein Kind lernt den Beweis des Lehrsatzes über die Fläche des
Parallelogramms an einer Figur, die auf Karopapier gezeichnet wurde.
Die Hilfslinien werden gezogen. Zufällig ist die Seite a 5 cm, der
Abschnitt c 3 cm lang.

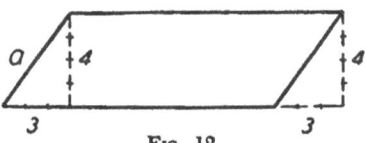

Fɪɢ. 12

Der Lehrer sagt: „Schau! von jeder oberen Ecke fälle ich eine
Senkrechte von 4 cm; ich verlängere die Grundlinie um 3 cm nach
rechts, du kannst es nachmessen".
Nach einiger Zeit wird ein anderes Beispiel gegeben, ein Parallelogramm von abweichender Größe. Man stelle sich vor, ein Kind gehe

sklavisch vor, vielleicht durch Zuschauer abgelenkt, oder weil es sich
ausmalt, was es nachher spielen will, oder weil es gern wüßte, wo
seine Mutter gerade ist; angenommen, das Kind wiederholte dann bei
sich selbst, „Vier cm nach unten, drei cm nach rechts" und wäre so
strohdumm, diese Figur zu zeichnen:

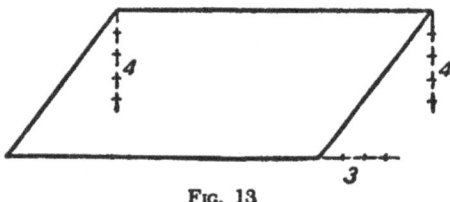

FIG. 13

Dann, auf die Frage, ob das Ziel, der Flächeninhalt, erreicht sei,
würde es antworten: „. . . nein", aber wäre zunächst nicht fähig, sich
weiterzuhelfen. Ich habe eine solche Antwort nicht erlebt, aber sie
*kann* vorkommen. Wie jeder Lehrer weiß, kommen in Fällen, die
strukturell weniger einfach sind, ähnliche Dinge tatsächlich vor. Offen-
kundig wäre das eine extreme B-Reaktion: zu kopieren, was der
Lehrer gelehrt hat, blind für den Zusammenhang. Jeder sieht, was
dabei falsch ist. Aber was ist es theoretisch? Man könnte sagen „dieses
Kind hat das, was es gelernt hat, nicht richtig an die neue Situation
angepaßt". Aber was bedeutet „richtig" anpassen?

Oder man könnte sagen: „Das ist ganz klar ein Fall mangelnder
‚Verallgemeinerung' " und die Angelegenheit als erledigt abtun. Ist sie
erledigt? Wie steht es mit *törichten* Verallgemeinerungen, die dadurch,
daß sie töricht sind, nicht aufhören „Verallgemeinerungen" zu sein.
Wie, wenn ein Kind beispielsweise an der obigen Figur verallgemeinerte (Ich habe einen solchen Fall nicht gefunden): „Die Senkrechten
müssen einen Zentimeter länger sein als die Verlängerung der Grundlinien", oder „Die Länge der Senkrechten muß geradzahlig sein", usw.,
und demgemäß vorginge?

Unser Problem mit dem Ausdruck „Verallgemeinerung" abzutun,
hilft überhaupt nichts. Natürlich wird hier verallgemeinert; aber in
beiden Arten von Fällen. Oft beantwortet der Hinweis auf die Verallgemeinerung die Frage nicht; eher verdeckt er das Problem.

25

10. Worauf kommt es in den A-B-Reaktionen, in den A-B-Fällen ganz eigentlich an? Ich machte charakteristische Erfahrungen: Da sind die intelligenten Reaktionen, in denen die Versuchsperson es ablehnt, blind auf die B-Probleme anzuwenden, was sie früher gelernt hat, während sie in den A-Fällen die intelligente ursprüngliche Lösung gibt, indem sie das Vorgehen abändert, wie der Sinn der Sache es erfordert. Und da sind die blinden Reaktionen, in denen die Versuchsperson unfähig ist, mit A- und B-Fällen umzugehen, oder die Operationen töricht anwendet[2]).

Wenn jemand das Verfahren, das er gelernt hat, auf eine Variation des ursprünglichen Problems anwendet, ohne zu merken, daß es in dem gegebenen Beispiel nicht am Platze ist, so ist das ein Hinweis darauf, daß er es schon beim ersten Mal nicht verstanden hat, oder daß er nicht gemerkt hat, worauf es bei der veränderten Aufgabe ankommt. Aber wenn er die A-Fälle sachgemäß und sicher behandelt, auch wenn sie stückhaft betrachtet dem Ausgangsfall viel weniger ähnlich sind, und wenn er zur gleichen Zeit es ablehnt, das gelernte Vorgehen auf stückhaft betrachtet ähnlichere B-Variationen anzuwenden, so bedeutet das, daß er das Problem wirklich erfaßt hat. So können A-B-Variationen, planmäßig untersucht, die Grundlage für eine „operationale

---

[2]) Die törichten Zeichnungen in den Beispielen auf S. 20-21 findet man tatsächlich nur verhältnismäßig selten. Kinder mit einer unbefangenen, natürlichen Haltung neigen nicht dazu, sich so zu verhalten. Die Gewohnheit, gedankenlos zu wiederholen, wie sie in manchen Schulen durch das Gewicht, das man auf den blinden Drill legt, gezüchtet wird, scheint solche Reaktionen zu begünstigen; dasselbe gilt für Lagen, in denen eine blinde, stückhafte Einstellung zustandegekommen ist, z. B. durch irgendeine Ablenkung, durch Aufregung, Angst oder durch persönliche Schwierigkeiten. In Schulen, die den Drill pflegen, entwickelt sich oft die Einstellung, auf ein neues Problem einfach mit Abwarten zu reagieren, bis einem gesagt wird, wie man es löst; wenn der Schüler aufgefordert wird, es ohne Hilfe zu versuchen, so findet man oft passive Weigerung, mit der Erklärung: „Wir haben das noch nicht gehabt."
Daß es dem Psychologen in der Klasse ungemütlich war (siehe S. 18), bedeutet, daß er die herrschende Drill-Atmosphäre spürte. Das Verhalten, das dort beschrieben wurde, scheint speziell mit der Drill-Einstellung verbunden zu sein, bei der man, wie es dort geschah, blind an den Worten des Lehrers klebt; allgemein macht jungen Kindern die räumliche Lage der Figuren nicht sehr viel aus (vgl. W. Stern, „Über verlagerte Raumformen", Ztschr. f. angew. Psychol., Bd. 2, 1909, S. 498-526).
Es gibt Erwachsene, die die erworbene Gewohnheit blinden, mechanischen Handelns in ihr späteres Leben hineintragen. Es ist erstaunlich zu sehen, wie gebildete und sonst intelligente Menschen sich manchmal in ähnlichen Lagen verhalten, besonders in einer „Einstellung" (siehe Kap. III, Abschnitt IV).

26

Definition"*) des Verstehens liefern. Und im Verlauf der experimentellen Analyse kann man mit der A-B-Methode die verschiedenen
strukturellen Faktoren studieren.

Welches ist der zentrale Unterschied zwischen den zwei Arten, auf
die Variationen zu reagieren? Was ist, psychologisch, der Kern der
Sache? Wie findet der Schüler die A-Reaktion? Was entscheidet im
Kopf des Schülers zwischen dem A- und B-Verfahren?

Erstens: man könnte sagen: „Der Unterschied ist ganz klar. Die
B-Reaktionen führen nicht zu den richtigen Lösungen, während die
A-Reaktionen es tun." Aber diese Fragestellung wiederholt die Frage,
sie beantwortet sie nicht.

Zweitens: „Der Grad der Ähnlichkeit mit dem Ausgangsproblem ist
entscheidend". Nein. Ähnlichkeit spielt eine Rolle, aber welche Art
von Ähnlichkeit? Stückhaft betrachtet sind die B-Fälle dem Grundfall
oft ähnlicher als die A-Fälle.

Drittens: ist die Angelegenheit durch „Verallgemeinerung" erklärt?
Nein. Natürlich sind Verallgemeinerungen in all diesen Fällen enthalten, aber eine törichte B-Reaktion kann, wie schon früher bemerkt,
ebensoviel Verallgemeinerung einschließen wie eine A-Reaktion. Und
so hilft Verallgemeinerung als solche nicht. Sie würde natürlich helfen,
wenn man von einer „richtig gewählten Verallgemeinerung" sprechen
könnte. Aber was sollen wir unter dieser näheren Kennzeichnung verstehen? Daß sie zur Lösung führt? Damit wäre man wieder beim
ersten Vorschlag.

Viertens: Die Lage bleibt unverändert, wenn man (richtig) sagt, daß
die verschiedenen A-Fälle charakterisiert sind durch das Erfassen des
Wesentlichen, durch das Erfassen dessen, worauf es recht eigentlich
ankommt. Aber was ist dieses „Erfassen"? Und was ist „das Wesentliche"? Was entscheidet darüber, was wesentlich ist und was nicht?
Nur das Ergebnis?

Die theoretischen Vorschläge 2, 3 und 4 unterscheiden sämtlich nicht
befriedigend zwischen den A- und den B-Reaktionen und -Fällen,
wenn man nicht den ersten Vorschlag mit einbezieht, der diese Schei-

---

*) Operational nennt man eine Definition, wenn sie für gewisse experimentell
herstellbare Bedingungen bestimmte Voraussagen enthält, so daß im konkreten Einzelfall grundsätzlich durch ein *Operieren* mit dem Gegenstand entschieden werden
kann, ob er unter die Definition fällt oder nicht. Vgl. Kap. VII, S. 202. (Übs.)

dung vollzieht, aber nur auf Grund der Ergebnisse. Keiner dieser Vorschläge vermittelt als solcher ein psychologisches Verständnis.

Ich wende mich an den Leser: Bitte durchdenken Sie das. Lassen Sie sich nicht mit oberflächlichen Lösungen abspeisen. Ich glaube, Sie werden die Antwort sehen, wenn Sie diese Fälle unmittelbar ins Auge fassen. Vielleicht haben Sie sie schon auf der Zunge, ohne imstande zu sein, sie in wohlgesetzten Worten auszudrücken. Ich setze die Analyse hier nicht fort, sondern komme später auf sie zurück.

## II.

11. Unter dem starken und lebendigen Eindruck des befremdlichen Verhaltens der Kinder in manchen Schulen unternimmt der Psychologe einen neuen und entschiedeneren Angriff auf das Problem.

Wie in dem erwähnten Fall war es für mich oft befremdlich, zu sehen, wie sich manche Klassen beim Lernen benehmen. Vielfach folgen sie gehorsam genug den Schritten des Beweises, den der Lehrer ihnen vorführt. Diese wiederholen, diese lernen sie dann. Man hat den Eindruck, daß „Lernen" stattfindet — ja; denken — vielleicht ein wenig; aber wirkliches Verstehen? — Nein.

Ein anderes Vorgehen wurde versucht, um das weiter zu klären.

Was ich jetzt sagen werde, ist etwas unerfreulich, häßlich. Aber Sie sehen, der Psychologe muß manchmal, aus theoretischen Gründen, Verfahren anwenden, die als solche nicht so hübsch sind.

Anstatt die übliche, sinnvolle Methode der Ableitung des Flächeninhalts des Parallelogramms anzuwenden, wird den Schülern gesagt:

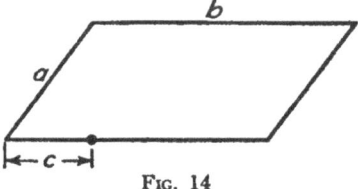

Fig. 14

„Um die Fläche eines Parallelogramms zu erhalten, mißt man die Seiten — wir wollen sie a und b nennen; nun bezeichnet ihr den Punkt

28

auf der Grundlinie, der genau unter der linken oberen Ecke liegt; dann
meßt den Abstand zwischen dem linken Ende und dem Punkt auf der
Linie, den wir c nennen. In unserer Figur ist a = 5 cm, b = 9 cm,
c = 3 cm."

> „Nun addiert a und c!"          (a + c ... 5 + 3 =   8).
> „Zieht c von a ab!"             (a − c ... 5 − 3 =   2).
> „Multipliziert die Ergebnisse!"   ( ... 8 · 2 = 16).

„Zieht aus dem Produkt die Quadratwurzel! Ihr habt gelernt, daß
( ... $\sqrt{16}$ = 4)."

> „Multipliziert das Ergebnis mit b, und ihr habt es ( ... 4 · 9 = 36)".
> „Die Flächenformel ist b $\sqrt{(a + c)\ (a − c)}$".

Dieses Vorgehen ist scheußlich, und kein vernünftiger Lehrer oder
Mathematiker wird darauf verfallen. Es muß schon ein Psychologe
daher kommen, um solch ein umständliches, unerfreuliches und sinnloses Verfahren einzuführen. Aber es führt zu einem korrekten Resultat.

Gewöhnlich finden die Kinder solch ein Vorgehen sonderbar und
dumm, es ist nicht zu übersehen, daß sie an manchen Stellen zurück-
weichen. Am Ende blicken manche mit schlecht verhaltener Verach-
tung auf den Lehrer. Andere brechen in schallendes Gelächter aus.

Es ist eine ernste Angelegenheit, daß es in manchen Schulen nicht
möglich ist, irgend einen wesentlichen Unterschied zwischen der Art
zu beobachten, wie sich die Schüler zu einer solchen Lektion und zu
einem sinnvollen Vorgehen verhalten. Wenn Sie finden, daß die Kinder
in einer Klasse ein solches Vorgehen brav schlucken, ohne Reaktion,
dann schauen Sie sich die Art der Erziehung, die sie dort erhalten,
etwas genauer an! Ich möchte meinen, irgend etwas stimmt daran nicht.
Und wenn Sie Versuche machen von der hier berichteten Art, hoffe ich,
Ihre Klassen lachen laut heraus, oder wenigstens suchen sie höflich ihr
Grausen zu verbergen.

In Beispielen dieser Art ist es manchmal rührend, die straffe Kon-
zentration der Schüler zu sehen, ihren festen Willen, jeden einzelnen
Schritt festzuhalten, das Nachmurmeln der Worte des Lehrers, den
Stolz; wenn sie das Gelernte exakt wiedergeben, die Probleme haar-

genau auf dieselbe Weise lösen können, wie sie es gelehrt wurden. Lehren und Lernen ist für viele eben dieses. Der Lehrer hat das „korrekte" Vorgehen gelehrt. Die Schüler haben es gelernt; sie können es auf Routinefälle anwenden; das ist alles.

Der Leser möge bedenken, ob er nicht viele Dinge in der Schule so gelernt hat. Ist es nicht die Art, in welcher vielleicht Sie selbst die Differential- und Integralrechnung gelernt haben? Selbst Lehrsätze der Planimetrie und Stereometrie? Natürlich hatten Sie guten Grund, zu fühlen, daß der Lehrer Sie vernünftige, ernsthafte Dinge lehrte, die Sie sich aneignen mußten. Aber hatten Sie die Gelegenheit zu einer anderen Art des Lernens, zum wirklichen Erfassen? Konnten Sie etwas anderes tun, als sich damit abfinden und sich der Beweisführung des Lehrers unterwerfen, Schritt für Schritt, wenn Sie nicht imstande waren, zu sehen, warum er eben gerade dies tat, dann gerade das? Blieb Ihnen etwas anderes übrig, als einfach gehorsam zu folgen, so wie die Schritte vom Himmel fielen?

Ich glaube, Sie werden mir zugeben, daß Ihnen tatsächlich nichts anderes übrig blieb. Ich wäre nicht einmal überrascht, wenn Sie hinzufügten, daß es sicher das Richtige war, wenn es der Lehrer so machte, daß es wahrscheinlich gar nicht anders ging. Oder vielleicht entgegnen Sie auch: „Man kann Ihr häßliches Beispiel nicht mit den üblichen Unterrichtsverfahren vergleichen, nach welchen ein Lehrer vernünftige Dinge mit ihren Beweisen vorzutragen pflegt".

Mit dieser letzten Bemerkung haben Sie ganz recht. In unserem Beispiel fehlt der Beweis, eine Unterlassung, die übrigens manchen Klassen gar nicht auffällt. Und für eine wirkliche Entscheidung brauchen wir ein Beispiel, das einen Beweis einschließt. Dieser Punkt soll später unter Ziffer 17 weiter erörtert werden.

12. Aber wir wollen zunächst zum Ende unserer Geschichte kommen. Ich fragte die Klasse: „Seid ihr sicher, daß dieses Resultat wirklich richtig ist?" Den meisten Schülern blieb bei dieser Frage der Mund offen stehen vor Überraschung, daß sie gestellt werden konnte. Ihre Einstellung war klar: „Wie können Sie erwarten, daß wir die Lösung anzweifeln, die Sie uns gegeben haben?" Die Frage war ihnen befremdlich, sie griff an das eigentliche Wesen dessen, was Schule, Lehren, Lernen für sie bedeutete. Keine Antwort, die Klasse schwieg.

30

Ich änderte meine Frage, fragte freundlich: „Kann einer von euch zeigen, daß die Antwort, die wir auf diesem Weg erhalten haben, wirklich richtig ist?"

Der kleine M. zeigte auf. Mit pfiffiger Miene sagte er: „Ich weiß, wie man's beweisen kann. Es ist ganz einfach. Wir haben gefunden, daß die Fläche des Parallelogramms 36 qcm ist. Nun kann ich das Parallelogramm aus Blech ausschneiden, es auf die eine Schale einer empfindlichen Waage legen, und auf die andere kann ich ein Rechteck legen, von dem ich weiß, daß es 36 qcm hat — ich wette, sie halten sich das Gleichgewicht."

„Ja, das ist möglich, aber kannst du zeigen, daß dies allgemein der Fall sein wird?"

„Warum nicht", antwortet er, „wenn Sie es wünschen, kann ich es mit verschiedenen Parallelogrammen wiederholen".

Was dieser Bub tat, ist charakteristisch für viele Fälle von Denken. Er hat jetzt das *blinde* Vorgehen *plus* den Beweis durch das Gewicht. Das ist alles; er ist befriedigt. Das Vorgehen, die sogenannte Induktion, ist als solche eine hübsche Sache, oft nötig, in mancher Hinsicht grundlegend für die modernen Erfahrungswissenschaften. Gleichwohl, sie zufrieden mit dem blinden und daher häßlichen Vorgehen zu koppeln, ist für einen wirklichen Denker nicht die Lösung, nicht das Ende. Moderne Wissenschaft stützt sich zwar oft auf die Induktion, aber sie bleibt nicht gern bei der Induktion stehen, sie arbeitet weiter, um nach einem besseren Verständnis zu suchen, als es die Induktion allein gewährt. (Siehe z. B. die Entwicklung der Entdeckung Mendelejeffs[3]).)

---

[3]) Anmerkung des (amerikanischen) Herausgebers: Früh im neunzehnten Jahrhundert fiel es dem englischen Chemiker William Prout auf, daß die Atomgewichte der chemischen Elemente annähernd ganze Vielfache des Gewichts des Wasserstoff-Atoms sind, und er vermutete, daß Wasserstoff der Urstoff sei. Auf Grund dieser Annahme proklamierte de Chaucourtois 1862, daß die Eigenschaften der chemischen Elemente sämtlich von Zahlenverhältnissen beherrscht seien. 1871 veröffentlichte Mendelejeff sein berühmtes periodisches System der chemischen Elemente, eine Tabelle, in der alle Elemente in acht senkrechten und sieben waagrechten Reihen angeordnet waren. Sie setzte ihn instand zu demonstrieren, daß die chemischen Elemente ihre Eigenschaften, besonders ihre Valenz in Übereinstimmung mit Änderungen ihres Atomgewichts verändern. Das Atomgewicht schien daher Mendelejeff das fundamentale, wesentliche Kennzeichen der Elemente zu bilden. Das wurde bekräftigt durch die Tatsache, daß er die Entdeckung neuer Elemente voraussagen konnte, die nötig waren, um die Lücken in der Tabelle auszufüllen, durch Überlegungen, die

31

An ihrem rechten Platz ist die Induktion ein wichtiges Werkzeug, aber Induktion ist als solche eher ein Anfang als ein Ende. Aber hier ist sie nicht einmal als ein Ausgangspunkt gerechtfertigt, da sie überflüssiger- und willkürlicherweise der Frage blind gegenübersteht.

13. Um die Sache klarer zu machen, wollen wir ein anderes Beispiel betrachten. Der Lehrer demonstrierte der Klasse, wie man die Fläche des Parallelogramms vermittels der üblichen Hilfslinien findet, indem er das linke Dreieck nach rechts schob und zum Schluß sagte, daß die Fläche gleich der Grundlinie mal der Höhe ist. In diesem Beispiel schlug ich dem Lehrer vor, ein Parallelogramm zu benutzen, dessen eine Seite, a, 2,5 cm, und die andere Seite, b, 5 cm war. Die Höhe h wurde gemessen und ergab sich als 1,5 cm.

Ich gab dann andere Aufgaben, in denen jedesmal die Längen der Seiten a und b angegeben waren; die Höhe wurde gemessen, und die Fläche jedes Parallelogramms war zu berechnen.

|  | a | b | Höhe (gemessen) | Fläche zu berechnen |
|---|---|---|---|---|
| 1. | 2,5 | 5 | 1,5 | 7,5 |
| 2. | 2,0 | 10 | 1,2 | 12,0 |
| 3. | 20,0 | $1^1/_3$ | 16,0 | $21^1/_3$ |
| 4. | 15,0 | $1^7/_8$ | 9,0 | $16^7/_8$. |

Die Schüler arbeiteten an den Aufgaben und hatten dabei einige Mühe mit der Multiplikation.

---

auf der Periodizität der Eigenschaften und dem gleichmäßigen Ansteigen des Atomgewichts der chemischen Elemente beruhten.

Obwohl Mendelejeffs Klassifikation von ihm als eine rein empirische Verallgemeinerung vorgebracht wurde, deutete sie klar auf die fundamentale Einheit der Materie.

1913 bewies Moseley, ein junger englischer Forscher, auf Grund der Atomtheorie von Rutherford und Bohr, daß es die Zahl der Wasserstoffatome war, die die Art des Elements bestimmte; und daß die *Nummer*, nicht das Atomgewicht, die chemischen Eigenschaften der Elemente bestimmte — noch genauer, die Zahl der Protonen, durch welche die Zahl der Elektronen festgelegt war. — So wurde aus einer empirischen Verallgemeinerung zuletzt eine deduktive Theorie.

Plötzlich zeigte ein Junge auf. Mit einem etwas hochnäsigen Blick auf die anderen, die noch nicht fertig waren, platzte er heraus: „Es ist blöd, sich mit Multiplizieren und Höhenmessen abzumühen. Ich habe eine bessere Methode herausgekriegt, um die Fläche zu finden — es ist ganz einfach, die Fläche ist $a + b$.“

Hast du eine Ahnung, *warum* die Fläche gleich $a + b$ ist?“ fragte ich.

„Ich kann's beweisen“, antwortete er, „ich habe es in allen Beispielen ausgezählt. Warum sich mit $b \cdot h$ plagen? Die Fläche ist gleich $a + b$!“

Ich gab ihm darauf die fünfte Aufgabe: $a = 2{,}5$; $b = 5$; Höhe $= 2$.

Der Bub begann zu rechnen, wurde etwas aufgeregt, und sagte schließlich lächelnd: „Hier gibt die Addition der beiden nicht den Flächeninhalt. Schade, es wäre so nett gewesen.“

„Wirklich?“ fragte ich.

Das mag als ein Beispiel einer blinden Entdeckung dienen, einer blinden Induktion. Ich wage zu behaupten, daß kein vernünftiger Mathematiker solche offensichtlich sinnlosen Induktionen liebt. Er wird sie *höchstens* machen, wenn der untersuchte Sachverhalt so dunkel ist, daß er keine Ahnung von einem möglichen inneren Zusammenhang hat.

Ich möchte hinzufügen, daß es nicht der eigentliche Zweck dieses „gemeinen“ — und, wie Sie sehen, gelungenen — Experiments war, einfach irrezuführen. Bei einem früheren Besuch in der Klasse hatte ich bemerkt, daß sie wirklich in Gefahr war, mit den Methoden der Induktion oberflächlich umzugehen. Meine Absicht war, diesen Schülern — und ihrem Lehrer — eine eindrucksvolle Erfahrung von den Fallstricken dieser Einstellung zu vermitteln.

Man könnte sagen, daß der Bub es mit seiner Hypothese nur deshalb falsch gemacht hatte, weil sie nicht allgemeingültig war, daß es eine Verallgemeinerung aufgrund zu weniger Beispiele war. Aber damit verfehlt man den entscheidenden Punkt. Die vorgeschlagene Gleichheit, Fläche gleich $a + b$, ist blind für die Frage ihrer inneren Beziehung, blind für die Frage, wie das schon in einem einzigen Fall sinnvoll zustande kommen kann — denn es gibt keine inneren Beziehungen zwischen der Fläche und „$a + b$“.

3

33

14. Ich will ein noch einfacheres Beispiel geben: Sie fragen einen Schüler:

1. 12 = 3mal wieviel?   Antwort 4.
2. 56 = 7mal wieviel?   Antwort 8.
3. 45 = 6mal wieviel?

Angenommen, der Schüler würde als Antwort auf die dritte Frage sagen: „Sieben". Und wenn Sie ihn nach dem Grund fragten, würde er antworten: „Ist das nicht klar? Die vierte Zahl ist eins höher als die dritte:

1.   12   3   4
2.   56   7   8
3.   45   6   7.

Ist es hier wesentlich, daß der Schüler seine „Hypothese" auf zu wenig Beispielen begründet? Nein. Die Hypothese *ist* töricht: Diese Reihenfolge der Zahlen hat nichts mit der Struktur der Situation zu tun, ist blind für das darin Geforderte, für die Trennung durch das Gleichheitszeichen, für die Bedeutung der Stellen auf der linken Seite, für die Bedeutung des Malzeichens auf der rechten. Sie ist blind für alle diese strukturellen Züge, durch welche die Anforderungen an eine vernünftige Lösung oder eine vernünftige Hypothese festgelegt sind.

15. Hier mögen einige zusätzliche Beispiele häßlichen Vorgehens folgen, das zu einer korrekten Antwort führt. Falsch ist hier nicht nur, daß kein Beweis gegeben wird, sondern daß keiner der Schritte des Vorgehens einen verständlichen Zusammenhang mit der Sache hat:

*Wie erhält man die Fläche eines Rechtecks?*

|  | I. |  | II. |
|---|---|---|---|
| 1. | $a-b$ | 1. | für $a+b$ setze c ein |
| 2. | $\dfrac{1}{a}$ | 2. | $a^2$ |
| 3. | $\dfrac{1}{b}$ | 3. | teile 2. durch 1. |
| 4. | man ziehe 2. von 3. ab | 4. | ziehe es von a ab |

34

|  I. | II. |
|---|---|

5.  Man teile 1. durch
in 4. erhaltene Resultat

$$\text{Fläche} = \frac{a - b}{\dfrac{1}{b} - \dfrac{1}{a}}$$

5.  multipliziere es mit 1.

$$\text{Fläche} = \left( a - \frac{a^2}{a+b} \right) c$$

$$= \left( a - \frac{a^2}{a+b} \right) (a+b).$$

16. Ich habe künstliche Beispiele gewählt, um klarzumachen, worauf es ankommt; aber ähnliche Dinge geschehen, ohne daß sich der Psychologe einmischt. Ein Kind in der Schule lernt, mit dem begleitenden Drill, die Formeln für den Umfang des Rechtsecks, $2(a+b)$, und für seine Fläche, $a \cdot b$. Nach einiger Zeit werden Aufgaben gestellt, in denen in einem weiteren Zusammenhang die Berechnung der Fläche von Rechtecken erforderlich wird. Die Formel $2(a+b)$ kommt ihm in den Sinn, und er benutzt sie — völlig verkehrt, ohne es zu wissen.

Oder er versucht sich zu entsinnen, welches die Formel für die Fläche war. Er kann sogar versuchen, sich die Seite des Lehrbuches ins Gedächtnis zu rufen, auf der die Formel stand, und das kann ihm gelingen, nur die Formel selbst fällt ihm doch nicht wieder ein. In seiner Not wagt er einen Blick auf die Lösung eines Nachbarn, stellt fest, daß er 25 als Größe der Fläche gefunden hat — die Seiten, a und b, sind zufällig 10 und $2^1/_2$ cm. „Ich hab's!" sagt er zu sich selbst. „Jetzt erinnere ich mich, wie es gemacht wird: $10 + 2^1/_2 = 12^1/_2$, mal $2 = 25$, $2(a+b)$", ist erleichtert, löst eifrig die folgenden Aufgaben ebenso, und erhält lauter falsche Ergebnisse, ohne es zu ahnen. (Sollte infolge eines Zufalls in der nächsten Aufgabe $a = 12$, $b = 2,4$ sein und er, um sich zu vergewissern, nochmals auf das Ergebnis seines Nachbarn schauen, so würde er noch darin bestärkt.) Es kommt ihm gar nicht in den Sinn, sich zu fragen, ob diese Formel hier überhaupt Sinn hat. Auf der anderen Seite könnte der Schüler, wenn er das Problem wirklich ins Auge faßte, sogar eine vergessene Formel frei rekonstruieren.

Nun, ist der entscheidende Grund, warum der Schüler ein falsches Ergebnis erhält, daß seine Formel nicht allgemein gilt? Um ganz scharf herauszustellen, worauf es hier ankommt, denke man sich eine phantastische Situation. Es ist durchaus vorstellbar, daß das Geschäft der Lösung dieser Aufgabe von einer Maschine besorgt wird, die das Rechteck in kleine Quadrate zerschneidet. Man steckt das Rechteck in

35

den Schlitz; die Maschine tut ihre Arbeit, die kleinen Quadrate fallen heraus und werden gezählt, von Ihnen oder von einer eingebauten Addiermaschine. Wir nehmen ferner an, daß diese Maschine bei ihrer Arbeit eine Anzahl der kleinen Quadrate ausscheidet, eine Anzahl, die mit der Größe des Rechtecks variiert; daß auf der anderen Seite stets vier kleine Quadrate hinzugefügt werden[4]). Eine solche Maschine könnte man leicht konstruieren, und sie würde dann nach einem allgemeinen Gesetz unwandelbar das Resultat 2 $(a+b)$ hervorbringen.

Der Denker fühlt das dringende Bedürfnis, in die Maschine zu schauen, um zu entdecken, wie dieses ulkige Resultat gesetzmäßig zustande kommt. Wenn man nur die Maschine öffnen und hineinschauen könnte! Aber angenommen, Sie können es nicht, oder es wäre gar keine Maschine da, dieselbe Sache geschähe ohne die Maschine — durch ein Wunder, einfach beim Schneiden und Zählen ...

Sie hätten Allgemeingültigkeit, eine faktisch konstante Formel, aber das in der Formel ausgedrückte Gesetz wäre nach wie vor häßlich, sachblind, völlig unverständlich.

17. Um auf unsere Frage zurückzukommen: In diesen häßlichen Beispielen fehlt der demonstrative *Beweis,* und man könnte der Meinung sein, daß dies allein der wesentliche Punkt sei. Wir wollen überlegen, was nötig ist, damit ein Denkprozeß ein guter, vernünftiger Denkprozeß ist. Die übliche Antwort scheint zu sein:

daß eine richtige Lösung des Problems erreicht wird,

daß sie durch logisch korrekte Operationen erreicht wird,

daß das Ergebnis als korrekt, als allgemein korrekt erwiesen wird.

Ist das alles? Ist das ein adäquater Ausdruck für das, was wir in einem wirklichen vernünftigen Denkprozeß vor uns haben?

---

[4]) In der Formel 2 $(a+b)$ für die Fläche verschwindet das Flächenstück m und die vier schraffierten Quadrate kommen zweimal vor:

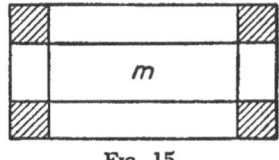

FIG. 15

Wir betrachten nun ein Vorgehen, das alle diese Züge umfaßt, und immer noch irgendwie häßlich ist. Angenommen, ich hätte ein Kind, das noch nichts von Geometrie gehört hat, die Fläche des Rechtecks zu lehren. Erst zeigt man ihm, daß die Fläche des Quadrates $a^2$ ... „a mal a" ist. Es lernt das und berechnet die Flächen einiger Quadrate von verschiedener Größe. Dann zeigt man ihm ein Rechteck, und lehrt es die Fläche des Rechtecks auf folgende Weise:

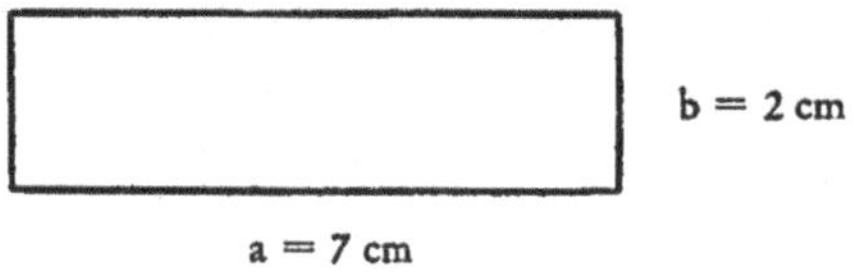

$b = 2 \text{ cm}$

$a = 7 \text{ cm}$

FIG. 16

| | | | |
|---|---|---|---|
| 1. | Ziehe zunächst b von a ab: | $a-b$ | $7-2 = 5$ |
| 2. | Erhebe die Differenz ins Quadrat: | $(a-b)^2$ | $5^2 = 25$ |
| 3. | Erhebe b ins Quadrat und ziehe es von 2. ab: | $(a-b)^2-b^2$ | $25-4 = 21$ |
| 4. | Erhebe a ins Quadrat und ziehe es von 3. ab: | $(a-b)^2-b^2-a^2$ | $21--49 = -28$ |
| 5. | Multiplizierte mit $-1$ (mache es positiv): | $a^2+b^2-(a-b)^2$ | $+28$ |
| 6. | Teile durch 2: | $ab$ | $14$ |

Das ist die Fläche des Rechtecks $a \cdot b$ — was geometrisch bewiesen werden kann, wie die Abbildung

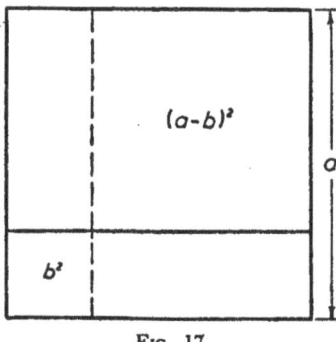

$(a-b)^2$

$a$

$b^2$

FIG. 17

andeutet. Der Beweis erfordert den Nachweis, daß die zwei Rechtecke kongruent sind, und die Subtraktion des überschneidenden b². Obwohl er etwas vertrackt ist, leitet er die allgemeine Lösung mit logischer Notwendigkeit ab. Dieses Vorgehen ist ein bißchen weniger häßlich als das frühere, aber es ist immer noch häßlich.

Einige Reaktionen von Kindern: „Was die Erwachsenen alles machen!" „Warum nicht geradewegs? Es muß wie beim Quadrat sein — die Zahl der kleinen *Quadrate in der Grundreihe* mal die *Zahl der Reihen.*"

18. Wir blicken zurück. Warum sind die verschiedenen Arten des Vorgehens „häßlich"? Was ist der entscheidende Punkt?

1. Kommt es davon, daß die Operationen nicht korrekt ausgeführt werden? Nein, sie sind es in einigen Beispielen.

2. Kommt es davon, daß ihnen die Allgemeingültigkeit mangelt? Nein, die Beispiele, die allgemein zutreffen, sind trotzdem häßlich (vgl. Ziffer 11 und 15).

3. Kommt es davon, daß sie nicht demonstrativ bewiesen sind? Nein, nicht bei allen fehlt der Beweis.

Wenn wir das konkrete Vorgehen in den häßlichen Beispielen betrachten, wenn wir sehen, wie das Problem angegriffen wird, wie die einzelnen Gedankenschritte zum ganzen Gedankengang stehen, dann scheint mir die Antwort klar zu sein: Ich möchte ein Problem lösen; ich fasse die Problemlage ins Auge; ich möchte sehen, wie ich den Sachverhalt klären kann, um die Lösung zu erreichen. Ich versuche zu sehen, wie die Fläche bestimmt ist, wie sie in dieser Figur aufgebaut ist; ich möchte das verstehen. Statt dessen kommt einer daher und sagt mir, ich solle diese oder jenes tun, nämlich etwas wie $\frac{1}{a}$ oder $\frac{1}{b}$ oder $(a-b)$ oder $(a-b)^2$, Dinge, die sichtlich keine inneren Beziehungen zur Sache haben, die in einer anderen Richtung gehen, in einer aufgabefremden Richtung. Warum gerade dies? Mir wird gesagt, „Du sollst es einfach tun"; und dann wird ein zweiter Schritt angehängt, der wieder in seiner Richtung unverstehbar ist. Die Schritte fallen vom Himmel, ihr Inhalt, ihre Richtung. Der ganze Vorgang wächst nicht sinnvoll aus den inneren Forderungen der Lage hervor, erscheint willkürlich, blind für die Grundfrage, *wie die Fläche gerade in dieser Form*

aus den kleinen Einheiten strukturell *aufgebaut ist.* Am Ende *führen*
die Schritte zu einer korrekten oder sogar bewiesenen Antwort. Aber
das unzweifelhafte Ergebnis kommt auf eine Weise in den Blick, die
keine Einsicht, keine Klarheit gibt. Und dieses gilt für alle Beispiele —
ob mit oder ohne Beweis.

„Hören Sie einmal", sagt vielleicht ein Leser unwillig, „verlangen
Sie nicht zuviel vom menschlichen Denken?" Nein; glücklicherweise
gibt es Denkprozesse, die nicht so blind verlaufen.

19. Der positive, fruchtbare Verlauf des Denkens, wie er in den
Reaktionen von Kindern angedeutet ist, ist von völlig anderer Art.
Die Frage nach der Fläche als Summe der kleinen quadratischen Einheiten ist an der Figur selbst in den Blick genommen, im Hinblick auf
ihre charakteristische Form: Es wird entdeckt, daß da parallele Reihen

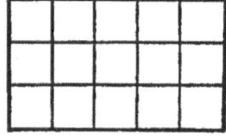

FIG. 18

sind, die jede zur anderen passen, die gleich sind, dieselbe Zahl kleiner
Quadrate enthalten. Dann wird die Zahl der *Quadrate in einer* solchen
Reihe, bestimmt durch die Länge einer Seite, mit der Anzahl der *Rei-
hen* multipliziert, die durch die Länge der anderen Seite festgelegt ist.
Hier ist der springende Punkt, daß man die Fläche von der charakte-
ristischen Form der Figur her aufgebaut sieht. Keiner der nötigen
Schritte hat eine Richtung, die blind ist für das Anliegen, für die
innere Natur der Problemlage.

Und ganz dasselbe Resultat, Fläche = a · b, ist psychologisch nicht
dasselbe im sinnvollen und im häßlichen Verfahren: „a · b", im sinnvollen Prozeß, ist nicht einfach eine „Multiplikation zweier Größen",
denn eine davon *bedeutet* die Zahl *der Quadrate in einer Reihe,* die
andere die Zahl *der Reihen.* Die beiden Glieder der Multiplikation
haben verschiedene strukturelle und funktionelle Bedeutung, und wenn
das nicht gesehen wird, kann die Formel, ja die Bedeutung des Multiplizierens selbst, nicht verstanden werden.

20. Ich möchte die letzte Behauptung illustrieren. Einem Jungen wird ein Rechteck gezeigt, das in die schmalen quadratischen Einheiten aufgeteilt ist. Man sagt ihm, daß die Gesamtzahl, die Fläche, gleich a · b ist. Wenn ihm nun eine Anzahl verschiedener Rechtecke gegeben wird, berechnet er die Flächen richtig, indem er die Seiten multipliziert. Ich frage ihn: „Bist Du sicher, daß das stimmt?" Und er erwidert: „Sicher, Sie haben es mich gelehrt; aber wenn Sie wünschen, will ich es abzählen". Und er fängt an, Gruppen von 5 Quadraten abzuzählen, indem er folgendermaßen an der Grundlinie beginnt:

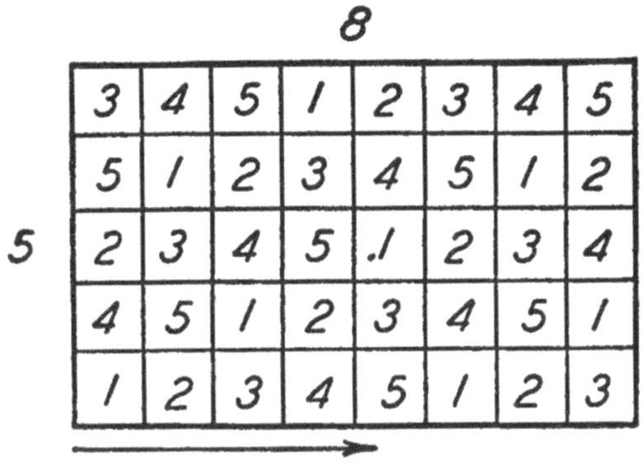

*8*

| 3 | 4 | 5 | 1 | 2 | 3 | 4 | 5 |
|---|---|---|---|---|---|---|---|
| 5 | 1 | 2 | 3 | 4 | 5 | 1 | 2 |
| 2 | 3 | 4 | 5 | 1 | 2 | 3 | 4 |
| 4 | 5 | 1 | 2 | 3 | 4 | 5 | 1 |
| 1 | 2 | 3 | 4 | 5 | 1 | 2 | 3 |

*5* (row label) — →

FIG. 19

Am Ziel angekommen, wendet er sich mir zu: „Sehen Sie? Es stimmt!"

Man kann sehen, daß hier etwas Wesentliches fehlt. Dieser Junge hat nicht erfaßt, wie die Fläche aufgebaut ist aus der Reihe mal ihren parallelen Wiederholungen. Er hat den grundlegenden strukturellen Zug nicht benutzt, daß jede Reihe dieselbe Zahl von Quadraten hat. Und so ist es ihm nicht gelungen, eine Grundlage für ein sinnvolles strukturelles Verständnis der Fläche zu gewinnen.

Um es nochmals anders auszudrücken: Wenn die Fläche durch die Art des Auszählens gefunden werden müßte, die dieser Junge vornahm, brauchte sie überhaupt kein Rechteck zu sein. Jede andere Figur, die aus zusammenhängenden kleinen Quadraten bestünde, wäre dazu ebenso geeignet. Sein Vorgehen ist blind für den Aufbau der Figur in seiner inneren Beziehung zur Multiplikation.

40

Solches strukturelles Verständnis, oder sein Mangel, spielt auch bei
der Übertragung eine entscheidende Rolle. Ein kurzes Beispiel: Zu Ver-
suchszwecken wird einem Kind gezeigt, wie man die Fläche eines Quadrates findet. Es beherrscht das Verfahren, wendet es auf verschiedene
Fälle an, und wird dann nach der Fläche eines Rechtecks gefragt. Es
sieht keinen Weg, sie zu finden. Ich frage: „Warum machst Du es nicht
genau wie beim Quadrat?" Zögern, und dann die Antwort: „Das
kann ich nicht . . . Die zwei Seiten sind hier nicht gleich."

Aber wenn die Sache im Fall des Quadrats wirklich verstanden ist,
wenn die Fläche *gesehen wird als* die Anzahl der kleinen Quadrate
in der Grundreihe mal der Anzahl der Reihen, macht der Übergang
keine solchen Schwierigkeiten. Die Tatsache der Gleichheit der beiden
Seiten des Quadrats stört dann nicht, da sie strukturell peripher ist,
mit der Frage keinen sinnvollen Zusammenhang hat.

Die Übertragung könnte auch blind sein. Man könnte *ohne* dieses
Verständnis einfach blind glauben, daß man auch die Fläche des Rechtecks durch die Multiplikation der beiden Seiten erhält. Wenn man
diese *beiden* Fälle Verallgemeinerung nennen will, muß man beachten,
daß zwischen strukturell blinder oder sinnloser und sinnvoller Verallgemeinerung ein grundsätzlicher Unterschied besteht.

21.  Da wendet jemand ein: Warum sprechen Sie vom Erfassen der
inneren Struktur, von inneren Erfordernissen, und geben zu verstehen,
daß ein Erfassen der strukturellen Züge in Ihrem Beispiel die Sache
verständlich macht? Wie steht es mit nicht-euklidischen Situationen?
Wie, wenn wir für unsere Geometrie andere Axiome wählen? Was in
einem System sinnvoll ist, könnte im anderen falsch sein. Nur so lange
man den naiven altmodischen Glauben an die alleinige Gültigkeit der
euklidischen Axiome voraussetzt, erscheint, was Sie sagen, sinnvoll.

Der Einwand ist blind und berührt den Kern der Sache nicht. Nicht-
euklidische Geometrie hat ihre eigenen strukturellen Züge, die es
erlauben, innerhalb des neuen erweiterten Rahmens erneut zu fragen,
ob ein Vorgehen sinnvoll ist. Nachdem die Eigenschaft der Raum-
krümmung eingeführt ist, treffen gewisse Sätze der euklidischen Geometrie nicht mehr zu, denn sie wurden aufgestellt, ohne die Bedingungen in Betracht zu ziehen, die durch die Krümmung eingeführt werden,
und gelten nur für den Sonderfall, in dem die Krümmung Null ist.

41

Um eine kurze Erläuterung zu geben: eine Figur auf der Oberfläche einer Kugel, die aus vier „geraden" Linien und vier rechten Winkeln besteht, *ist* von einem ebenen Viereck auch hinsichtlich ihrer Fläche verschieden; aber wiederum kann man hier sinnvoll zu der Fläche gelangen, indem man die innere Struktur erfaßt, oder man kann sie auf eine häßliche Weise ableiten, die unseren häßlichen Fällen entspricht.

„Warum sprechen Sie in diesem Zusammenhang von ‚sinnvoll'", fragt ein Logiker. Ob etwas sinnvoll ist, ist nichts als eine Frage der alten formal-logischen Vereinbarkeit. Jeder Lehrsatz, jedes Gesetz — sogar Ihr Beispiel (auf S. 35 f.) von der Rechteckfläche, die in der künstlichen Welt, die Sie beschreiben, $2(a+b)$ sein soll — ist sonderbar oder unsinnig *nur*, sofern es anderen Gesetzen widerspricht, mit den Axiomen seines eigenen Systems nicht verträglich ist. Das ist alles."

Aber dieser Einwand verschiebt die Frage einfach von den Lehrsätzen zu den Axiomen. Wenn wir veränderte Axiome in Betracht zögen, die eigens dazu geschaffen wären, solchen strukturell blinden Verbindungen formale Verträglichkeit zu geben, wäre das Ergebnis eben nicht ein häßlicher Lehrsatz, sondern das ganze Axiomensystem wäre häßlich. Zweifellos gibt es heute in der Mathematik Strömungen in Richtung auf Systeme, in denen alles strukturell Sinnvolle ausgeschieden ist. Manche halten es für notwendig, die Frage, ob sinnvoll, ob sinnlos, ganz unbeachtet zu lassen. Ähnliche Tendenzen zeigten sich in der Entwicklung der Logik, in dem Bestreben, die Logik zu einem Spiel zu degradieren, das von einer Summe willkürlich zusammengestellter stückhafter Regeln beherrscht wird. Unter dem Gesichtspunkt der Arbeitsteilung ist solche Spezialisierung ein verdienstliches Unternehmen, besonders im Hinblick auf die Frage der Kriterien strenger logischer Gültigkeit. Aber wenn man damit wirklich das ganze Anliegen der Logik zu beschreiben meint, behält sie von dem, was Denken sein kann, nur einen ärmlichen Rest in der Hand, entleert aller Züge, die in echten produktiven Prozessen eine wesentliche Rolle spielen. Wie auch immer die Beziehung der Struktur-Probleme zur formalen Logik und zur Erkenntnistheorie gesehen wird, und ganz gleich ob die Logik sich mit den strukturellen Problemen befassen will oder nicht, sie stellen in echten, sinnvollen produktiven Prozessen entscheidende Sachverhalte her.

42

Die Entwicklung der modernen Mathematik verfolgt das Ziel, möglichst ohne alle Züge geometrischer Intuition auszukommen. Das geschah aus guten Gründen, im Hinblick auf Fragen der Gültigkeit in einem idealen axiomatischen System, in dem man nur dadurch zu konkreten Lehrsätzen gelangt, daß man mit den Axiomen syllogistische oder ähnliche formale Operationen vollzieht. Aber dieses durchaus wohlbegründete Bestreben sollte mit den Problemen des Verstehens und der echten produktiven Vorgänge nicht durcheinandergebracht werden. Ich habe nicht einen wirklich fruchtbaren Mathematiker angetroffen, der den Unterschied nicht fühlte. Manche sagten: „Das ist keine logische oder mathematische Frage. Es ist eine psychologische Frage, oder, wenn Sie wollen, betrifft es die aesthetische Seite der Angelegenheit." Mir scheint es, daß solche Behauptungen die Logik in einem zu engen Sinn sehen. Die Schritte, die Operationen werden bei den häßlichen Arten des Vorgehens nicht auf logische Weise *gefunden* — das unmittelbare Vorgehen scheint uns zugleich das *logischere* zu sein. Tatsächlich liegt der Unterschied zwischen willkürlichen, blinden Arten des Vorgehens, und solchen, die nicht blind sind, mitten im Kerngebiet der Logik.

22. Es waren in der Tat häßliche, sinnlose Beispiele, und der Leser mag sich gewundert haben, warum wir sie einführten. Gesunder Menschenverstand erkennt sie ohne weiteres als künstlich und sinnlos; gesunder Menschenverstand fühlt den Unterschied zwischen diesen und wirklich sinnvollen Arten des Vorgehens. Aber es ist notwendig, die Aufmerksamkeit auf das scheinbar Selbstverständliche zu richten, um klar zu sehen, worauf es ankommt, und um wissenschaftlich damit umzugehen. Manche theoretischen Entwicklungen in der Logik, in der Erkenntnistheorie, in der Psychologie, sind blind geworden für das, was hier den Kern der Frage bildet, oder sie haben versucht, an seine Stelle Kriterien einzusetzen von einer Art, die dafür blind ist.

Überdies benötigen gerade auch solche Dinge, die wir geneigt sind, als selbstverständlich und erwiesen hinzunehmen, wissenschaftliche Klärung und Bearbeitung. Ich habe hier Ausdrücke verwendet, die nicht vertraut klingen, die nicht zu leicht eingehen. Aber sie sollten die Augen dafür öffnen, daß die Situation voll von Problemen ist. Und das ist gar nicht sonderbar. Während die Operationen der tradi-

43

tionellen Logik nach allen Seiten hin hoch entwickelt sind, sind diejenigen, mit denen wir uns hier befassen müssen, noch kaum erforscht. Die Gestalttheorie ist ein Versuch, sie zu entwickeln.

23. „Den einen Punkt, der allein genügt, um die Arten des Vorgehens, die Sie häßlich nennen, von dem vernünftigen Vorgehen zu unterscheiden", wirft der Logiker ein, „haben Sie noch nicht genannt. Diese Beispiele sehen nicht sinnvoll aus, einfach weil sie *mehr* Schritte benötigen, einen längeren Umweg machen. Sie haben die ‚lex parsimoniae‘ vergessen."

Alle bisherigen Lösungen haben tatsächlich mehr Schritte als die entsprechenden sinnvollen. Aber man darf sich durch diesen oberflächlichen Zug nicht täuschen lassen; er ist nicht die Hauptsache.

Braucht man für solche „hinterhältigen" Verfahren immer und notwendig mehr Schritte als für die entsprechenden sinnvollen? Sind sie in jedem Fall „schwieriger" als das entsprechende sinnvolle Vorgehen? Nein. Bei der Fläche des Rechtecks und des Parallelogramms ist das sinnvolle Vorgehen strukturell zu einfach, um ein noch irgend kürzeres Verfahren zu gestatten, aber in der Mathematik gibt es solche Fälle.

Man betrachte beispielsweise die folgende Aufgabe:

*Welches ist die Summe der Reihe*

$$S = 1 + a + a^2 + a^3 + a^4 \ldots? \quad (a < 1)$$

Die übliche Antwort lautet:

| | |
|---|---|
| 1. Schreibe die Gleichung hin | 1. $S = 1 + a + a^2 + a^3 + a^4 \ldots$ |
| 2. Multipliziere beide Seiten der Gleichung mit a | 2. $aS = a + a^2 + a^3 + a^4 + a^5 \ldots$ |
| 3. Ziehe die zweite Gleichung von der ersten ab | 3. $S - aS = 1$ |
| 4. Isoliere S | 4. $S = \dfrac{1}{1-a}$ |

Das ist korrekt; es ist korrekt abgeleitet, bewiesen und elegant in seiner Kürze.

Wirkliche Einsicht in das Problem zu gewinnen und die Formel sinnvoll abzuleiten, ist längst nicht so einfach; es erfordert schwierige

und viel zahlreichere Schritte. Obwohl niemand die Richtigkeit des
beschriebenen Vorgehens bezweifeln kann, gibt es Menschen genug,
die es nicht befriedigt und die das Gefühl haben, man habe sie über-
listet. Die Multiplikation mit a, zusammen mit der Substraktion der
einen Reihe von der anderen, führt zu dem Ergebnis; sie gibt aber *kein*
Verständnis dafür, *wie* die Reihe, wenn man sie fortsetzt, bei ihrem
Wachsen sich diesem Wert nähert[5]). Wirkliches Verstehen geht so vor,
daß es betrachtet, was geschieht, wenn die Reihe wächst, und das
Gesetz dieses Wachsens ableitet, das zu diesem Grenzwert führt[6]). Es
gibt Leute, die nicht von dem Bedürfnis geplagt werden, wirklich zu
verstehen. Wenn sie nur das Ergebnis haben, sind sie wunschlos
glücklich[7]).

Es gibt Lehrsätze in der Mathematik, für die wir in diesem Augenblick nur „äußerliche" Lösungen haben, weil die Probleme für ein kon-
struktives Verständnis noch zu kompliziert sind. Im äußersten Maß
gilt das für manche Fälle des sogenannten negativen, indirekten Beweises, in denen der Grundsatz des ausgeschlossenen Dritten verwendet
wird, indem man zeigt, daß die entgegengesetzte Annahme unmöglich
ist, zu Widersprüchen führt, aber ohne jede Möglichkeit zu sehen, wie
die positive Lösung konstruktiv zustande kommt. Brouwer, der
berühmte Mathematiker, nannte diese indirekten Beweise verächtlich
„Rückenmarksdenken". Ich habe hier nicht zu entscheiden, ob er Recht
hatte, wenn er verlangte, daß man Ergebnisse, die nur so bewiesen
seien, fallen lasse. Was ich betonen möchte, ist nur, daß ein schlagender
Unterschied besteht zwischen sinnvollem Lösen, Verstehen des Sachverhalts, und dem Lösen durch von außen herangebrachte Verfahren.

---

[5]) Ich führe ein Beispiel einer Antwort der Versuchsperson in einem meiner Versuche an: „Sonderbare Sache... mit a multipliziert... wozu das? Bringt es
mich näher zum Ziel?... Subtraktion — warum? Und jetzt — in (3) — ist alles
verschwunden, was ich von dem Aufbau von S weiß. Suchte ich nicht die Summe
einer solchen wachsenden Reihe? Ich weiß darüber nicht mehr als vorher — nur daß
sie gleich $\frac{1}{1-a}$ ist. Aber warum? Wieso?"

[6]) Eine Lösung, die zwar erheblich mehr Schritte erfordert, aber zu einem
unmittelbaren Verständnis führt, folgt im Anhang.

[7]) Übrigens enthält das übliche Verfahren *für den Fachmann* durchaus einen
sinnvollen Zug, der sich auf die Entdeckung gründet, daß die Reihe, vom ersten
Glied abgesehen, dieselbe bleibt, wenn man sie „verschiebt", indem man sie z. B.
mit a multipliziert. Und doch dringt das Vorgehen nicht soweit ein, daß man wirklich versteht, wie die Summe zustande kommt.

45

## III

24. Bevor wir über einige echte Denkprozesse von Kindern auf der Suche nach der Fläche des Parallelogramms berichten, halten wir ein, um zu fragen: Welches sind die Schritte in einem wirklich sinnvollen Denkvorgang, durch den das Problem der Fläche *des Rechtecks* gelöst wird? Wir werden ganz kurz einige Schritte aufzählen, die uns — auf Grund von Ergebnissen an Kindern und Erwachsenen — wesentlich erscheinen.

1) Das Problem steht vor mir: welches ist die Fläche des Rechtecks? Ich weiß es nicht. Wie komme ich dazu?

2) Ich fühle, es muß da eine *innere Beziehung* zwischen den beiden bestehen: der Größe der Fläche — der Form des Rechtecks. Welcher Art ist sie? Wie kann ich sie erfassen?

3) Die Fläche kann gesehen werden als die Summe der kleinen Quadrate in der Figur[8]). Und die Form? Das ist nicht *irgendeine* Figur, nicht irgendein Haufen von kleinen Quadraten in *irgend* einer Form; ich muß erfassen, wie die Fläche in dieser Figur aufgebaut ist!

4) Sind die kleinen Quadrate in dieser Figur nicht *geordnet*, oder *kann* man sie nicht in einer bestimmten Ordnung *sehen*, die geeignet ist, ein strukturell durchsichtiges Bild von dem Ganzen zu vermitteln? O ja. Die Figur ist durchweg von gleichmäßiger Länge, das hat zu tun mit der Art und Weise, in der die Fläche aufgebaut ist!

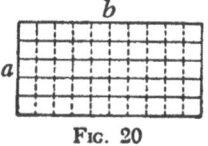

FIG. 20

Die parallelen geraden Reihen von kleinen Quadraten passen vertikal in ihrer gegenseitigen Gleichheit zu einander und schließen so die

---

[8]) Ich übergehe hier Prozesse, die mit der Variation der Größe des Rechtsecks beginnen; die Einführung der kleinen Quadrate vereinfacht das Bild. Dieses Vorgehen wurde manchmal von Kindern gefunden; manchmal gab der Versuchsleiter das Rechteck als eine Anordnung von würfelförmigen Klötzen oder zog die Linien von vorn herein; auch in diesen Fällen mußten immer noch genug wesentliche Schritte vom Kind selbst vollzogen werden.

Figur. Ich habe Reihen von durchweg gleicher Länge, die zusammen die gesamte Figur bilden.

5) Ich brauche die Gesamtsumme; *wieviele Reihen* sind es? Ich sehe, daß die Antwort von der Höhe angegeben wird, der Seite a. Wie lang ist *eine Reihe*? Sichtlich wird das bestimmt durch die Länge der Basis, b.

6) Das heißt: ich muß b mit a multiplizieren! (Das ist keine Multiplikation von zwei ranggleichen Größen; ihre charakteristische funktionelle Verschiedenheit ist grundlegend für diesen Schritt.)

In dieser Strukturierung des Rechtecks wird die Frage nach seiner Fläche klar. Die erhaltene Struktur ist übersichtlich und durchsichtig. Man gelangt zur Lösung[9]), indem man die innere strukturelle Beziehung zwischen Fläche und Form bemerkt.

25. Ich möchte nicht behaupten, daß in konkreten Denkprozessen die hier aufgezählten Schritte jedesmal gesondert formuliert werden[10])! Sie vollziehen sich zumeist in ganzheitlichem Zusammenwirken; doch meine ich, daß sie für jedes wirkliche Verstehen dieses Sachverhalts alle vonnöten sind.

Sie enthalten eine Reihe von Operationen, von Zügen, die in den Ansätzen der traditionellen Logik und Assoziationstheorie nicht wirklich gesehen und behandelt werden.

1) Dazu gehört *das Gruppieren, das Umordnen, das Strukturieren*, Operationen des *Aufteilens* in Unterganze, wobei doch diese Unterganzen noch *zusammen-gesehen* werden, in klarem Hinblick auf die

---

[9]) Im vierten Schritt hätte man statt der waagrechten Reihen die senkrechten wählen können. Man sollte aber beim Denken diese beiden Wege nicht vermengen. Wenn das Kind das tut, geschieht es leicht, daß der Unterschied zwischen der „Anzahl der Reihen" und der „Länge einer Reihe" sich verwischt; es ist daher ratsam, mit einem Rechteck anzufangen, dessen Seiten auffallend verschieden sind. Schritt fünf ist ohne weiteres klar, wenn die Seiten einfache Vielfache der Seiten des Maßquadrats sind; wenn nicht, ist ein weiterer Schritt erforderlich, nämlich das Maßquadrat zu verkleinern. In 5. und 6. kommt Multiplikation herein. Das bedeutet keineswegs einfach oder notwendigerweise, daß man sich nur die Operation, die man im Rechnen gelernt hat, ins Gedächtnis ruft. Es kann sogar genau das Gegenteil sein: es kann einem in solchem Zusammenhang zum ersten Mal die Idee oder der Sinn des Multiplizierens aufgehen.

[10]) Ich würde nicht raten, im Unterricht den Kindern jeden dieser Schritte vorzukauen. Aber manchmal ist es förderlich, in einer der angegebenen Richtungen eine Frage zu stellen.

Gesamtfigur und mit Rücksicht auf die besondere, hier zu lösende Aufgabe.

Das sind Operationen, die nicht einfach irgendwie ausgeführt werden; wir haben hier nicht *irgendeine* Gruppierung oder Ordnung, obwohl tatsächlich viele verschiedene Arten davon möglich sind; die Schritte werden gefunden und ausgeführt, nur weil sie gerade so zu den Ganz-Eigenschaften der Figur *passen* und zugleich nur so zu dem Ziel passen, *eine klare Struktur* der Fläche zu erreichen.

Dazu muß man darauf aufmerksam werden, wie Teile (Unterganze) zueinander *passen* und zusammen genommen *die vollständige Figur ergeben;* man muß darauf aufmerksam werden, wie das Zusammenpassen der Unterganzen und die Ganz-Eigenschaften der Figur, beispielsweise die Geradheit der Linien, *innerlich aufeinander bezogen* sind, einander bedingen.

2) Der Prozeß beginnt mit dem Wunsch, die innere Bezogenheit zwischen Form und Flächengröße zu erfassen. Das ist nicht ein Suchen einfach nach irgendeiner Beziehung, die zwischen ihnen bestehen könnte, sondern nach der eigentlichen Natur ihrer gegenseitigen Abhängigkeit.

Hier geht mancher dazu über, Änderungen vorzunehmen und zu beobachten, zu studieren, was eine Änderung (z. B. in der Breite der Figur) an ihrer Form und Größe bewirkt; und gelangt auf diesem Weg zu der Art der inneren Bezogenheit, auf die es hier ankommt.

3) Hervorstechende Beziehungen dieser Art, die bedeutsam sind im Hinblick auf die innere strukturelle Natur der gegebenen Situation — wir wollen sie $\varrho$-Relationen nennen — spielen hier eine große Rolle:

| | |
|---|---|
| Gleiche, gerade, parallele, zueinanderpassende Reihen: | Rechtecksform, zu der die Geradheit der Linien gehört, nicht etwa eine Struktur wie diese: |
| Zahl der Reihen: | Länge der einen Seite. |
| Zahl der Quadrate in einer Reihe: | Länge der anderen Seite. |
| Multiplikation: | Übergang zur vollständigen Struktur. |

48

4) Zu den bisher unbeachteten Zügen gehört ferner *die funktionelle Bedeutung (die Rolle) der Teile* in ihrem Ganzen, z. B. die charakteristisch verschiedene Bedeutung der beiden Größen, die in die Multiplikation eingehen; ein Zug, der für die produktive Lösung und für jegliches wirkliche Verständnis der Formel entscheidend ist.

5) Der ganze Prozeß ist *ein einziger in sich geschlossener Gedankenzug.* Es ist nicht eine Und-Summe von aneinandergehängten stückhaften Operationen. Kein Schritt ist willkürlich, unverstanden in seiner Funktion. Im Gegenteil, jeder Schritt wird im und aus dem Überblick über die gesamte Situation vollzogen. Es kommt hier kein Schritt von der Art des $a-b$, $\frac{1}{a}$ oder $(a-b)^2$ aus unseren häßlichen Beispielen vor.

Die wesentlichen Züge der genannten Operationen haben einen von Grund auf anderen Charakter als die Operationen der traditionellen Logik und Assoziationstheorie, die blind sind für den Aspekt des Ganzen, für die strukturellen Erfordernisse, welche diese neu entdeckte Art von Operationen überhaupt erst möglich machen.

Ich hoffe, der Leser bemerkt den dramatischen und geschlossenen Charakter, die wunderbare Klarheit eines solchen Prozesses und seine völlige Verschiedenheit von Prozessen, bei denen die Operationen unverstehbar vom Himmel fallen.

26. Im Gegensatz dazu sieht eine Beschreibung dieser Prozesse, wenn ihr lediglich die Ausdrucksmittel der traditionellen Logik, oder der Assoziationslehre, zur Verfügung stehen, allerdings ärmlich aus.

Hier möchte ich im Hinblick auf diese Ansätze nur auf einen Punkt hinweisen. In der traditionellen Logik ist der Zug der Allgemeingültigkeit grundlegend: in den Begriffen, den Urteilen, sucht man nach gemeinsamen Merkmalen in vielen oder allen Fällen (in unserem Beispiel nach den gemeinsamen Merkmalen in vielen Rechtecken). Ähnlich grundlegend ist in der Assoziationslehre die Frage der vielen Fälle, der zahlreichen Wiederholungen, in denen sich irgend eine Verbindung als konstant erweist. Demgemäß konnte man die Häßlichkeit unserer Induktionsfälle als Folge ihres Mangels an Allgemeingültigkeit auffassen. Aber bei den Fragen des sinnvollen Strukturierens, des Ordnens, des Ineinanderpassens der Gegebenheiten, der Ver-

4                                                                                               49

vollständigung usw. ist es gar nicht notwendig, an andere Fälle zu denken; man kann diese Sachverhalte ins Auge fassen, auf sie aufmerksam werden am einzelnen konkreten Fall, indem man ihn strukturgerecht, sinnvoll erfaßt. Das gibt natürlich keine Sicherheit der Allgemeingültigkeit in faktischen Fragen; aber es führt oft zu einem sinnvollen Verstehen und zu einer echten Entdeckung von wesentlichen Zügen, im Gegensatz zur Durchführung von Operationen aufgrund von blind verallgemeinerten Merkmalen, die vielen oder allen Fällen gemeinsam sind. Und es kann eine strukturell sinnvolle Transponierung der gegebenen Sachverhalte ermöglichen (siehe Ziffer 4), die zu sinnvoller Verallgemeinerung und Allgemeingültigkeit hinführt. Aber die Schritte selbst kommen nicht notwendig dadurch zustande, daß man viele Fälle betrachtet und feststellt, was ihnen etwa faktisch gemeinsam ist.

27. Als es sich herausstellte, daß die gebräuchlichen Begriffe nicht genügten, kamen einige Theoretiker zu der Formulierung, daß der Gebrauch von *Relationen* das Denken produktiv mache. Sicher spielt das Erfassen von Relationen im Denken eine bedeutsame Rolle, aber die Behauptung ist in sich selbst immer noch blind für das, worauf es recht eigentlich ankommt, bringt noch nicht die Lösung, denn die Schwierigkeiten, auf die wir im Hinblick auf die Elemente stießen, kehren ähnlich bei den Relationen wieder. Auf *irgendwelche* Relationen aufmerksam zu werden, selbst wenn sie richtig sind, ist nicht entscheidend; worauf es entscheidend ankommt, ist, daß es gerade diejenigen Relationen sein müssen, die strukturell gefordert sind im Blick auf das Ganze\*), daß sie hervortreten, konzipiert werden, benutzt werden *als* Teile in ihrer Funktion in der Struktur. Und das gilt gleichermaßen für alle Operationen der traditionellen Logik und Assoziationstheorie, wie Verallgemeinerung, Abstraktion usw., wenn von ihnen in echten Denkprozessen Gebrauch gemacht wird.

Nebenbei kommen in häßlichen und erfolglosen Arten des Vorgehens Relationen nicht weniger vor als in produktiven.

---

\*) Ganzes bedeutet hier die fragliche Figur *innerhalb des gegenwärtigen Problemzusammenhangs*, oder noch genauer: die gesamte, sich an die Figur knüpfende *Aufgabe*. (Anm. d. Übers.)

50

28. Im Sinne eines anderen modernen Ansatzes könnte man denken:
„Der Unterschied zwischen den häßlichen und den guten Fällen, den
Sie so wichtig nehmen, ist in Wirklichkeit einfach und bedeutet nur
dieses: In dem, was Sie häßliche Fälle nennen, werden Mittel angewendet, Schritte, Operationen, von denen ich vorher nicht weiß, wozu
sie am Ende gut sind. Während bei dem Vorgehen, das Sie sinnvoll
nennen, ich das weiß und zwar auf Grund früherer Erfahrung. Ich
weiß z. B. im voraus, daß, wo ein Betrag in gleiche Teile geteilt ist,
ich die erlernte Technik des Multiplizierens anwenden kann. Ich benutze
hier Mittel, die mit ihren Wirkungen durch vorausgehenden Drill
assoziiert sind. Die Assoziation bewirkt, daß sie mir wieder einfallen."

Gegenüber dem ersten Teil dieser Formulierung: daß in den häßlichen Fällen Mittel verwendet werden, von denen ich vorher nicht
weiß, ob sie helfen, — ist nichts einzuwenden. Aber der zweite Teil
der Formulierung trifft die Sache nicht: Erstens übersieht er völlig die
Operationen des Anpassens, des Gruppierens usw. und ihre charakteristischen Züge; und zweitens ist es hier gar nicht wesentlich, daß man
eine konstante Verbindung zwischen Mitteln und Zwecken kennt und
davon Gebrauch macht. „Kennen" ist ein zweideutiger Ausdruck. Eine
blinde Koppelung zu kennen, wie die Verbindung zwischen dem Schal-
ter und dem Licht, ist grundverschieden von dem Bemerken oder Entdecken der inneren Bezogenheit zwischen Mitteln und Zwecken, ihres
strukturellen Zusammenpassens in unserem Fall (siehe Ziffer 38). Dieser Unterschied *ist* in unserem Zusammenhang von Bedeutung, und
zwar gerade im Hinblick auf das Zustandekommen der sinnvollen
produktiven Prozesse.

Und im Hinblick auf die Reproduktion der Multiplikationstechnik,
die früher durch Drill angeeignet wurde, trifft die angeführte Formulierung gar nicht, was in unseren sinnvollen Fällen vorgeht. Denn die
Multiplikation und ihre Bedeutung werden gelegentlich gerade in
solchen Aufgaben zum ersten Mal erfaßt, indem man die strukturellen
Forderungen bemerkt. Und selbst wenn die Technik des Multiplizierens früher gelernt und jetzt reproduziert wurde, ist die wesentliche
Frage, *was* man kennt und was man reproduziert: irgend eine ein-
gedrillte Operation, die man blind anwendet, oder gerade diejenige
Operation, die hier strukturell gefordert ist, und die man eben aus
diesem Grund reproduziert und benutzt, und nicht aufgrund irgend

51

einer äußerlichen Assoziation (wie etwa, weil man gerade am Tage
zuvor eine Unmenge Multiplikationen ausgeführt oder weil man das
Wort „Fläche" in Verbindung mit dem Wort „Multiplikation" gehört
hat).

29. Multiplikation ist nicht einfach eine Angelegenheit des Gelernt-
habens von Operationen im Sinne von Assoziationen, von Verbindungen zwischen Zahlen. Sinnvolles Multiplizieren beruht auf einer strukturellen Entdeckung, einem Aufmerksamwerden auf strukturelle Züge,
das sogar für jede einzelne neue Anwendung erforderlich ist. Bedauer-
licherweise ist es richtig, daß viele Kinder im Multiplizieren gedrillt
werden, so daß sie augenblicklich reagieren können, aber keine Ahnung
haben, wo es anzuwenden ist[11]).

30. Nun werde ich erzählen, was geschah, wenn ich meinen Versuchspersonen, besonders Kindern, das Problem der Fläche des *Parallelogramms* stellte, nachdem ich ihnen kurz gezeigt hatte, wie die Fläche
des Rechtecks gefunden wird, und, ohne sonst etwas zu sagen, ohne
Hilfen zu geben, einfach abwartete, was sie sagten oder taten. Es

---

[11]) Ich pflegte ein kleines Mädchen zu fragen — es waren da oft Gäste im
Hause —: „Wieviele Männer und wieviele Frauen sitzen hier am Tisch? Wie viele
sind es alle zusammen?" Ich stellte diese Frage oft, als sie sechs, dann sieben, dann
acht Jahre alt war. In der Schule war sie im Rechnen gut. Wenn man sie aufforderte
zu multiplizieren, etwa 6 mal 2, so kam die richtige Antwort ohne Zögern hervor-
geschossen. Aber bei der Frage nach den Leuten am Tisch, selbst wenn vier Männer
auf der einen Seite saßen und vier Frauen gegenüber, oder wenn sie in Paaren
saßen, fing sie immer wieder ein langweiliges Abzählen an: „Eins, zwei, drei, vier
Männer; eins, zwei, drei, vier Frauen." Erst als sie achteinhalb Jahre alt war, hatte
sie nach dem Abzählen der Männer den Einfall zu sagen: „Und Frauen sind es
genau so viel", oder „Eins, zwei, drei, vier Paare." Und sie ist ein begabtes Kind.
Nur bemerkte sie nicht, was die Gruppierung für die Gesamtzahl bedeutete, da sie
nur mit eins zu zählen gewohnt war.
   Auf der anderen Seite waren schon mit sechs Jahren in schwierigeren aber strukturell klareren Situationen ihre Leistungen vergleichsweise erstaunlich. Ich forderte
sie auf, wie viele andere Kinder, mir aus dem Kopf die Zahl der Seiten und Ecken
an einem Stück Würfelzucker, dann an der Pyramide und der Doppelpyramide zu
sagen. Sie war imstande, die Antwort aus der Struktur zu finden, und sie allgemein
auf die Pyramide und Doppelpyramide anzuwenden, sogar auf eine Doppelpyramide*) mit 3 mal 7 Kanten, obwohl sie nicht bis 21 zählen, ja nicht einmal 21
sagen konnte.
   *) Im englischen Text steht — offenbar versehentlich — Pyramide. (Anm. d.
Übers.)

waren alle Arten von Erwachsenen darunter, Studenten, die durch ihr
Verhalten zeigten, daß sie diesen Lehrsatz völlig vergessen hatten, und
Kinder, die nie etwas von Geometrie gehört hatten, bis hinunter zu
fünf Jahren. — Es kommen verschiedene Typen von Reaktionen vor:

*Erster Typ.* Überhaupt keine Reaktion. Oder es sagt einer, „Puh,
Mathematik!" und lehnt die Aufgabe ab mit „Ich kann Mathematik
nicht leiden."

Manche Versuchspersonen warten einfach höflich ab, wie es weitergeht, oder fragen, „Sonst noch etwas?"

Andere sagen, „Ich weiß nicht; das ist etwas, was ich nicht gelernt
habe". Oder, „Ich habe das in der Schule gelernt, aber ich habe es völlig
vergessen", und das ist alles. Manche sind unwillig, „Wie können Sie
von mir erwarten, daß ich so etwas kann?" Worauf ich antwortete,
„Man kann's doch versuchen!"

*Zweiter Typ.* Andere graben eifrig in ihrem Gedächtnis nach, manche wie wild, um herauszubringen, ob da etwas zu finden ist, was von
Nutzen sein könnte. Sie suchen blind nach irgendwelchen Wissens-
fetzen, die man vielleicht anwenden könnte.

Manche fragen, „Könnte ich meinen älteren Bruder fragen? Er weiß
es bestimmt". Oder, „Könnte ich wohl im Geometriebuch nachsehen?"
Was sicherlich auch ein Weg ist, Probleme zu lösen.

*Dritter Typ.* Manche fangen an, Reden zu halten. Sie reden um das
Problem herum, erzählen von ähnlichen Situationen. Oder sie klassifizieren es irgendwie, wenden allgemeine Ausdrücke an, vollziehen
irgendwelche Subsumptionen, oder beschäftigen sich mit ziellosem Probieren.

*Vierter Typ.* Aber in einer Anzahl von Fällen kann man wirkliches
Denken am Werk sehen — in Zeichnungen, in Bemerkungen, in lautem
Denken.

1) „Da ist diese Figur — wie kann ich auf die Größe der Fläche
kommen? Ich sehe keine Möglichkeit. Die Fläche gerade bei dieser
Form?"

2) „Irgend etwas muß man tun. Ich muß irgend etwas ändern, es
so ändern, daß es mir möglich wird, die Fläche klar zu sehen. Irgendetwas ist verkehrt."

53

In diesem Stadium bringen manche Kinder Zeichnungen wie Fig. 21.

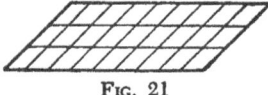

FIG. 21

In solchen Fällen füge ich hinzu: „Es wäre doch hübsch, wenn man
die Größe der Fläche des Parallelogramms mit der Fläche des Rechtecks vergleichen könnte". Das Kind ist hilflos, dann beginnt es aufs
neue.

Es gibt andere Fälle, in denen das Kind sagte: „Es ist zu dumm, daß
man diese Figur nicht in kleine Quadrate einteilen kann. Das ist das
Hindernis, das weg muß."

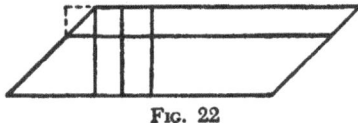

FIG. 22

3) An dieser Stelle sagte ein Kind plötzlich: „Könnte ich einen
zusammenlegbaren Zollstock haben?" Ich holte einen. Das Kind machte
ein Parallelogramm daraus, und aus dem Parallelogramm ein Recht-

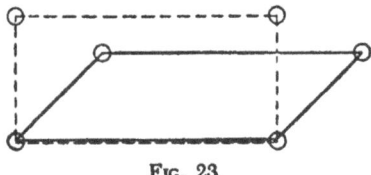

FIG. 23

eck. Ich freute mich. Ich fragte: „Bist Du sicher, daß das richtig ist?"
„Sicher", sagte der Junge. Erst nach beträchtlichen Schwierigkeiten
gelang es mir, in ihm Zweifel an seiner Methode zu erwecken, indem
ich eine geeignete Zeichnung wie diese benutzte. Da sagte er auf einmal:

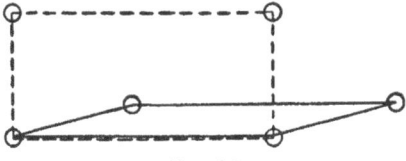

FIG. 24

„Das Rechteck ist viel größer — so geht's nicht".

54

4) Ein Kind nahm ein Papier und schnitt zwei gleiche Parallelo-
gramme daraus. Dann setzte es sie strahlend so zusammen:

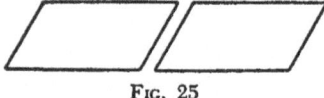

FIG. 25

Aber es wußte dann nicht weiter. Das war an sich ein schönes Ereignis
(vgl. die Ring-Lösung, S. 57). Ich möchte bemerken, daß ich selbst
gelegentlich dem Kind die Figur in doppelter Ausführung gab. Die
Reaktionen, die ich erhielt, waren manchmal wie folgt:

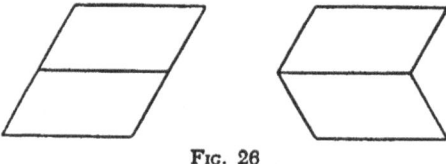

FIG. 26

Manche verloren sich in mehreren Versuchen dieser Art, legten sogar
eine Figur auf die andere, in Deckung oder spiegelbildlich. Solche Hilfe
scheint nur unter bestimmten Bedingungen wirksam zu sein. Unter
welchen?

31. Aber es gab Fälle, in denen das Denken geradeswegs voranging. Manche Kinder erreichten die Lösung mit wenig oder gar keiner
Hilfe auf einem echten, sinnvollen, direkten Weg. Manchmal, nach an-
gestrengtem Nachdenken, leuchtete im entscheidenden Augenblick ein
Gesicht auf. Es ist wunderbar, die schöne Verwandlung mitzuerleben,
wenn einer erst blind vor der Aufgabe steht und dann mit einem Mal
den Kern der Sache sieht.

Zuerst werde ich berichten, was mit einem $5^{1}/_{2}$jährigen Mädchen
geschah, dem ich für das Parallelogramm überhaupt keine Hilfe gab.
Als ihr das Parallelogramm-Problem gegeben wurde, nachdem ihr
kurz gezeigt worden war, wie man die Fläche des Rechtecks findet,
sagte sie: „Das ist nicht gut hier", indem sie auf die Gegend am linken

Ende zeigte, „und nicht gut hier", indem sie auf die Gegend rechts
zeigte. „Es ist ungeschickt, da und da". Zögernd sagte sie: „Ich könnte

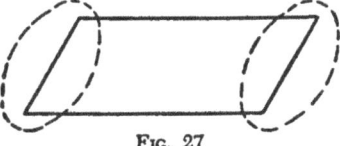

FIG. 27

es hier richtig machen... aber...". Plötzlich rief sie: „Kann ich eine
Schere haben? Was hier schlecht ist, ist genau, was dort gebraucht wird.
Es paßt." Sie nahm die Schere, schnitt senkrecht durch und setzte das
linke Stück rechts an. Ein anderes Kind ging ähnlich vor, indem es das
Dreieck abschnitt.

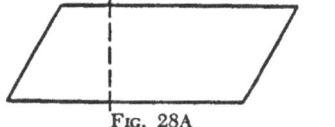

FIG. 28A

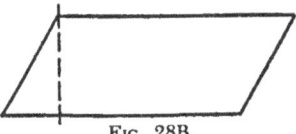

FIG. 28B

In verschiedenen Fällen verlief das Vorgehen so:

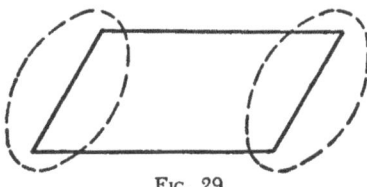

FIG. 29

1) „Störung".                „Auch Störung".

2) „Hier ist zu viel".       „Hier ist auch zu viel".

3) ――――――            „Nein, hier drüben auf der
                             rechten Seite fehlt daran genau,
                             was links zu viel ist".

Das heißt: Sie brachte erst das linke Ende „in Ordnung". Dann schaute
sie auf das andere Ende und versuchte dort dasselbe, sah aber das, was

da erst auch „zuviel" gewesen war, in plötzlichem Umspringen mit einem Mal als „zu wenig", als „Lücke".

Es kamen noch andere Wege vor. Ein Kind, dem ich das Parallelogramm gegeben hatte, ein langes, aus Papier geschnittenes (für die vorigen Beispiele schien ein langes Parallelogramm ebenfalls besser zu sein), bemerkte zu Beginn: „Das ganze mittlere Stück ist in Ordnung, aber die Enden . . ." Sie betrachtete die Form längere Zeit, sichtlich mit besonderem Augenmerk auf die Enden, nahm plötzlich die Papierfigur, und mit einem Lächeln machte sie daraus einen Ring, indem sie die beiden Enden aneinanderbrachte. Auf die Frage, was das bedeutete, antwortete sie, indem sie mit ihren kleinen Fingern die beiden Enden zusammenhielt: „Ei, jetzt kann ich's zerschneiden, so durch", und deutete eine Senkrechte irgendwo in der Mitte an, „dann stimmt's".

Teilweise abweichende Verfahren kamen vor. Aber ich fand keines, das dem Verfahren ähnlich war, das in der modernen Mathematik entwickelt wurde, nämlich die Schwierigkeit zu vermindern, indem man waagerechte Bänder schneidet, deren Höhe man unter jedes bestimmbare Maß verringert, unendlich klein macht. Selbst Erwachsenen macht dieses Verfahren Schwierigkeiten. Die Figur in Bänder von immer geringerer Höhe zu zerschneiden, wie wir es etwa zwölfjährigen Kindern und Erwachsenen vorschlugen, zeitigte sonderbare Reaktionen. Nachdem ihnen die ganze Geschichte erzählt war, waren manche immer noch verlegen, es kam ihnen „unehrlich" vor, selbst wenn man ihnen zeigte, daß, wenn man die Reihen richtig waagerecht verschiebt, die ganze Figur dem Rechteck immer „ähnlicher" wird. Das fordert den Übergang zum Begriff des unendlich Kleinen und zu dem Verfahren der Annäherung an einen Grenzwert. Diese Methode ist historisch erst nach einer langen Entwicklung möglich geworden, die an einem viel breiteren Gebiet der Geometrie ausgerichtet war.

32. Welches sind die Operationen, die Schritte des (tatsächlich gefundenen) Vorgehens?

Wir sahen, daß solche echten positiven Prozesse, wie die eben beschriebenen, wieder Faktoren und Operationen enthalten ähnlich denjenigen, die bei der Erörterung des Rechtecks erwähnt wurden. Das Umgruppieren im Hinblick auf das Ganze, das Umordnen, das Anpassen; Faktoren der inneren Bezogenheit und der inneren Gefordertheit

werden entdeckt, bemerkt und verfolgt. Die Schritte werden vollzogen, die Operationen ausgeführt sichtlich im Hinblick auf die ganze
Figur und die ganze Problemlage. Sie ergeben sich kraft ihrer Funktion
als Teile des Ganzen, nicht durch blinde Erinnerung oder blindes Probieren; ihr Inhalt, ihre Richtung, ihre Anwendung erwuchs aus den
Forderungen der Aufgabe. Solch ein Prozeß ist nicht einfach eine
Summe von verschiedenen Schritten, nicht eine Ansammlung von verschiedenen Operationen, sondern das Herauswachsen *eines* Gedankenzuges aus den Lücken[12]) in der Situation, aus den Störungen der Struktur und dem Bestreben, sie zu heilen, — in Ordnung zu bringen, was
schlecht ist, — zur guten inneren Bezogenheit zu gelangen. Es ist nicht
ein Vorgang, der von Stücken zu ihrer Summe fortschreitet, von unten
nach oben, sondern von oben nach unten, von der Natur der strukturellen Störung zu den konkreten Schritten.

Soweit wir sehen können, gibt es in den guten Fällen kein blindes
Herumprobieren (trial and error). Und wenn es einmal vorkommt,
wird es schnell aufgegeben. Ich habe in solchen Prozessen wirklich
törichte, blinde Operationen nie gesehen. Ich habe beispielsweise nie
einen Fall gesehen, in dem das Dreieck auf der linken Seite abgeschnitten und in dieser unsinnigen Weise auf der anderen Seite angesetzt

FIG. 30A                         FIG. 30B

wurde. Ich habe nicht einmal Fälle gefunden, in denen in den Stö-
rungsbereichen, nachdem sie als solche erkannt waren, die vier Winkel
je für sich in Betracht gezogen wurden.

---

[12]) Anfänglich ist da die Lücke, die in der fehlenden Kenntnis der Flächengröße
besteht. Man hat das Bedürfnis, diese Lücke zu füllen, in dem Zueinander der übri-
gen Eigentümlichkeiten zu entdecken, welches die Größe ist, wie diese Eigenschaft
„Größe" in dem Zusammenhang strukturell bestimmt ist. Wenn man mit einem
langen Parallelogramm arbeitet, ist der erste Schritt besonders klar. Der mittlere
Bereich ergibt eine durchsichtige klare Bestimmtheit der Größe — wie im Rechteck;
die Enden erscheinen als Störungsstellen, die dann in dem Prozeß geklärt werden,
indem man auch die Enden „gut macht", was sich auf der weiteren Entdeckung einer
zweiten Art von Lücke aufbaut, indem das eine Ende nicht als eine Art von Störung
gesehen wird, die durch Abschneiden zu beseitigen ist, sondern als eine, die Ergänzung fordert (durch Ergänzung verschwindet).

33. Es wäre natürlich möglich, die Äußerlichkeiten dieses Vorgehens, selbst die Lösung, sinnlos einzupauken. Wir wollen klar und ehrlich sehen, was das als ein allgemeiner theoretischer Ansatz impliziert. Nehmen wir den äußersten Fall, so wäre es möglich, das Vorgehen zu „lehren", sogar, ohne erst das Problem zu nennen. Der Lehrer zeichnet die Figur. Die Schüler wiederholen: „eine Hilfslinie", vielleicht

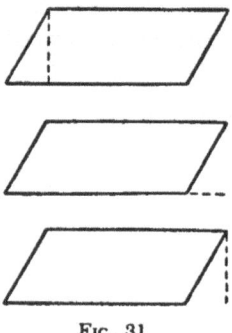

FIG. 31

zwanzigmal, und bauen auf diese Weise eine Verbindung mit vielen Verstärkungen, mit viel Kürzlichkeit*) auf. Dann fahren sie ähnlich weiter mit einer anderen Hilfslinie, indem sie diese mit der Figur assoziativ „verknüpfen", und so fort, bis sie so das Ende, das fertige Resultat erreichen. Dieses *wäre* mindestens ein mögliches Vorgehen ganz im Sinne der Assoziationslehre. Ich selbst habe solche Versuche nicht gemacht. Aber ich möchte meinen, daß selbst, wenn man solcherart mit blinden Stücken ein positives Ergebnis zustande brächte, dieses stark von den guten Fällen abweichen würde im Hinblick auf spätere Konsequenzen, beispielsweise das Vergessen oder die Anwendung.

Natürlich sind diese Bemerkungen im Hinblick auf die theoretische Situation sehr stark vereinfacht. Um ein erschöpfendes Bild zu geben, müßte man in eine Erörterung all der Hilfsannahmen eintreten, die in dem Assoziations-Ansatz entwickelt wurden, der alle sinnvollen Prozesse auf einem Aggregat von blinden, mechanischen Verbindungen

---

*) Auf englisch: reinforcement (Verstärkung der Gedächtnisspur durch wiederholtes Einprägen) und recency (die Tatsache, daß die Einprägung erst „kürzlich" stattfand), zwei der wichtigsten Faktoren in der amerikanischen Assoziationstheorie. (Anm. d. Übers.)

zu begründen sucht. Was hier gesagt wurde, möchte nur dazu dienen, einen Hinweis auf die grundlegenden Probleme zu geben, die hier im Spiel sind.

34. Es wurde oben erwähnt, daß zeitweise der Schüler sich auf, sagen wir, das linke Ende des Parallelogramms konzentriert, mit der Störung fertig wird, indem er sie wegschneidet, dann seinen weiteren Weg findet, indem er das rechte Ende als etwas Unvollständiges behandelt, das ergänzt werden muß, wie es gefordert wird von der *hier* gefühlten Störung *zusammen mit* der Ungelegenheit, die links durch das Übrigbleiben eines Reststückes entstanden ist.

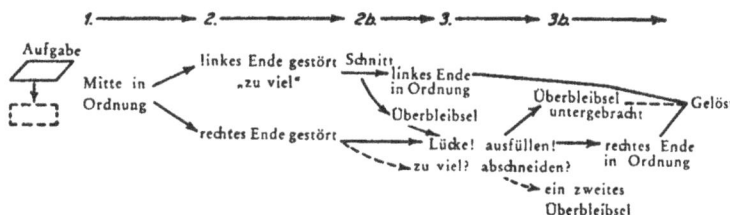

Solch eine Folge scheint nicht adaequat abzubilden, was in anderen Fällen geschieht, wo die Versuchsperson die beiden Richtungen, die Entstörung der beiden Enden in *einem* umfassenden Überblick über die Figur zugleich ins Auge faßt. Was zur Linken störend, überflüssig ist, erkennt man auf der rechten Seite als gerade fehlend.

Hier sind beide Richtungen ins Auge gefaßt und behandelt als zueinander passend, einander fordernd.

Das ist noch klarer in der Ring-Lösung: die beiden Enden werden als zueinanderpassend gesehen, als unmittelbar fordernd, zusammen-gebracht zu werden, um alle Schwierigkeiten zum Verschwinden zu bringen. Dabei besteht kein wirklicher funktioneller Unterschied zwischen ihnen, sie enthalten für den Betrachter *beide dieselbe* Störung, die sich auf demselben Weg (in einem Arbeitszug) beseitigen läßt, indem sie einander gegenseitig ergänzen.

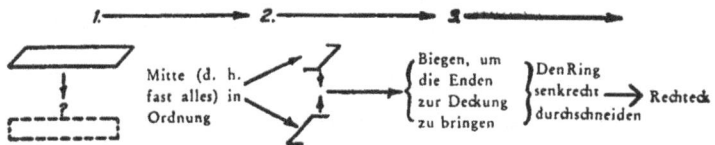

Die Lösung durch einen senkrechten Schnitt in der Mitte und Verschieben ist oft ähnlich:

→sich brauchbare rechteckige Enden verschaffen, indem man irgendwo senkrecht durchschneidet;

→die störenden Enden loswerden, indem man sie aneinanderfügt (verschiebt).

Wenn man lebendige Erfahrungen mit solchen Fällen gemacht hat, fühlt man, daß die großen Gefahren für die Entwicklung solcher schönen Vorgänge vor allem folgende sind: blindes Reproduzieren, blindes Anwenden von etwas Gelerntem, eine stückhaft verbissene Sorgfalt, das Versäumen des Überblicks über die Gesamtlage auf ihre wesentlichen Züge hin, in ihrer Struktur und mit ihren strukturellen Forderungen. Obwohl ich darüber keine genügenden zahlenmäßigen Unterlagen habe, scheint es mir, daß die Fähigkeit, solche schönen, echten Denkprozesse hervorzubringen, bei Schulkindern, wenn sie an das äußerliche Einprägen gewöhnt sind, beträchtlich abnimmt*).

---

*) Dem Übersetzer stehen zwar ebenfalls keine Massenerhebungen zur Verfügung. Doch decken sich seine Beobachtungen an einer Reihe von Kindern, die er selbst zur Schule schickte, völlig mit dem oben Gesagten: Während sie zur Zeit des Schuleintritts jedes für sie einigermaßen überschaubare, beispielsweise rechnerische Problem unbekümmert und unmittelbar angehen, unterscheiden sie schon nach dem ersten Jahr und später immer mehr zwischen Problemen, die man „nicht gehabt" hat, und solchen, die man „gehabt" hat. Bei den „nicht gehabten" wird mit einer betrüblichen Selbstverständlichkeit unbesehen jedes ernsthafte Herangehen abgelehnt, bei den „gehabten" verlassen sie sich mehr und mehr entweder auf ihr Gedächtnis für eingeprägte Lösungen oder auf unverstanden induzierte Tricks — und sind freudig überrascht, daß sie es auch „alleine können", wenn ein vernünftiger Erwachsener sie nachdrücklich ermuntert, einmal mutig selbst in das Problem „einzusteigen".

Was die Diagramme veranschaulichen, ist der Verlauf der Vektoren in dem Prozeß.

Dynamisch scheint das Wesentliche in solchen Denkprozessen in Kürze in folgendem zu bestehen: Sobald man das Problem ernsthaft ins Auge faßt, entstehen Vektoren in Verbindung mit und bestimmt durch die strukturellen Züge, die Lücke, die Unvollständigkeit in der Situation, die auf eine Konkretisierung der Störungsbereiche und auf die Änderungs-Operation hindrängen. Nichts an dem Angriffspunkt und der Richtung der Vektoren ist von ungefähr. Was benutzt wird, entweder aus der gegenwärtigen Situation oder aus dem Gedächtnis, geht in den Prozeß ein auf Grund seiner Funktion, als strukturell gefordert, indem es die Ausgangslage mit ihrer Leerstelle und ihrer Unklarheit in die klare, vollständige Endlage verwandelt: ein guter Übergang von einer schlechten Gestalt zu einer guten Gestalt*).

Meine Beschreibung sieht höchst umständlich aus, denn ich habe die verschiedenen beteiligten Schritte einzeln und nacheinander beschrieben, und ich mußte dabei formale Ausdrücke gebrauchen, die in den traditionellen Ansätzen nicht üblich sind. Aber sieht es wirklich so umständlich aus, beispielsweise in dem Fall des Ringes, in dem der Kern des Vorgehens einfach darin besteht, daß die störenden schrägen Seiten, dadurch, daß man die Figur schließt, ihren Charakter als Grenzlinien verlieren und in der Fläche verschwinden? Als Ring hat die Figur die störenden Züge verloren und wird als normales, waagerecht und senkrecht orientiertes Band gesehen, das, senkrecht durchgeschnitten, ein Rechteck *ist*. Daß Ausdrücke wie „Rolle im Ganzen", „Funktionswechsel", „Veränderung im Hinblick auf Teil-Gegebenheiten" für eine exakte Formulierung benötigt werden, sollte nicht den Blick verstellen für den einfachen, verstehbaren Charakter des Prozesses.

35. Ich möchte hier den Leser nicht mit einer lückenlosen strukturellen Analyse dieser Prozesse aufhalten. Ich werde lediglich versuchen, ihm einen Begriff von einigen der Gegebenheiten zu vermitteln, die formal darin enthalten sind.

Wenn bei einem solchen Vorgehen die drei Hilfslinien eingeführt werden, kommen sie in das Bild *nicht* als „diese Linie, senkrecht von

---

*) Nicht irgendwie gut, sondern gut im Hinblick auf das gestellte Problem; vgl. S. 77. (Anm. d. Übers.)

der linken oberen Ecke gefällt, eine zweite von der rechten oberen
Ecke, und die dritte, die die Basis nach rechts verlängert", Linien, die
vielleicht später auch irgend einen Wert, irgend eine Bedeutung gewinnen. Sondern sie treten ins Dasein von oben her, *aus* den funktionellen
Erfordernissen, *in* ihrer Rolle als Teile. Und während des Prozesses
*ändern* Teile der Figur ihre funktionelle Bedeutung:

1) Die Hilfslinie links entsteht

    a) *als* das berichtigte, ordentlich gemachte linke *Ende* des Recht-
    ecks;

    b) und erscheint zu gleicher Zeit nicht als irgend eine Vertikale,
    sondern *als* Teil des Dreiecks;

    c) *als solcher* wird sie verlagert, nach rechts geschoben, wobei
    sie zum ordentlichen rechten Ende des Rechtecks wird.

Schon a) und b) schließen eine doppelte Funktion[13]) der Linie in sich,
nämlich das Dreieck zu schließen und das linke Ende des Rechtecks zu
bilden. In c) wird die Linie mit dem ganzen Dreieck nach rechts verlagert, worauf sie dort als das ordentliche rechte Ende des Rechtecks
funktioniert.

Die zweite Senkrechte ist wieder nicht einfach irgend eine Linie,
die von einer Ecke gefällt wird, sondern sie tritt ins Dasein *als das*
passende Ende des Rechtecks, indem sie die Seite des zunächst fehlenden Dreiecks ist.

Und die Verlängerung der Grundlinie tritt ins Dasein nicht einfach
als irgend eine Verlängerung der Linie, sondern *als* Teil des benötigten Dreiecks, um die Grundlinie des Rechtecks zu vervollständigen.

Die drei Linien treten ins Dasein nicht als Striche, sondern *als Grenzen*; auf die Figuren, nicht auf die Linien kommt es an — auf das
Parallelogramm, das Rechteck, das Dreieck; die Linien kommen immer
nur als deren Teile herein.

2) Was geschieht mit den ursprünglichen Linien der Figur? Manche
Versuchspersonen beschreiben es sehr lebendig. Die Figur wird erst

¹³) M. Wertheimer, „Untersuchungen zur Lehre von der Gestalt", Psychol. Forschg. 4, 1923, S. 301-350. (Englische Auswahl bei W. D. Ellis, zitiert S. 7, Stück 5.)
H. Kopfermann, „Psychologische Untersuchungen über die Wirkung zweidimensio-
naler Darstellungen körperlicher Gebilde", Psychol. Forschg. 12, 1930, S. 293-364.

gesehen als ein Parallelogramm mit seinen zwei Horizontalen in schrä-
gem Zueinander. Aber dann gehen die Horizontalen in ein senkrechtes

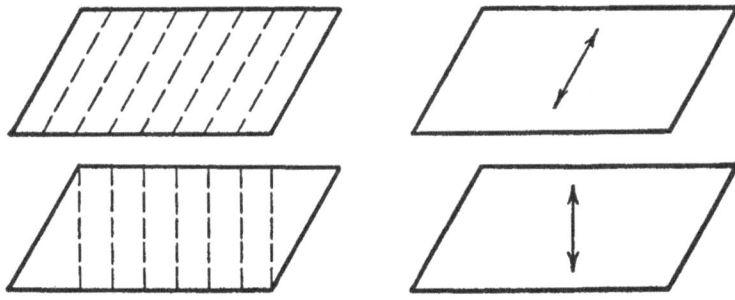

Zueinander über. Das linke Ende der Grundlinie ist nicht mehr dem
linken Ende der oberen Horizontalen zugeordnet, sondern ist abgetrennt, um als die Grundlinie des Dreiecks mit weggenommen zu werden. Auf ihrer rechten Seite erscheint die Grundlinie jetzt als unvollständig, als ob ihr das nötige Ende fehle.

Die beiden schrägen Seiten werden störend: „Die Enden der Figur
sollten nicht so aussehen"; ein Drang entsteht, sie nicht als Grenzlinien
zu haben. Im Anrücken des Dreiecks springen sie ineinander, sind
nicht mehr zwei sondern eins, und dieses ist keine Grenzlinie mehr,
sondern ist jetzt tatsächlich strukturell unwesentlich.

Ähnlich im Fall der ersten Lösung (S. 55 f.) und der Ring-Lösung:
Die eingeführte senkrechte Linie ist konzipiert, kommt ins Dasein mit
der doppelten Funktion, das ordentliche linke Ende des Rechtecks und
das ordentliche rechte Ende des Rechtecks zu werden. (Ein wirkliches
Verständnis der Linie schließt diese Aufspaltung in die beiden funktionellen Teilsachverhalte ein.) Und die schrägen Linien fallen zur
Identität zusammen, sie verschwinden strukturell.

Änderungen ähnlichen Charakters kann man in der Wahrnehmung
studieren. Sowohl die Struktur der Vorgänge als auch die Struktur
der beteiligten Kräfte sind in diesem Bereich vergleichbar.

Ein einfaches Beispiel[14]): Die beiden folgenden Figuren sind aus
Holz oder Karton geschnitten, schwarz auf weißem Grund. Man beob-

---

14) Vgl. M. Wertheimer: „Zu dem Problem der Unterscheidung von Einzelinhalt
und Teil", Ztschr. f. Psychol. 129, 1933, S. 353-357.

achte, wie jemand sie langsam
gegeneinander bewegt. Werden sie zusammenkommen?
Einander ergänzen? Es ist ein
recht plötzliches Ding, wenn

Fig. 33

sie einander erreichen — passen — und die gezackten Seiten in einem
gleichmäßigen, ungestörten Rechteck verschwinden[15]). Und was geht
in den Zuschauern vor, wenn kurz vor dem Ende die ruhige, langsame
waagerechte Bewegung plötzlich leicht ihre Richtung ändert? Manche
Leute springen tatsächlich auf, um sie zu berichtigen, um das Sich-
ineinander-fügen der Teile zu retten.

Ähnlich in unserer Parallelogramm-Aufgabe: Ein Kind, das über
die Aufgabe noch nachgrübelt, kommt auf den Gedanken, das Dreieck
links abzuschneiden; schneidet; der Versuchsleiter nimmt das Dreieck,
um es nach rechts zu schieben; wie werden sich Kinder verhalten, wenn
man das Dreieck wie in den folgenden Abbildungen liegen läßt?

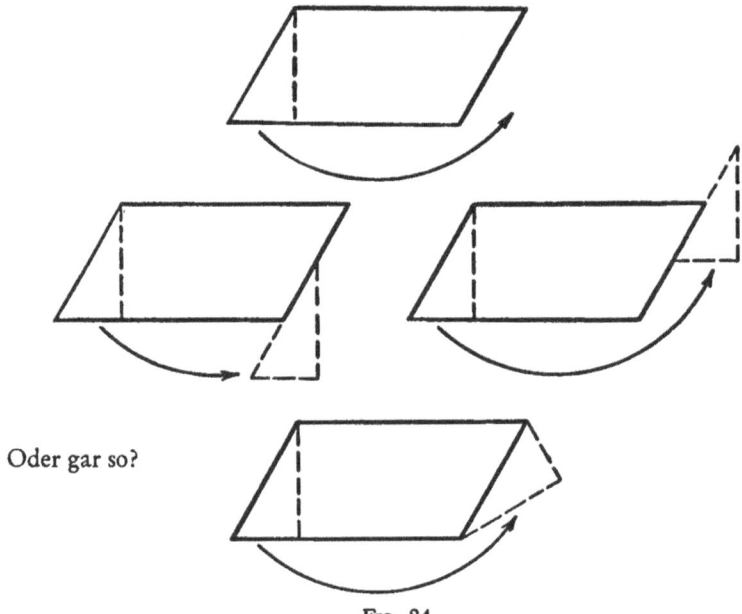

Oder gar so?

Fig. 34

[15]) Vergleiche auch die Quadrat-Anordnungen in Kap. III, S. 124-125.

5

Manche sind verblüfft; manche lachen; manche fahren leidenschaftlich dazwischen und legen es an seinen rechten Platz.

Lehrreich ist es auch, das Verhalten von Kindern (selbst von sehr kleinen Kindern) in den folgenden Lagen zu beobachten. Vier körperliche Gebilde dieser Art werden gegeben[16]):

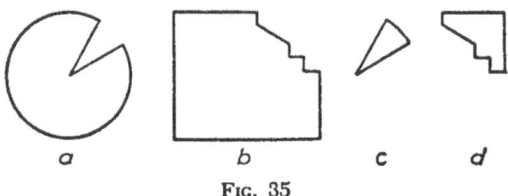

FIG. 35

Kinder zeigen oft einen starken Drang, sie ordentlich zusammenzubringen, c in a, d in b einzufügen. Wenn der Erwachsene versucht, es anders zu machen, wenn er darauf besteht, d mit a und c mit b zusammenzulegen, oder wenn er c zu a und d zu b legt, aber nicht wie es gehört, sind Kinder oft nicht nur verdutzt oder amüsiert, sondern mischen sich leidenschaftlich ein und fügen die Figuren an ihren richtigen Platz[17]).

In allen diesen Fällen haben wir strukturelle Veränderungen, Tendenzen zur besseren Gestalt, zum Ineinanderfügen, wobei Störungen verschwinden.

Solche Änderungen sind in produktiven Prozessen oft dramatisch, viel mehr als in diesem bescheidenen Beispiel mit dem Parallelogramm. Streng genommen ist der ganze Vorgang oft eine Art Drama mit mächtigen dramatischen Impulsen — mit Spannung und dramatischen strukturellen Umschwüngen beim Übergang von der unvollständigen oder

---

[16]) Vgl. M. Wertheimer: „Zum Problem der Schwelle", Ber. ü. d. VIII. Internat. Kongr. f. Psychol. Groningen, 1926.

[17]) Es ist leicht, sich selbst für die wirklichen Probleme den Blick zu trüben, indem man einfach zur „Vertrautheit" der vollständigen Figuren Zuflucht nimmt (vgl. Ziff. 38). Vertrautheit wirkt oft in derselben Richtung wie die gute Gestalt, aber eine wirkliche Entscheidung findet man in Fällen, wo die gestaltlich gute Figur die weniger vertraute und die gestaltlich weniger gute die vertraute ist. Dieses Entscheidungsverfahren kann allgemein auf Strukturen angewendet werden.

Vgl. W. Krolik, „Über Erfahrungswirkungen beim Bewegungssehen", Psychol. Forschg. 20, 1934, S. 47-101; M. B. Hubbel, „Configurational Properties Considered ‚Good' by Naive Subjects", American Journal of Psychology 53, 1940, S. 46-49.

unangemessenen Struktur zum Sichtbarwerden der vollständigen, in
sich widerspruchsfreien Struktur[18]), in dem Übergang vom strukturellen Nichtverstehen, von der Verwirrtheit, zum wirklichen Erfassen
und zum Begreifen dessen, was sachlich gefordert ist.

36. Das dringendste Erfordernis bei der experimentellen Untersuchung dieser Probleme scheint mir nicht so sehr zu sein, quantitative
Ergebnisse zu erzielen: „Wieviele Kinder bringen eine Lösung zustande,
wieviele versagen, in welchem Alter?" usw., sondern zu einem Verständnis dessen zu gelangen, was in guten und schlechten Prozessen vor
sich geht.

Ein Physiker, der die Kristallisation untersucht, kann versuchen,
herauszufinden, in wievielen Fällen er reine Kristalle findet und in
wievielen nicht — es gibt verkrüppelte Kristalle, an denen einige Ecken
gekerbt sind, es gibt unreine Kristalle, es gibt Zwillingskristalle, die
unordentlich zusammengewachsen sind, es gibt sogar Kristalle, die
durch künstliches Schleifen in vollkommene Formen gebracht sind, die
ihrer Natur völlig ungemäß sind. Alle diese Fälle sind für den Physiker von vordringlicher Bedeutung, nicht im Hinblick auf die Frage
ihrer Häufigkeit, sondern auf die Frage, was sie von der inneren Natur
echter Kristallisation enthüllen.

Es ist aber ebensowichtig herauszufinden, welches die Bedingungen
sind, unter denen reine Kristallisation stattfindet, welche Bedingungen
sie begünstigen, welche Faktoren sie gefährden.

Ebenso in der Psychologie.

---

[18]) Vgl. M. Wertheimer, „Zu dem Problem der Unterscheidung von Einzelinhalt
und Teil", Ztschr. f. Psychol. 129, 1933, S. 353-357.
Die Versuchsanordnung, die dort auf S. 356 beschrieben wird, demonstriert schla-
gend charakteristische Züge vieler Denkprozesse. Erst wird eine einfache Punkt-
figur gezeigt; Zusätze tauchen auf, ganz vernünftige, mit einer Leerstelle, die eine
passende Ergänzung fordert, aber daneben erscheint eine neue Gruppe, eine, die
dem Beobachter als unsinnig, als sinnlos, verwirrend auffällt. Welche plötzliche
Erleichterung dann, was für ein Wechsel, wenn mit einigen weiteren Hinzufügungen
plötzlich *alle* Teile ein in sich einheitliches klares Ganze bilden, in neuer Orientierung, in entschiedener Umordnung und Umzentrierung, wobei alle ihre strukturelle
Rolle erfüllen. Oft beobachtet man Zeichen starker Spannung in den Beobachtern,
Überraschung, Ungewißheit und am Ende plötzliche Erleichterung. Wenn die Versuchspersonen nachher den Vorgang beschreiben, weisen sie mit den lebhaftesten
Ausdrücken auf die eindrucksvollen strukturellen Änderungen hin.

IV

### 37. Ein leichterer Ausweg? Die Rolle früherer Erfahrung?

Ein weiser Freund, dem ich von der Scheren-Lösung (S. 56) erzählte, rief aus: „Das Kind ist ein Genie!" Aber viele Psychologen würden sagen: „Was ist schon dabei? — Offensichtlich ist das nichts als frühere Erfahrung. Warum sich mit verwickelten und schwierigen Erklärungen quälen? Ist es nicht viel leichter, und stimmt besser mit vielen anderen Vorgängen in der Psychologie überein, das, was diese Kinder getan haben, einfach als Reproduktion früherer Erfahrungen zu betrachten? Durch Zufall, oder durch irgendwelche Assoziationsmechanismen, fiel dem Kind ein, was es in der Vergangenheit mit Scheren erlebt hatte. Daß es anderen Kindern mißlang, das Problem zu lösen, ist darauf zurückzuführen, daß sie sich nicht entsannen oder daß sie nicht genügend Erfahrung mit Scheren hatten. Sie hatten die Verbindung, die Assoziation, die ihnen geholfen hätte, nicht gelernt oder sie konnten sich nicht darauf besinnen. Alles, was in solchen Prozessen wesentlich ist, ist Wiedererinnerung auf dem Grund gelernter Verknüpfungen. Gedächtnis und Erinnerung sind es, auf denen ein solcher Prozeß beruht."

Es gibt sicher Fälle, in die so etwas wie der Gebrauch der Schere zufällig oder durch äußere Erinnerung hineinkommt. Es gibt Fälle, sogar in guten Prozessen, in denen solche Anregungen aus dem Gedächtnis versucht und benützt, oder auch als unbrauchbar zurückgewiesen werden. Fraglos wird neben der gegenwärtigen Erfahrung, was sie auch immer bedeuten mag, vielerlei frühere Erfahrung benötigt, um solche Prozesse möglich oder wahrscheinlich zu machen.

Aber ist es sachgemäß, solche Dinge nur in theoretischer Allgemeinheit zu erörtern? In unserem Fall zum Beispiel wird behauptet, daß Erinnerung an Scheren und an mit ihnen verknüpfte Assoziationen entscheidend sei.

Angenommen, ein Kind, das dieses Problem zu lösen versucht, denkt nicht an eine Schere. Es fehlt ihm dieser Inhalt und seine Assoziationen. Man nehme doch den theoretischen Stier bei den Hörnern[19])! Man

---

[19]) Vgl. N. R. F. Maier, „Reasoning in Humans", „The Solution of a Problem and Its Appearance in Consciousness", Journal of Comparative Psychology 12, 1931, S. 181-194.

liefere, was fehlt, und sehe zu, was geschieht! Wenn es nur darauf
ankommt, daß man an eine Schere denkt, können wir eine in Natur
hinlegen, ohne das Gedächtnis zu bemühen. Oder wir können Reize
einführen, die die Erinnerung an eine Schere hervorlocken.

Ich legte zu Beginn des Versuchs eine Schere auf den Tisch oder ließ
sogar das Kind etwas Papier schneiden. Manchmal hilft es (z. B. wenn
ich die Schere bringe, nachdem das Kind sich schon den Kopf zerbro-
chen hat, wenn es etwas sagt, aus dem hervorgeht, daß die strukturelle
Forderung gefühlt wird).

Aber es gibt Fälle, in denen es nichts hilft. Das Kind blickt auf die
Schere, dann wieder auf die Figur. Beides zu sehen, beunruhigt es sichtlich, aber nichts geschieht.

Ich verstärke die „Hilfe". „Magst Du nicht die Schere nehmen und
die Figur zerschneiden?" — Manchmal war die Reaktion darauf, daß
es mich fassungslos anstarrte; das Kind wußte offenbar nicht, was ich
wollte.

Es kommt vor, daß Kinder gehorsam beginnen, die Figur so oder so
zu zerschneiden:

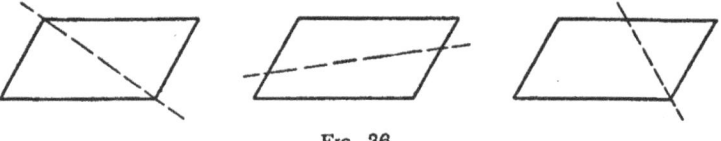

FIG. 36

Gelegentlich geschieht es dann, daß ein Kind die zwei Teile anders
zusammensetzt, wobei ein anderes Parallelogramm herauskommt...

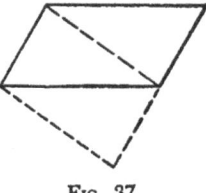

FIG. 37

Wann nützt es, eine Schere zu geben? Wann hilft es nichts? Wir
sehen, daß die Bereitstellung der Schere und ihr üblicher Gebrauch *als*

*solche nicht* helfen; es können blinde und törichte Reaktionen dabei herauskommen: Um es kurz zu fassen, es hilft tatsächlich, wenn die strukturelle Forderung schon gefühlt oder durch den Anblick der Schere nahgelegt wird[20]); es hilft nicht leicht, wenn es geschieht, ohne daß bemerkt wird, was strukturell gefordert ist, wenn die Versuchsperson die Schere nicht in ihrer Funktion erfaßt, in ihrer Rolle, in ihrem Zusammenhang, im Hinblick auf die strukturellen Forderungen der Lage, im Hinblick auf das, was die Lage selbst fordert — dann hat sie sie nur als ein zusätzliches Ding in einer Undsumme von Inhalten. Tatsächlich wurden in einigen der beobachteten positiven Prozesse Bemerkungen geäußert, die zeigten, daß die strukturelle Forderung bemerkt wurde, und die dann zur Erinnerung oder zu bestimmten Versuchen führten, was etwas ganz anderes ist als ein blindes Reproduzieren früherer Erlebnisse.

Überdies scheint nicht nur die Erinnerung hier nicht blind zu sein; der entscheidende Punkt ist: *was* war in den positiven Fällen in dieser früheren Erinnerung gelernt? Einige spezielle und töricht verallgemeinerte Bewegungen mit der Schere, die mit gewissen Ergebnissen des Schneidens assoziiert sind? Oder die innere Beziehung zwischen der Art des Schneidens und seinem Ergebnis? Zwischen der Tätigkeit und ihrer Wirkung besteht eine $\varrho$-Relation, ein klares Zusammengehören, Zusammenpassen. Dies ist es, was die sinnvolle Anwendung auf einen neuen Fall erst möglich macht.

Eine andere ähnliche Erklärung: Entscheidend ist, ob das Kind sich an seine Erfahrungen mit Mosaikspielen erinnert, bei denen man Figuren zusammensetzen und wieder in Teile zerlegen mußte.

Verfahren: Unmittelbar bevor ich ihm die Aufgabe stelle, lasse ich das Kind ein Mosaikspiel machen mit Formen, die den Formen in der Aufgabe mehr oder weniger ähnlich sind, unter denen in einer Mannigfaltigkeit von Anordnungen sogar eine vorkommt, die teilweise mit der Aufgabenfigur identisch ist. Das erweist sich als etwas förderlich. Nichtsdestoweniger führt es in einer Reihe von Fällen zu keiner Lösung.

Ich weiß nicht, ob der Leser sich klar ist über die unendliche Zahl von theoretisch möglichen Arten, Dinge zusammenzusetzen. Schon mit

---

[20]) Siehe N. R. F. Maier, zitiert auf Seite 68.

70

zwei Dreiecken wie in dieser Figur gibt es eine große Viel-
falt von Möglichkeiten, von denen nur einige wenige Typen
bei Kindern regelmäßig vorkommen.

Fıg. 38

Hier ist ein weites Feld für experimentelle Untersuchungen. Die beobachteten Tatsachen scheinen nicht in die Richtung von beliebigen, von irgendwelchen willkürlichen faktischen Verbindungen zu weisen; sie gehen bald in die Richtung des Anpassens, des
Zusammenschließens, durch das man eine gute, abgerundete Figur
erhält.

Selbst wenn ein positives Vorgehen aus dem Zusammenwirken von
erfahrenen Verbindungen auf der einen und der Ziel-Vorstellung des
Rechtecks auf der anderen Seite erklärt werden könnte, scheint es in
unserem Fall nicht frühere Erfahrung überhaupt zu sein, sondern die
Natur und die strukturelle Eignung der früheren Erfahrung, die ihren
Erklärungswert ausmacht.

Die Einführung von „Hilfen" verschafft dem Experimentator tech-
nisches Werkzeug, um zu einem Verständnis dessen, was da vorgeht,
zu gelangen. Manchmal hilft es weiter, andere Aufgaben zu geben,
die in stückhaften Einzelheiten sogar komplexer und weniger vertraut
sein können, aber einen durchsichtigeren, klareren Aufbau haben, wie
zum Beispiel manche unserer A-B-Paare. Manchmal geschieht es in solchen Fällen, daß der Versuchsperson das Licht aufgeht, daß sie zum
ursprünglichen Problem zurückkehrt und die Lösung findet. Auf der
anderen Seite ist es möglich, daß er blind bleibt trotz einer „Hilfe",
die ihm, äußerlich gesehen, alles gibt, was er gerade braucht[21]).

Die Ergebnisse solcher Versuche scheinen zu zeigen, daß es wesent-
lich ist, daß die Hilfe selbst *in* ihrem funktionellen Wert, an ihrem
Platz, in ihrer Rolle und Funktion innerhalb der Erfordernisse der
Lage gesehen wird.

So wird es verständlich, warum man manchmal eine, zwei oder sogar
alle drei Hilfslinien als „Hilfe" geben kann, ohne daß sie sich wirklich als hilfreich erweisen. Ein Kind, das sie nicht in ihrer Rolle, in
ihrer Funktion sieht, kann sie als zusätzliche Verwicklungen, als unverständliche Zusätze auffassen. Die Lage kann dadurch für es verwirrender werden als zuvor. Die Linien selbst brauchen nicht notwendig Licht
auf das Problem zu werfen.

---

[21]) Vgl. N. R. F. Maier.

Und war nicht die Schulstunde des Lehrers am Anfang dieses
Kapitels ein Extremfall solchen Vorgehens? Er gab *sämtliche* nötigen
Daten, ausdrücklich; er „übte" mit den Schülern und erzielte ein Wis-
sen, das für Routinefälle ausreichte, aber größtenteils kein wirkliches
Verständnis, keine Fähigkeit, in veränderten Lagen zurechtzukommen.

Der Versuch, den sinnvollen Vorgang durch eine Folge von geübten
Verknüpfungen zu ersetzen, ist nicht ausreichend, selbst wenn er die
Fähigkeit vermittelt, das zu wiederholen, das auszuführen, was für die
Routinefälle gelehrt wurde. Denn es wäre dabei notwendig, für die
Variationen in der Situation, für A-B-Fälle, zusätzliche Übungen
bereitzustellen. Es könnte nötig werden, daß man für neue Typen von
A-Fällen immer wieder neue Mechanismen zusätzlich aufbaute. Zu
zeigen, daß ein sinnvoller Prozeß durch eine Anzahl Assoziationen
ersetzt werden kann, beweist überhaupt nichts, solange nicht die Anwendung auf die Variationen in A-B-Fällen in Betracht gezogen und
für sie vorgesorgt ist. Solch ein Unternehmen ist ungefähr so, wie
wenn man die Wurfbahn einer Kugel dadurch nachahmen wollte, daß
man sie sich über eine Reihe paralleler Blasrohre mit passend variier-
tem Luftdruck bewegen ließe. Durch Veränderung des Druckes könnte
man andere Kurven erzeugen, die den verschiedenen Wurfwinkeln
und Gewichten der Kugel entsprechen könnten. Oder wiederum ist es,
wie wenn man eine Rechenmaschine in Gang setzt, die exakte Lösungen von mathematischen Problemen liefert — und dabei vergißt oder
nicht gewahr wird, welche Anhäufung von Sondereinrichtungen in der
Maschine notwendig wären, um sie instand zu setzen, einige spezifische
A-Variationen ebenso sauber zu berechnen. Sie mag für die Lösung
von Routineproblemen sehr ergiebig sein, aber sie kann sich nicht
selbst auf neue A-Variationen einstellen. Überdies weiß sie nicht,
welche Operationen sie anwenden soll; das müssen wir der Maschine
sagen, indem wir die Aufgabe richtig in sie hineinstecken, indem wir
auf die Knöpfe für Addition, Subtraktion usw drücken.

Kurz, die Rolle der früheren Erfahrung ist von großer Bedeutung;
aber worauf es ankommt, ist, *was* man aus der Erfahrung gewonnen
hat — blinde, unverstandene Verknüpfungen, oder Einsicht in strukturelle, innere Beziehungen. Worauf es ankommt, ist, wie und was man
erinnert, wie man das Erinnerte anwendet, ob blind und stückhaft,
oder gemäß den strukturellen Forderungen der Lage.

72

Über die besonderen strukturellen Erfahrungen hinaus, die wir machen, wenn wir ein bestimmtes Problem vor uns haben — Erfahrungen, die sich auf Strukturwahrnehmung und ihre Änderung, auf den Erfolg von Eingriffen usw. beziehen — hat unsere Welt eine Menge allgemeiner Züge, die bei unserem Umgang mit den Dingen im Allgemeinen eine enorme Rolle spielen, und dies besonders auch in den konkreten Schritten tun, die für die Lösung dieses konkreten geometrischen Problems erforderlich sind. Sie sind so selbstverständlich, daß die meisten von uns nicht ausdrücklich an sie denken. Tatsächlich empfindet es vielleicht mancher Leser als eine Zumutung, beispielsweise erwähnt zu sehen,

> daß, wenn man das Dreieck von links nach rechts verschiebt, seine Größe und Form sich nicht verändert;

> daß bei dieser Tätigkeit auch anderswo in der Figur sich nichts ändert, andere Teile sich weder zusammenziehen noch ausdehnen;

> daß Gegenstände wie das Parallelogramm usw. Beständigkeit besitzen, z. B. ihre Größe nicht ändern, wenn man darin Linien zieht;

> daß aus der Feststellung der Gleichheit bestimmter herausgegriffener Linien oder Winkel mit Sicherheit die Gleichheit ganzer Figuren folgt, auch wenn sie weit auseinanderliegen;

> daß das Zerschneiden in Teile und das Umordnen dieser Teile in konkreter Operation die Flächengröße nicht ändert;

> ja sogar, daß rein gedankliche Operationen — die Feststellung von Gleichheiten usw. — in keinem Sinne das Material ändern;

> und so weiter ...

Die meisten der obigen Feststellungen sehen nichtssagend aus und sind uns so selbstverständlich, daß sie wie heimliche Axiome wirken, die aus Notwendigkeit wahr sind. Sie sind es nicht. Wenn man sie in Verbindung mit wirklichen Geschehnissen nimmt, sind sie in keiner Weise „notwendige" Tatsachen. Es sind Welten möglich, in denen sie nicht gelten. Selbst in unserer eigenen Welt hat die moderne Naturwissenschaft gezeigt, daß sie in mancher Beziehung zu einfache Annahmen sind; und in manchen Bereichen der alltäglichen Erfahrung sind sie faktisch nicht wahr.

73

Aber auch wenn wir die Frage der faktischen Wahrheit beseite lassen, bleibt die Frage, ob diese Feststellungen von der Art x-beliebiger Verknüpfungen, von Assoziationen in der strengen Bedeutung dieses Ausdrucks sind, gleich denjenigen, durch welche sinnlose Silben verknüpft sein können. Nein. Sie haben den Charakter einfacher Erwartungen auf der Grundlage des strukturellen Zusammenhangs, sind das Gegenteil von rein willkürlichen, blinden Verknüpfungen. Um es nochmals ganz konkret zu sagen: Solange keine anderen Faktoren ins Spiel kommen, ist es strukturell das Einfachste, das Sinnvollste, *nicht* zu erwarten, daß in dem Augenblick, wo das Parallelogramm auf seiner linken Seite beschnitten wird, an ihm sich solche sonderbaren Veränderungen vollziehen, wie z. B. eine Schrumpfung um, sagen wir, 7 Prozent irgendwo in seiner rechten Hälfte.

Wenn wir fragen, ob diese Züge erlernt sind, erworben sind gemäß der traditionellen assoziationistischen Auffassung von früherer Erfahrung, scheint das im Licht von Versuchen über Gestaltgesetze usw. tatsächlich unwahrscheinlich. Diese nämlich haben ihren Schwerpunkt in Gesetzen der Organisation und der sinnvollen Struktur; sie sind eher eine Folge der strukturellen Art und Weise, in der unser Geist und Gehirn arbeitet, als die Folge blinder Assoziationen[22].

So erscheinen die erwähnten heimlichen Axiome in keiner Weise als einfache Produkte bloßer Assoziation, die jede beliebige Gegebenheit mit jeder beliebigen anderen verknüpfen kann, ohne Rücksicht auf ihre innere Bezogenheit, auf ihre strukturellen Züge, auf sinnvolle sachliche Forderungen.

Noch weitere völlig andersartige Erfahrungswirkungen spielen in solchen Denkprozessen eine Rolle, und eine bedeutende Rolle. Die Haltung, die man beim Umgehen mit Aufgabe-Situationen entwickelt hat — ob man die Erfahrung des Gelingens gehabt hat oder nur die des Versagens; die Einstellung, nach den sachlichen, strukturellen Forderungen einer Situation zu suchen; das Gefühl für das, was in ihr fehlt; ob man nicht willkürlich vorgeht, sondern wie die Situation es verlangt; ob man mit Zuversicht und Mut vorangeht — alles das sind

---

[22] M. Wertheimer, „Untersuchungen zur Lehre von der Gestalt", II. Psychol. Forschg. 4, 1923, S. 336 und 349; siehe auch in der auf S. 7 angeführten Sammlung von W. D. Ellis das 5. Stück.

Eigentümlichkeiten willkürlichen Verhaltens, wie sie in den Erfahrungen des Lebens wachsen und verkümmern.

So sind hier Probleme der Persönlichkeit und der Persönlichkeitsstruktur, strukturelle Züge der Wechselwirkung zwischen dem Individuum und seinem Umfeld grundlegend mit im Spiel. Im Zusammenhang mit der letzteren haben wir auch auf die Struktur der sozialen Lage zu achten, der sozialen Atmosphäre, in der man lebt, auf die „Lebensphilosophie", die sich in dem Verhalten des Kindes oder des Menschen zu seiner Umgebung entwickelt hat; seine Haltung zu Gegenständen und Problemlagen hängt in höchstem Maß von diesen Faktoren ab. Darum ist auch die soziale Atmosphäre in der Schulklasse manchmal von beträchtlicher Bedeutung für die Entwicklung echten Denkens. Für die Lösung dieser Art von Problemen ist es zu Zeiten förderlicher, die rechte Stimmung zu schaffen, als dem Schüler irgendwelche Operationen aufzuzwingen oder einzuüben.

Weil es uns darauf ankam, einige fundamentale Sachverhalte zu klären, haben wir den Kreis unserer Erörterung begrenzt. Wir hatten die Möglichkeit das zu tun, weil wir mit einem verhältnismäßig geschlossenen Unterganzen beschäftigt waren. Aber wenn wir wirklich verstehen wollen, wie die Tätigkeit zustande kommt (oder nicht zustande kommt), müssen wir ein viel breiteres Feld ins Auge fassen. Die Frage richtet sich dann auf die Organisation des gesamten Feldes, innerhalb dessen das ganze augenblickliche Geschehen selbst nur ein Teil ist[23]) — des persönlichen, des sozialen, des historischen Feldes. Was das letzte betrifft, so steht unsere gegenwärtige Generation auf den Schultern früherer Denker in langen historischen Entwicklungen. Dieses sind weitreichende Aufgaben. Ich bedaure, daß ich mich hier nicht ausdrücklich mit ihnen befassen kann. In allen diesen Bereichen spielen strukturelle Fragen, wie ich meine, keine geringere Rolle als in unseren bescheidenen Beispielen. Einige Arbeit ist in diesen Richtungen schon getan worden; viel mehr bleibt zu tun.

---

[23]) Vgl. M. Wertheimer, „Über das Denken der Naturvölker, Zahlen und Zahlgebilde", Ztschr. f. Psychol. 60, 1912, S. 231-378; abgedruckt in Wertheimer, Drei Abhandlungen zur Gestalttheorie (Erlangen 1925); siehe auch W. D. Ellis, zitiert auf S. 7, 22. Stück; H. Schulte, „Versuch einer Theorie der paranoischen Eigenbeziehung und Wahnbildung", Psychol. Forschg. 5, 1924, S. 1-23; K. Lewin, „A Dynamic Theory of Personality", (McGraw-Hill 1935); E. Levy, „Some Aspects of the Schizophrenic Formal Disturbance of Thought" Psychiatry 6, 1943, S. 55-69.

Es gibt immer noch Psychologen, die in einem grundlegenden Miß-
verständnis glauben, die Gestalttheorie sei geneigt, die Rolle der früheren Erfahrung zu unterschätzen. Gestalttheorie versucht zu unterscheiden zwischen undsummenhaften Ansammlungen auf der einen
und Gestalten, Strukturen auf der anderen Seite, sowohl bei Unterganzen, als auch im psychischen Gesamtfeld, und angemessene wissenschaftliche Werkzeuge für die Untersuchung der letzteren zu entwik-
keln. Sie kämpft dagegen, daß man, was nur auf stückhafte Ansammlungen zugeschnitten ist, dogmatisch auf alles anwendet. Die Frage
ist, ob ein Ansatz in stückhaften Begriffen, durch die Annahme
blinder Verknüpfungen, geeignet ist oder nicht, um wirklich sich voll-
ziehende Denkvorgänge, ebenso aber auch, um die Rolle früherer
Erfahrungen verständlich zu machen. Frühere Erfahrung muß aufs
gründlichste in Betracht gezogen werden, aber sie ist in sich selbst mehrdeutig; solange sie in stückhafter, blinder Weise aufgefaßt wird, ist sie
nicht der Zauberschlüssel, der alle Probleme löst.

38. Übersicht zu der unter Ziffer 10 unbeantwortet gebliebenen
Frage:

Wir kehren jetzt zurück zu der Frage, die wir am Ende des ersten
Teils dieses Kapitels, Ziffer 10, unbeantwortet gelassen hatten, dem
Problem der A-B-Reaktionen. Unsere Erörterungen in den vorange-
gangenen Paragraphen weisen auf eine unmittelbare Antwort hin.
Der Lehrer hat das Vorgehen gezeigt: er hat die Klasse gelehrt, die
drei Hilfslinien zu ziehen (S. 17). *Wenn* die Schüler wirklich erfaßt
haben, worauf es ankommt, dann sind für sie die drei Linien nicht
einfach „diese Linie und jene Linie und die andere Linie" oder, wie
der Lehrer gesagt hatte, „eine vertikale Linie, von der linken oberen
Ecke gefällt, eine andere von der oberen rechten Ecke, und eine Verlängerung der horizontalen Linie über die untere rechte Ecke hinaus."
Sie sind nicht eine Undsumme von Gegebenheiten, die blind mit der
Lösung verknüpft sind. Wenn das alles wäre, was die Schüler aus der
Schulstunde mitnehmen, wären sie bei den kritischen A-B-Aufgaben
verloren, sie hätten keine Grundlage, auf der sie die neuen Probleme
sinnvoll angreifen könnten.
Aber *wenn* sie das Problem erfaßt haben — und das ist es, was
Erfassung bedeutet — dann sehen sie die Linien *in ihrer strukturellen*

76

*Rolle und Funktion,* in ihrer Bedeutung innerhalb des sinnvollen
Zusammenhangs. Sie *sehen, wie* diese Linien, gerade diese in dieser
Situation, die Lösung ermöglichen in der *inneren Bezogenheit,* der strukturellen Beziehung $\varrho$ dieser Operationen *zu* dem Erreichen des Ziels.
Die Operationen werden „von oben" gesehen, von demjenigen Punkt
aus, der die innere Struktur des ganzen Vorgehens am besten zu überblicken gestattet, so wie sie in dem Zusammenhang funktionieren und
seinen Forderungen Genüge tun. Dieses gibt dann eine Grundlage für
eine sinnvolle Behandlung der A-B-Aufgaben.

Zwei miteinander zusammenhängende Dinge sind hier entschei-
dend: die strukturelle Bedeutung der Teile und der Charakter ihrer
Bezogenheit auf das gegenwärtige, einsichtige Erreichen des Ziels. Die
erstere ist in vielen Hinsichten geklärt worden; im letzteren ist das
Entscheidende eine $\varrho$-Relation zwischen den Operationen und der
Ziel-Erreichung.

Ein erster Ansatz würde unser Problem im Hinblick darauf
betrachten, was für Mittel die gelernte Lektion für die strukturelle
Übertragung auf veränderte Situationen bereitgestellt hat. Nehmen
wir an, wir nennen das Zeichnen der drei Linien das „für diesen Zweck
gelernte Mittel". In der Figur, die beim Lehren verwendet wurde,
also in Situation $s_1$, führt das Mittel $m_1$ — das Zeichnen der drei
Linien — zu dem Ziel z. Dieses ist gelernt:

$$s_1;\ m_1;\ z.$$

Was ist bereitgestellt als Grundlage, als Hilfe, um in einer Situation
$s_2$ das passende $m_2$, in $s_3$ das passende $m_3$, usw. zu finden? Was steht
zur Verfügung für die strukturelle Übertragung der m in veränderten
Situationen?

Offenbar müssen wir unterscheiden. $m_1$, obwohl äußerlich dasselbe,
kann gleichwohl auf verschiedene Weise funktionieren: Wenn man die
drei Operationen nur als Undsumme gelernt hat, ohne die innere strukturelle Beziehung zwischen gerade dieser Art von m in dieser Situation
und dem erfolgreichen Erreichen des Ziels zu erfassen oder den Blick
darauf zu richten, dann haben wir einen Satz von Operationen, die
wiederholt, die korrekt auf Routine-Variationen angewendet werden
können, in einer Art struktureller Transposition, oder indem man blindlings dem abstrakten Wortlaut des Lehrers folgt, wonach die Länge

der Linien variabel ist. Das Problem kann dabei gelöst werden, solange die Variationen in der Situation s die Verwendung gerade dieser Linien zulassen. Aber wenn sie nicht in die neue Situation passen, dann ist in dem, was man gelernt hat, keine Grundlage da, um mit ihr fertig zu werden. Mit anderen Worten, wenn die Bedeutung der drei Operationen einfach in den Worten aufgeht, die der Lehrer gesagt hat (zwei Vertikale von den oberen Ecken, Verlängerung der Horizontalen nach rechts), dann ist zwar die Länge der Linien variabel und anpaßbar an eine Routine-Form $s_2$; aber für Situationen, in denen diese drei allgemeinen Hilfen so nicht anwendbar sind, die verlangen, daß sie in ganz anderer Weise gezogen werden, ist nicht vorgesorgt.

Ist hingegen das Vorgehen strukturell verstanden, so ist der Lösungsvorgang ganz anders zentriert und die resultierende strukturelle Übertragung ist etwas von Grund anderes. Wenn der Mittelpunkt des Vorgehens das strukturelle Erfassen ist — bei dem man hier eine Störung in der Figur durch eine ausgleichende Verschiebung beseitigt —, dann kann die neue Situation ebenfalls so gesehen werden, daß man in erster Linie nach der Störung sucht, nach der Lücke, und nach dem, was hier nötig ist, um mit ihnen fertig zu werden. Demgemäß ist nicht nur die Länge, sondern auch die Zahl und der Ort der Hilfslinien variabel, und sie können wechseln je nach der Besonderheit der neuen Situation[24]).

Wie in den echten Lösungsprozessen (S. 55—57) die einzelnen Schritte auf der Grundlage der strukturellen Störung, der strukturellen Forderungen, zustande kommen, so kommen auch hier die Reaktionen auf diese geänderten Situationen sinnvoll zustande, mit Hilfe dessen, was man in der Lern-Situation verstanden hat.

Es gibt charakteristische Fälle, in denen eine Versuchsperson in der Lern-Situation die Sache nicht wirklich erfaßt hat. Sie hat in Routine-Variationen Erfolg gehabt, indem sie anwendet, was der Lehrer gezeigt hatte; aber vor neuen Aufgaben ist sie verloren. Von selbst geht sie

---

[24]) Zum Beispiel wird in manchen Fällen (siehe das Beispiel auf S. 56) $m_2$ leicht zu zwei (bzw. einer; Übers.) Linien anstelle von dreien. Für den Fall auf S. 18 f. wird eine veränderte Lage gesucht, die den klaren Austausch der Störungen erlaubt. In dem Falle auf S. 21 und 22 ist ein Wink enthalten, nach austauschbaren Teilen zu suchen, aus dem der Gedanke der Zweiteilung der schrägen Linien hervorgehen kann.

zurück zu der gelernten Lektion, grübelt darüber nach, ruft dann plötzlich: „Ich hab's", und da sie nun den Zusammenhang von $s_1$, $m_1$, z strukturell verstanden hat, geht sie an die neue Aufgabe und löst sie leicht. Die Versuchspersonen beschreiben oft in den lebhaftesten Worten, was ihnen geschah beim Übergang vom Kopieren dessen, was der Lehrer vorgetragen hatte, zur wirklichen „Erleuchtung" — wie das Ziehen der drei Linien in dem Beispiel des Lehrers plötzlich durchsichtig klar wurde, bedeutungsvoll wurde in dem Sichtbarwerden der inneren Struktur, der inneren Forderungen des Prozesses. „Und dann war es leicht, mit den neuen Aufgaben fertig zu werden".

Kurz, dies ist unsere Formel: In wirklichen A-Reaktionen ist das Verhalten bestimmt durch die Forderungen der gegebenen Situation, in B-Reaktionen durch irgendwelche äußerlichen Einzelheiten. In A-Reaktionen geht die Versuchsperson mit der neuen Situation ihrer eigenen Art gemäß um, weil sie die Unterrichtssituation ebenfalls ihrer eigenen Art gemäß verstanden hat.

Das Problem der Transponierbarkeit ist von einiger Bedeutung, und obwohl ich glaube, daß der Leser, der bis hierher gefolgt ist, den entscheidenden Punkt sieht, möchte ich hinzufügen, daß das Problem durch die Aufstellung der allgemeinen Formel keineswegs erledigt ist. Eine Anzahl von Problemen erhebt sich für den Forscher: Hier ist ein weites Feld, in dem experimentelle Forschung Klarheit sucht über die Bedingungen und Gesetze, die das Ausmaß und den Charakter der Variabilität beherrschen, die aus verschiedenen Lern-Situationen hervorgehen. Um das Problem zu verstehen, muß man bei seinem Studium den Fällen, in denen Transponierung möglich ist, andere Fälle gegenüberstellen, in denen das Lernen keine brauchbare Hilfe für den sinnvollen Umgang mit veränderten Situationen gewährt, in denen selbst das größte Genie keine Grundlage finden könnte für eine sinnvolle Transponierung der wohlbekannten und viel benutzten, aber rein drillmäßig gestalteten Lern-Situation.

Auf der anderen Seite gibt es die Möglichkeit, daß die Versuchsperson die innere Struktur der Situation erfaßt; was ihr dann weiterhilft, wenn sie mit Variationen des ursprünglichen Problems zu tun hat. Wir betrachten dazu einen ganz krassen Gegenfall einer Verknüpfung s, m, z, in dem keine solche Möglichkeit gegeben ist: Angenommen, anstatt die drei Linien, die die Transformation des Paral-

79

lelogramm in ein flächengleiches Rechteck ermöglichen, zu zeichnen, wird der Versuchsperson ein Parallelogramm auf einem Schirm gezeigt; außerdem sind da verschiedene Knöpfe, und die Versuchsperson lernt, daß wenn man einen roten Knopf drückt, einen blauen Knopf und einen grünen, das Parallelogramm verschwindet und ein Stück Schokolade herausfällt — oder ein Rechteck auf dem Schirm erscheint. Sie kann das lernen. Aber wenn man ihr nachher eine andere Figur gibt — von A- oder B-Typ — wird sie natürlich in Verlegenheit sein. Sie versucht vielleicht auf diesselben Knöpfe zu drücken. Aber vergeblich. Sie versucht vielleicht andere Knöpfe in blindem Herumprobieren, vielleicht trifft sie sogar zufällig die jetzt richtigen, aber sie wird wieder verloren sein, wenn eine dritte Figur dargeboten wird; denn es besteht da keine Möglichkeit, in der Verknüpfung $s_1$, $m_1$, $z$ eine sinnvolle innere Beziehung zu entdecken. Die Verknüpfungen sind willkürlich oder verborgen, und es kann sich keine Grundlage für sinnvolle Variationen ausbilden.

Viele Theoretiker sind blind für dieses Problem, für den Unterschied zwischen solchen Fällen und Fällen, die sinnvoll gelöst werden. Sie haben einen bequemen, für jeden möglichen Fall gebrauchsfertig bereitliegenden Weg, den Kern der Frage zu umgehen; sie bemerken, und bemerken völlig zutreffend, daß in dem ersten Fall die Mithilfe früherer Erfahrung ausgeschlossen ist, aber nicht in dem zweiten; und sie schließen — aber der Schluß ist blind — daß der Unterschied in den Reaktionen einfach durch die Wirksamkeit früherer Assoziationen zu erklären sei, die alle im Grund von derselben Natur seien wie beim mechanischen Einprägen. Sinnvolles Lernen und seine Anwendung ist für sie nichts als das Werk eines Haufens früherer Assoziationen. Ich hoffe, der Leser sieht nach allen unseren Erörterungen, daß man damit das Problem viel zu leicht abschiebt; selbst wenn alle beteiligten Faktoren aus früherer Erfahrung stammen, würde unser Problem bestehen bleiben. Die entscheidende Frage ist nicht, *ob* frühere Erfahrung, sondern *welche Art* von früherer Erfahrung eine Rolle spielt — blinde Verknüpfungen oder strukturelle Erfassung mit daraus entspringender sinnvoller Transponierung; auch *wie* aus früherer Erfahrung brauchbare Hilfen hereinkommen, ob durch äußerliche Erinnerung, oder auf Grund der strukturellen Erfordernisse, der materiellen und funktionellen Eignung. Die Berufung auf frühere Erfahrung erledigt daher nicht das Problem; im Gegenteil, dasselbe Problem wiederholt sich hinsichtlich der früheren Erfahrung.

Den Nutzen dessen, was man in früherer Erfahrung gewonnen hat, zu studieren, ist von höchster Wichtigkeit; aber für unser Problem, im ersten Herangehen, ist es nicht entscheidend, ob das verwendete Material aus gegenwärtiger oder vergangener Erfahrung stammt. Wichtig ist allein, welcher Art dieses Material ist, ob eine verstehbare Struktur darin erfaßt ist, und auf welche Weise es hereingebracht wird. Selbst wenn alles, einschließlich das Erfassen selbst, im Grund auf der Wiederholung früherer Erfahrung beruhte — eine Hoffnung, die manche Psychologen hegen, die ich aber als irreführend, oder zum mindesten als unbegründet, betrachte — oder wenn wir den Begriff des Drill-Lernens auch auf verstehbare Strukturen anwenden müßten, wäre es immer noch wichtig, den beschriebenen Unterschied im Auge zu behalten und zu studieren, denn er ist entscheidend für die Möglichkeit strukturell sinnvoller Prozesse. In der Alltagssprache bedeutet ,Erfahrungen machen' meistenteils etwas ganz anderes als äußerliche Verbindungen (von der Art mechanischen Lernens im letzten Beispiel) anhäufen; sinnvollere Erwerbungen, sinnvollere Vorgänge sind dabei gemeint.

Wir können die A-B-Fragen hinsichtlich des Parallelogramms zusammenfassen, wie folgt: Für die Rolle, die eine gegebene Verbindung $s_1$, $m_1$, z spielt, wenn man vor neuen Situationen steht, ist der entscheidende Punkt, *was* man aus dem Beispiel sowohl wie aus anderer früherer Erfahrung gelernt hat. Ob solche Erfahrungen blinde Verknüpfungen oder Einsicht in die für diesen Zusammenhang grundlegenden strukturellen Bezüge gestiftet haben, ist die Alternative, welche bestimmt, was an Hilfsmitteln verfügbar ist für ein sinnvolles Umgehen mit A-B-Variationen. Ich möchte dazu noch sagen, daß die Rolle der Einzelheiten in dem Zusammen von $s_1$, $m_1$, z von größerer oder geringerer Wichtigkeit sein kann; der äußerste Fall ist erreicht, wenn der Gewinn für neue Aufgaben hauptsächlich in dem schönen Erlebnis besteht, daß man fähig ist, voranzukommen, indem man nach den Forderungen der Problem-Lage sucht und sich ohne Umschweife mit ihnen auseinandersetzt.

39. Wenn man in solchen Prozessen nach den Operationen der traditionellen Logik Umschau hält, kann man eine ganze Anzahl davon finden. Man kann sogar den Prozeß in einer Folge von Urteilen beschreiben. Aber die Mannigfaltigkeit dieser Urteile macht nicht sichtbar, was in dem Prozeß wirklich vor sich ging. Vieles ist verschwunden. Die Dynamik, das Leben ist weg.

Die traditionelle Logik ist nicht so sehr beschäftigt mit dem Prozeß des *Findens* einer Lösung. Sie ist mehr auf die Frage der Korrektheit jedes einzelnen Schrittes im Beweis gerichtet. Hier und da in der Geschichte der traditionellen Logik wurden Hinweise darauf gegeben, wie man vorgehen muß, um eine Lösung zu finden. Charakteristischerweise waren die Versuche von der folgenden Art: „Man suche nach allen bekannten allgemeinen Sätzen, deren Inhalt sich auf eine der fraglichen Gegebenheiten bezieht; man sammle diese Sätze, man suche nach Paaren darunter, die einen gemeinsamen Begriff (Mittelbegriff) enthalten und daher einen Syllogismus gestatten", und so fort. (Man vergleiche das Beispiel in Kap. II, S. 96, das, obwohl töricht, einer solchen Anweisung gut entspricht.)

Wir kommen auf die Frage des Beweises noch zurück; wir werden dann in kurzer Zusammenfassung sehen, daß am sinnvollen Beweis selbst strukturelle Faktoren beteiligt sind. Aber für den Augenblick wollen wir einige charakteristische Aspekte der Einstellung der traditionellen Logik prüfen, indem wir die folgende Bemerkung eines Logikers betrachten: „Die ganze Geschichte läuft auf den Gebrauch des Vertauschbarkeitsprinzips hinaus, $a + b = b + a$; genau wie $2 + 5$ gleich $5 + 2$ ist; beidemale kommt 7 heraus". (Ein Empirist könnte es in ziemlich genau derselben Weise formuliert haben.)

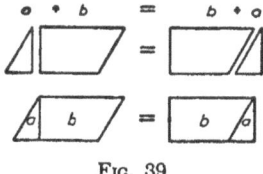

Fig. 39

Lieber Leser, überdenken Sie es selbst. Vergleichen Sie diese Behauptung im Geist der traditionellen Logik mit einem echten Vorgang des Findens. Vielleicht sind Sie derselben Ansicht, vielleicht auch nicht.

82

Wenn Sie Unterschiede sehen, sind sie unwichtig, äußerlich? Oder
betreffen sie Faktoren, die gerade für dieses Problem des produktiven
Denkens entscheidend sind? Wenn Sie ein Logiker sind, der an die
Denkweise der traditionellen Logik gewöhnt ist, und sich in Ihren
Definitionen dessen, was Logik ist und was Denken ist, sehr sicher
fühlen, kann es sein, daß manche der nun folgenden Bemerkungen Sie
zu heftigem Widerspruch reizen. Bitte machen Sie keinen Gebrauch
von den üblichen Ausflüchten und schieben Sie die Sache nicht ab; versuchen sie den Punkten, die ich erwähnen werde, Gerechtigkeit wider-
fahren zu lassen. Mißverstehen Sie mich nicht: Dies ist in keinem Sinn
ein Angriff auf die Korrektheit der traditionellen Logik. Es ist eine
Einladung, sich von dem Bestehen gewisser Probleme zu überzeugen
und die Lehren der traditionellen Logik an ihrem rechten Platz zu
sehen.

Irgendwie ist das Prinzip a + b = b + a an dem Prozeß der Auf-
findung der Fläche des Parallelogramms beteiligt, aber in einer Weise,
die von seiner Bedeutung in der traditionellen Logik gänzlich verschieden ist. Und gerade dieser Unterschied scheint wesentlich dafür zu sein,
daß der echte produktive Prozeß ermöglicht wird.

1) Zunächst müssen wir kurz darauf hinweisen, daß das a und das
b der obigen Figur in dem Prozeß des Findens der Fläche des Parallelogramms am Anfang gar nicht da sind. Diese Teilung des Parallelogramms zu finden, ist schon ein Teil des Prozesses der Lösung des
Problems! Und es ist äußerst wichtig, daß gerade dieses Dreieck a,
gerade diese Art der Teilung gefunden wird, geschaffen wird, während
das für die Formel ganz gleichgültig ist, das a und das b sind ja da,
von Anfang an gebrauchsfertig vorgegeben.

2) Ein zweiter Punkt: Während vorausgesetzt ist, daß a + b =
b + a durch den Wechsel der Lage nicht beeinflußt wird, ändert beim
tatsächlichen Nachdenken über die Fläche des Parallelogramms das
Dreieck a seine Bedeutung, wenn es verschoben wird. Das a auf der
linken Seite wird gefunden, wird geschaffen aus dem Wunsch, eine Störung loszuwerden. Das a auf der rechten Seite der Gleichung ist der
Teil, der gebraucht wird, um die Lücke auszufüllen. Nur im Hinblick
auf die pure Gleichheit der Größe *haben* wir eine Gleichung; die
Gleichheit der Größe ist wichtig, aber der Übergang von der Linken

zur Rechten ist ein Übergang von *einem* Ding zu einem ganz anderen
Ding; a+b ist nicht dasselbe wie b+a hinsichtlich der Form, und
ganz wesentlich nicht dasselbe für den Vorgang selbst.

Selbst wenn wir von den tatsächlichen Prozessen absehen, ist die
Formel a + b = b + a, genau genommen, nicht gleichbedeutend mit
der Gleichung, die in dem folgenden Diagramm ausgedrückt ist. Sie
würde nur dann wirklich zutreffen, wenn die zwei Teile a und b nichts
miteinander zu tun hätten, lediglich zwei Stücke wären, deren gegenseitige Lage überhaupt keine Bedeutung hätte. Aber die Form *ist* von
Bedeutung. — sonst hätten wir kein Parallelogramm und auch kein
Rechteck.

Die Untersuchung der Teile in der Figur zeigt klar, daß da zwischen
der Figur links und der Figur rechts auffallende Unterschiede bestehen.

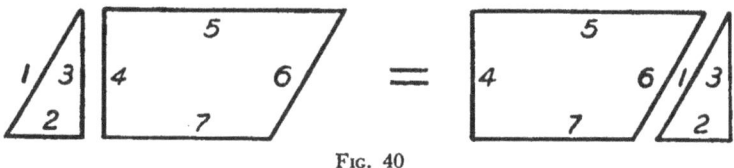

FIG. 40

Das gilt nicht nur für die Ganzeigenschaften — dafür, daß das eine
ein Parallelogramm, das andere ein Rechteck ist — sondern auch für
die einzelnen Teile der Figuren. Wenn der Leser die Bedeutung der
Linien studiert und vergleicht, wird er überrascht sein zu bemerken,
wie auffallend verschieden die Situation im Hinblick auf sie auf der
linken und auf der rechten Seite ist. Ich werde nur einige wenige
Punkte erwähnen. Links sind die Linien 1 und 6 Grenzlinien, rechts
werden sie identisch, sind sie nicht mehr zwei Linien, sofern sie bei
der Vervollständigung des Rechtecks dem Blick entschwinden. Links
bilden 1, 5, 6, 2—7 die Figur, mit der zusätzlich eingeführten Linie
3—4, während auf der rechten Seite 4, 5, 3, 7—2 die Figur bilden
und 6—1 *eine* Linie ist, die aus dem Bild verschwindet. Die Gleichung
läßt die Tatsache außer Acht, daß diese Linien zusammen den Rand
bilden, der schließlich für die Figuren, deren Flächengröße bestimmt
werden muß, von Bedeutung ist.

Ähnlich bei den Winkeln: Ihre Bedeutung, ihre Funktion in den
Figuren ist auf den beiden Seiten von Grund auf verschieden; Winkel,

die in der linken Figur eine wesentliche Rolle spielen, verschwinden
in der rechten, usw.

Wenn man die Analyse all solcher Faktoren exakt durchführt,
gelangt man zu einer ganz erheblichen Zahl struktureller Unterschiede.
Von unten betrachtet, stückhaft, wäre die Fülle dieser strukturellen
Unterschiede unübersehbar. Es wäre wirklich schwer, aller Wahrschein-
lichkeit nach unmöglich, den klaren Prozeß zu erhalten, wenn man von
einer bloßen Aufzählung solcher herausgelöster Eigenschaften ausgehen
müßte. Aber da ist keine verwirrende Mannigfaltigkeit, wenn man
„von oben" herangeht, von den Ganz-Eigenschaften der Figuren und
der funktionalen Bedeutung der Linien usw. innerhalb der Figuren.

3) Grundlegend in dem produktiven Prozeß ist die *Änderung*, die
resultiert, wenn a+b zu b+a wird. In den Figuren *der Aufgabe*
haben wir nicht, wie in der Gleichung, einfach eine Beziehung gegen-
seitiger Gleichheit zweier Dinge, sondern eine Änderung mit einer
*Richtung*,

$$a+b \;\rightarrow\; b+a$$

und eine *geforderte* Änderung. Es ist eine Verwandlung eines Dings
in etwas, das in höchst bedeutsamer Weise verschieden ist. Wir haben
nicht einfach eine Gleichung, sondern einen *Übergang*. Das Problem
der Gültigkeit ist, bei all seiner Wichtigkeit, für diese Gerichtetheit
blind. Dies ist eine grundlegende Abweichung von dem Ansatz der traditionellen Logik. Während die traditionelle Logik vornehmlich an
der Frage interessiert ist, ob ein a einem $a_2$ „gleich" (oder „aequi-
valent") ist, ist hier der entscheidende Punkt der Übergang von $a_1$ zu $a_2$,
die Tatsache, daß gerade dieser Übergang vollzogen wird, usw. Und
es ist ein grundlegender Punkt: er erfordert den Schritt von der Statik
zur Dynamik.

Ist bei solchen Übergängen nicht die Frage von Bedeutung, ob das
Vorgehen „logisch" oder „unlogisch", ob es sinnvoll oder blind und
willkürlich ist? Sollten diese Dinge nicht eine Angelegenheit der Logik
sein?

Solch ein „Übergang" geht oft mit einer „Umstrukturierung" einher.
Ich möchte bemerken, daß dieser in der Gestalttheorie so wichtige
Ausdruck oft mißverstanden wurde, so daß seine Bedeutung verflacht

wurde. Vor einigen Jahren erläuterte ein Psychologe seine Bedeutung
an einer Reihe sinnloser Silben, die erst in der einen Reihenfolge,
dann in einer anderen zu lernen sind. Hier ist kein solch willkürlicher
Eingriff gemeint, sondern Neuordnung, sofern sie sinnvoll gefordert
ist aus der Struktur der Situation. Die treibenden Kräfte für und in
dieser Änderung erwachsen aus den funktionellen Forderungen der
Struktur der Situation.

Und ich möchte erwähnen, daß in solch echten Fällen wie den uns-
rigen der Übergang unzureichend charakterisiert ist, wenn man feststellt, daß es ein Übergang zu einer vertrauten Figur ist; der Übergang erfolgt hier zu einer Form, in der die Angelegenheit strukturell
klar wird. Die Größe der Fläche, in Einheitsquadraten ausgedrückt,
wird durchsichtig klar in der Form des Rechtecks.

4) Es mag angemerkt werden, daß die Gleichung a + b = b + a in
dem Prozeß im Hinblick auf die Frage der reinen Größe auch tatsächlich eine wichtige Rolle spielt. Der Grundsatz, daß solche Operationen
die Größe nicht beeinflussen, ist ein hervorstechender Fall von struktureller Einfachheit im Gegensatz zu der Möglichkeit, daß solche Operationen von Veränderungen in der Größe begleitet wären (siehe S. 73).
Das bedeutet nicht, daß es notwendig so sein müsse. Die Natur ist
nicht verpflichtet, so einfache Eigenschaften aufzuweisen. Was beque-
merweise für die Summe zutrifft — wir beschäftigen uns hier mit der
*Größe der Fläche, die eine undsummenhafte Angelegenheit ist* — ist
nicht einfach allgemein zutreffend, gilt nicht für Angelegenheiten, die
nicht undsummenhafter Natur sind.

Die Anordnung *ba* gegenüber der Anordnung *ab*, obwohl bedeutungslos für die undsummenhafte Frage der bloßen Größe, ist sehr

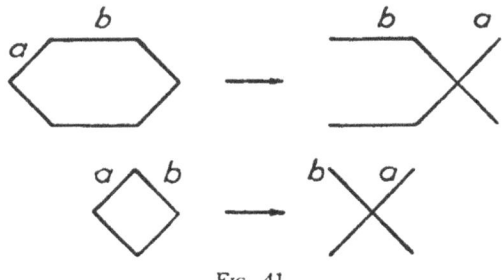

FIG. 41

86

bedeutsam für andere Seiten dieses Vorgangs. Tatsächlich hat die Reihenfolge oft viel einschneidendere Folgen für das Ding, für die Natur der Teile, für die beteiligte Dynamik, als in unserem Fall. In unserem Beispiel gewinnt man bei der Änderung am Ende wieder eine geschlossene Figur. Man stelle dem die beiden Weisen gegenüber, in denen in den einfachen Beispielen der Fig. 41 ab in ba verwandelt wird:

Und den Grundsatz der Vertauschbarkeit z. B. in Melodien annehmen zu wollen, wäre völlig blind, völlig sinnlos. Dasselbe gilt in vielen anderen Fällen. Umfassende Probleme sind hier im Spiel, grundlegende Fragen der Logik. Einige der Probleme, wie das eben am Sechseck und an der Raute veranschaulichte, werden zum Teil studiert in der modernen Theorie der Relations-Netzwerke usw.; aber tiefere Probleme erheben sich im Hinblick auf Ganz-Eigenschaften und Ganz-Dynamik.

Manche betrachten den Grundsatz der Vertauschbarkeit immer noch als ein allgemeines grundlegendes Prinzip in der Logik, indem sie allgemein den summativen, atomistischen Charakter der Tatsachen, der Urteile usw. in einem solchen Ausmaß annehmen, daß die Doktrin sich ausbilden konnte, die Logik beschäftigte sich im Grunde mit „Tautologien". Im Licht unserer Erörterungen scheint eine solche Ansicht grundsätzlich blind zu sein für wesentliche Probleme beim wirklichen Denken.

Der Grundsatz der Vertauschbarkeit trifft sicherlich für die Gegebenheiten in einem wirklichen Denkprozeß nicht allgemein zu. Wollte man die Gegebenheiten, Schritte oder Operationen in einem echten Denkprozeß wie ein Kartenspiel durcheinandermengen und Gleichheit nach dem Grundsatz der Vertauschbarkeit feststellen*), so wäre das eine gänzlich blinde Feststellung. Die Einzelheiten eines solchen Prozesses sind keine Undsumme von Stücken.

5) Für den Logiker ist der Grundsatz der Vertauschbarkeit eine der Aussagen unter den Sätzen, die dem Beweis zu Grunde liegen. Nun scheint es nötig, darauf hinzuweisen, daß der Beweis selbst seine Struktur hat. Wenn jemand blind für die Struktur des Beweises ist, geschehen traurige Dinge. Ein Schüler, der die Reihe der Aussagen eines Beweises in seinem Lehrbuch vor sich hat, ist oft in Verlegenheit,

---

*) . . . was man bei einer abstrakten Summe oder einem Produkt aus unbenannten Zahlen ohne weiteres kann. (Übers.)

verwirrt, hilflos. Er liest die Aussagen, prüft sie an der Zeichnung nach, liest die Lehrsätze, geht zu Versuchen über, die Stücke zusammenzufügen, in einer Arbeitsweise, die an das Zusammensetzen kunstvoll ausgesägter Legespiele erinnert, um zu einem sinnvollen Zusammenhang zu gelangen. Wenn er damit immer noch keinen Erfolg hat, prägt er sich etwa die Sätze in der gegebenen Reihenfolge ein; bei der Wiedergabe des Beweises wird er sich vielleicht verzweifelt auf den im Lehrbuch folgenden Satz besinnen; wenn er ihm nicht einfällt, bringt er möglicherweise einen anderen Satz, der zwar richtig, aber in diesem Zusammenhang einfach sinnlos ist. Der begabte Schüler tut natürlich, was nötig ist, aber bei vielen Lehrbuch-Beweisen muß er die Hauptsache selber tun: *Er muß die Undsumme der Sätze in das sinnvolle geordnete Ganze des Beweises verwandeln.* Das verlangt ein sinnvolles Gruppieren, ein Gewahrwerden der funktionellen Hierarchie, der Richtung, der strukturell sinnvollen Stelle, Rolle und Funktion jeder einzelnen Aussage, ihrer Bedeutung in dem Ganzen: Wenn jemand zum Beispiel nicht darauf achtet, daß einer der Sätze, zusammen mit bestimmten anderen, zu einem Unterganzen des Beweises gehört (sagen wir zur Kongruenz der Dreiecke), und ihn falsch einfügt, ist er noch weit von der Erleuchtung. Es kommt vor, daß jemand, um etwas Ordnung hineinzubringen, erst die Sätze über Linien, dann die über Winkel, dann über Flächen zusammenstellt und ganz stolz ist, daß er nun eine logische Ordnung hat, aber wieder verzweifelt, wenn er auf die Aufgabe zurückkommt. Es ist von nicht geringer Bedeutung, daß man sieht, ob ein Satz die Rolle einer Prämisse oder eines Folgesatzes spielt, der selbst wieder als weitere Prämisse dient, usw.

Ähnliche Überlegungen gelten für das *Finden* des Beweises. Das sinnvolle Finden eines Beweises geht nicht nach der Art vor sich, die oben (S. 82) beschrieben wurde und die so charakteristisch für die Einstellung der traditionellen Logik ist. Es ist nicht damit getan, daß man richtige Behauptungen aufstellt, einige gelernte Lehrsätze erinnert usw. Die sinnvolle Entdeckung kommt dadurch voran, daß man sich über das klar wird, was für den Beweis erforderlich ist, daß man ins Auge faßt, was benötigt wird, in einer strukturell sinnvollen Ordnung.

Aber während die Struktur des Beweises in unserem Fall der Fläche des Parallelogramms vergleichsweise einfach ist, ist es bei anderen

Lehrgegenständen längst nicht so leicht, eine psychologisch günstige, strukturell sinnvolle Art des Vorgehens zu finden. Hier sind Verbesserungen, ist produktive Arbeit dringend erwünscht[25]).

40. Wir haben die Faktoren erörtert, die für das Lösen des Problems, für das Erreichen des Zieles wesentlich sind. Aber wie steht es mit dem Ziel selbst? Oft werden Denkprozesse nur als Aufgabelösungs-Prozesse, als Zielerreichungsprozesse gesehen; und bisher haben wir es selbst auch so gehalten. In vielen Theorien besteht die Aufgabe des Denkens eben hierin. Aber wiederholen sich nicht unsere Probleme im Hinblick auf das Ziel selbst?

Hier, in unserem Fall eines bescheidenen geometrischen Problems, ist die Situation meist harmlos genug. Hier ist die reine Freude am Lösen eines solchen Problems am Werk, die Freude am Vollbringen, am Gebrauch der eigenen geistigen Fähigkeiten. Soweit kann Denken eine relativ geschlossene Angelegenheit sein. Darüber hinaus gibt es Lagen, in denen auch eine solche Aufgabe aus einem weiteren Zusammenhang ihren Sinn erhält. Das ist der Fall, wenn die Flächen-Aufgabe sich einem Bauern stellt, weil es in irgendeinem Zusammenhang für ihn wichtig wird, die Fläche seines Feldes zu bestimmen, oder wenn sich die Frage in einem weiteren Zusammenhang geometrischen Denkens erhebt — wie zum Beispiel, wenn jemand die Fläche des Rechtecks begriffen hat und will nun die Flächen anderer Figuren berechnen, im Rahmen des allgemeinen Problems der Flächenbestimmung.

Aber es gibt Lagen, in denen es ganz töricht ist, einfach an der Aufgabe der Parallelogrammfläche zu arbeiten, weil die Flächen-Aufgabe strukturell gar nicht in die Situation hineinpaßt, weil das Ziel selber fehl am Platz ist und die Situation anderes erfordert. Wenn in einer solchen Situation die Aufgabe gestellt wird oder die Frage irgendwie auftaucht, gibt es Leute, die, blind für das Nötige, an die Arbeit gehen

---

[25]) Ich beschäftige mich mit dieser Aufgabe seit einer Reihe von Jahren in Vorlesungen über Lehren und Lernen und in Forschungsarbeiten mit einer Anzahl von Mitarbeitern.
    Dr. George Katona hat einige dieser Fragen in seinem Buch „Organizing and Memorizing" (Columbia University Press, 1939) behandelt, sowie in den folgenden Aufsätzen: „Über verschiedene Formen des Lernens durch Lesen", Journal of Educational Psychology 33, 1942, 335-355; „The Role of the Order of Presentation in Learning", American Journal of Psychology 55, 1942, 328-352. Vgl. ferner Dr. Catherine Stern, „Children discover Arithmetic", Harper Bros, New York, 1949.

und blind an dem gesetzten Ziel kleben. Auf der anderen Seite finden wir oftmals auch ein weises Verhalten, indem jemand es ablehnt, sich mit dem Problem zu befassen, weil er mit dem beschäftigt ist, worauf es in der Situation wirklich ankommt[26]).

Ich gebe ein einfaches Beispiel: Ein Lehrer benutzt ganz ohne Hintergedanken eine Gelegenheit zu Rechenübungen. In der letzten Stunde hat er die Klasse gelehrt, wie man durch Ziehen von Hilfslinien die Trapezfläche gewinnt; er hat die Formel $\frac{a+b}{2}$ h gelehrt. Er zeigt nun auf ein gerahmtes Bild, das an der Wand hängt, und sagt: „Ich möchte gern die Fläche des Rahmens rings um das Bild wissen"; er bezeichnet die Linien mit a, b, c, d; gibt die Maße und fügt hinzu: „Ihr seht, da sind vier Trapeze. Ich hoffe, Ihr wißt noch, wie man die Flächen findet."

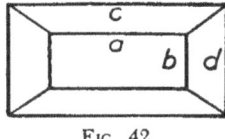

FIG. 42

Einige der Kinder arbeiten eifrig an der Aufgabe, die der Lehrer gestellt hat. Umständlich berechnen sie die Flächen*) — manche machen Fehler, berichtigen sie mit gespannter Aufmerksamkeit. Aber einige Kinder machen geradezu vergnügte Gesichter, tuen nichts dergleichen, multiplizieren c mit d, a mit b, ziehen ab von cd ab und sagen: „Denkste! Warum soll ich mich mit den Trapezflächen abquälen?"

Denken heißt nicht bloß: gestellte Aufgaben lösen. Das Ziel selbst, als Teil einer Situation, kann strukturell sinnvoll oder töricht sein. Genau wie die Operationen innerhalb eines wirklichen Denkprozesses als Teile an ihrer Stelle und Rolle im Hinblick auf strukturelle Forderungen funktionieren, so auch das Ziel selbst als Teil eines umfassenderen Zusammenhangs. Im Verlauf des Bemühens, ein gestelltes Pro-

---

[26]) Vgl. den Fall in Kap. III, S. 129 ff.

*) ... wobei sie übrigens erst noch $h_1 = \frac{d-b}{2}$ und $h_2 = \frac{c-a}{2}$ bestimmen müssen. (Übers.)

blem zu lösen, hält der Denker oftmals ein, da ihm klar wird, daß die Situation etwas ganz anderes fordert, eine Änderung des Zieles selbst verlangt. An gesetzten Zielen kleben zu bleiben, auf ihrer Erreichung zu bestehen, ist oft reine Gedankenlosigkeit.

Im Leben sind solche Fälle oft von ernster Art. Einem Menschen, zum Beispiel einem Politiker, der sich mit allen Kräften bemüht hat, ein Ziel zu erreichen, und lange Zeit daran gearbeitet hat, geht es manchmal plötzlich auf, daß das Ziel selbst, wie es gesetzt war, fehl am Platze war, daß es zu dem wirklich Nötigen, zu wesentlicheren Zielen, keinen Bezug hat. Dieses Erlebnis kann die Entdeckung von etwas enthalten, was bisher völlig verborgen geblieben war — nämlich, daß die Mittel für die Erreichung des erstrebten Ziels ein viel gewichtigeres Ziel vielleicht gefährdet, vielleicht zunichte gemacht hätten. Denken befaßt sich nicht nur mit Mitteln, es hat sich auch mit den Zwecken selbst zu befassen in ihrer strukturellen Bedeutsamkeit.

Bei unseren geometrischen Aufgaben sind solche Fragen nicht so bedeutsam; es sind das Aufgaben in einem ruhigen, sauberen, friedlichen, klaren Bereich des Lebens, Aufgaben, bei denen es möglich ist, in einer durchsichtigen, kristallklaren Weise vorzugehen. Dies war einer der Gründe, warum die Erzieher aller Zeiten so großen Wert auf das Studium der Geometrie legten, das die Entwicklung geistiger Fähigkeiten in einer Atmosphäre klarer durchsichtiger Bündigkeit erlaubt, und das dann möglicherweise zu ähnlich geradliniger Einstellung auch dort verhilft, wo man über verwickeltere und weniger übersichtliche Dinge nachzudenken hat.

Dies ist einer der Gründe, warum wir in diesem Buch für unsere Erörterung diese einfachen geometrischen Beispiele gewählt haben; es schien besser, die grundlegenden theoretischen Fragen an strukturell einfacherem Material zu erörtern.

Kapitel II

DAS PROBLEM DER SCHEITELWINKEL

Eine einfache Frage aus der Geometrie: Zwei gerade Linien schneiden sich und bilden zwei Winkel, a und b. Können Sie beweisen, daß sie gleich sind?

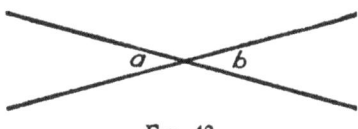

FIG. 43

Sehr wahrscheinlich haben Sie diesen Beweis in der Schule gelernt. Vielleicht haben Sie ihn vergessen; um so besser. Versuchen Sie ihn zu führen, bevor Sie lesen, was ich in diesem Kapitel berichte. Sie haben dann am Folgenden mehr Spaß.

Stellt man diese Frage an aufgeweckte Kinder und Erwachsene, so bekommt man oft Reaktionen wie die folgende: „Warum fragen Sie denn? Liegt es nicht klar auf der Hand? Natürlich sind die Winkel gleich; kann das nicht jeder sehen?" Und wenn man nicht locker läßt, kann man die Antwort bekommen: „Es ist klar; zwei gerade Linien kommen erst zusammen, und dann gehen sie in derselben Richtung wieder auseinander."

Eine der Hauptschwierigkeiten bei der Behandlung der Aufgabe ist, daß der Schüler den Sinn der Frage nicht sieht — nicht sehen kann. Sie kommt ihm gekünstelt, sinnlos vor. Oft kann die Forderung eines Beweises in einer solchen Lage nicht verstanden werden; viele wissen nicht oder sind unfähig zu erkennen, welchen Wert hier ein Beweis hat, wie er sich im Lauf der Entwicklung der theoretischen Mathematik als erforderlich erwiesen hat.

Manche sagen: „Natürlich kann
man das beweisen, wenn man will.
Man schneidet das Papier senkrecht
durch, klappt die eine halbe Seite
um, daß ein Winkel auf dem anderen liegt. Halten Sie sie gegen das

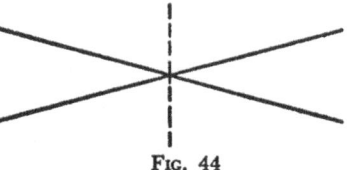

FIG. 44

Licht, Sie werden sehen, daß sie sich decken." Wenn ich sage: „Ein-
verstanden, sie decken sich, aber können Sie hier, an der Zeichnung,
beweisen, daß die beiden gleich sind?" —, dann wissen die meisten
Versuchspersonen nicht, was sie tun sollen. Manche verfallen in tiefes
Nachdenken, bei dem aber wenig Weiterführendes herauskommt.

Ich werde zuerst davon sprechen, wie es in den Schulen hergeht.


I

Der Lehrer beweist den Lehrsatz. Er zieht die Linien, bezeichnet
die Winkel, und geht vor, wie folgt:

$a + b = 180°$
$b + c = 180°$
$\quad a = 180° — b$
$\quad c = 180° — b$
$\quad a = c \quad$ Q.E.D.

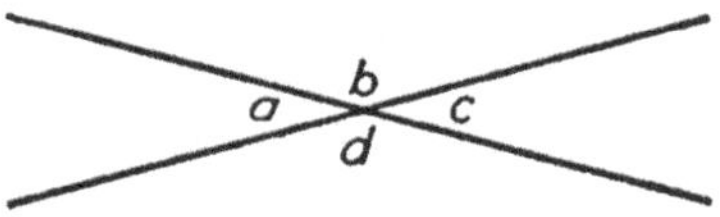

FIG. 45

Man kann den Vorgang mit den Mitteln der traditionellen Logik
oder der Assoziationstheorie beschreiben. Der Lehrer zeigt eine Reihe
aufeinanderfolgender Operationen, zählt zusammen, schreibt Gleichungen, formt sie um, und leitet endlich das Ergebnis ab. Er kann
von Axiomen oder von gewissen allgemeinen Voraussetzungen ausgehen und sie auf das in Frage stehende Problem anwenden. Die
Schüler lernen den Beweis und sind dann imstande, ihn zu wiederholen.

Sicherlich kann man den Beweis als ‚eine Anzahl von Operationen'
beschreiben, und wenn nach der Gültigkeit gefragt ist, müssen diese
in Betracht gezogen werden. Aber ist eine solche Ansammlung von
einzelnen Operationen das, worauf es wirklich ankommt?

Einige Tage später ruft der Lehrer einen Schüler an die Tafel und
fordert ihn auf, die Gleichheit der Winkel zu beweisen. Wenn der
Schüler nun Wort für Wort wiederholt, was der Lehrer ihn gelehrt

93

hat, ist man in Verlegenheit, wenn man wissen möchte, „wiederholt er
blind wie ein Sklave, was er gehört hat, oder hat er begriffen, hat er
verstanden?"

Manchmal kommt es vor, daß der Schüler sich nicht genau entsinnt,
daß er schreibt

$$a+b = 180°$$
$$c+d = 180°,$$

und dann ganz keck: also ist a = c. Andere werden verwirrt, sehen
verzweifelt aus oder machen dumme Gesichter. Andere versuchen's
vielleicht so:

$$a+b = 180°$$
$$b+c = 180°$$
$$a = 180°-b$$
$$b = 180°-c$$

und werden dann ebenso hilflos[1]).

Aber man findet auch, daß so vorgegangen wird:

$$a+d = 180°$$
$$c+d = 180°$$
$$a = c$$

Manche Schüler lachen darüber: „Schau! Er hat zwei Fehler gemacht!"
Aber der wirklich überlegene Schüler sagt oder er scheint zu sich selbst
zu sagen: „Warum soll ich mich viel um die Ausdrücke kümmern?
Es ist doch ganz gleich, ob ich es so oder so herum mache." Der Lehrer
fragt vielleicht, ob er den Beweis nicht genauso hinschreiben kann,
wie er gegeben wurde, und er schreibt fröhlich:

$$b+c = 180°$$
$$c+d = 180°$$
$$b = d$$

Das ist nun freilich neu, aber offenbar völlig verschieden von den
Änderungen, die der erste Schüler machte.

Wir sehen, daß die „Zahl der Abweichungen" nicht entscheidend
ist. *Eine* Abweichung macht die Antwort zu einem B-Fall, einem sinn-

---

[1]) Vgl. Kap. I, S. 18 ff. Solche törichten Verfahrensweisen scheinen für das Verhalten von Kindern im allgemeinen nicht kennzeichnend zu sein; sie scheinen hauptsächlich auf der Grundlage des Drillunterrichtes möglich zu werden.

94

losen Vorgehen; *zwei* „Abweichungen" können zum Erfolg führen
oder auch nicht, können vernünftig sein oder auch nicht; zwei „Abweichungen" können einfach zeigen, daß man die Sache verstanden hat.
Worauf kommt es an? Wir kommen später auf diesen Punkt zurück.

Es gibt Schüler, die ernstlich verwirrt sind, wenn der Lehrer nur
andere als die gewohnten Bezeichnungen in dem Diagramm benutzt.
Das ist kein Beweis für die Behauptung, daß „der Geist ganz und gar
von Gewohnheiten beherrscht wird"[2]). Es beweist nur, daß diese
besonderen Individuen blind an dem kleben, „was man sie gelehrt hat."
Andere mögen über die Änderung etwas überrascht sein, aber was sie
zu tun versuchen, ist etwas ganz anderes als sklavische, sinnlose Wiederholung.

Hier sind Beispiele, an denen man A- und B-Lösungen prüfen
kann:

1. Wir haben eine gerade Linie;
zwei andere Linien bilden einen
bekannten Winkel, z. B. 90°. Wenn
einer hier brav die Schritte des gelernten Beweises anwendet, zeigt er, daß
er nichts verstanden hat.

Das ist eine B-Aufgabe.

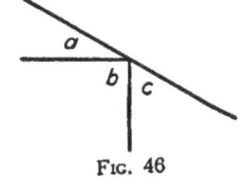

FIG. 46

2. Gegeben ein rechter Winkel. Die
zwei gestrichelten Linien bilden ebenfalls einen rechten Winkel. Manche
lehnen es ab, einen Versuch zu machen:
„Aber Herr Lehrer, das haben wir
nicht gehabt". Aber manche gehen
folgerichtig vor, trotz der stark veränderten Situation.

Dies ist eine A-Aufgabe.

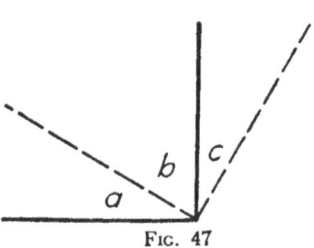

FIG. 47

---

[2]) E. L. Thorndike, The Psychology of Algebra, Macmillan 1920, S. 458.

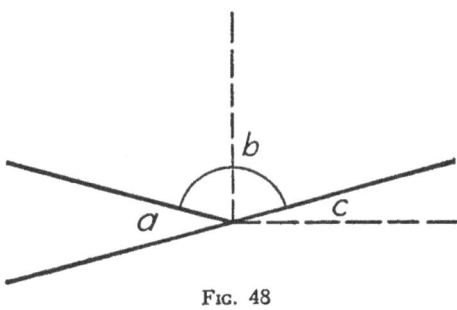

3. Der Winkel a wird gezeichnet und der eine seiner Schenkel verlängert, wodurch der Winkel b entsteht. b wird durch die gestrichelte senkrechte Linie halbiert. Die vierte Linie wird im rechten Winkel zur Winkelhalbierenden angefügt.

FIG. 48

Die Aufgabe ist, zu beweisen, daß die Winkel a und c gleich sind. Der Leser mag selbst herausfinden, ob das ein A- oder B-Fall ist.

## II

Nun werde ich von Erfahrungen erzählen, die ich machte, als ich die einleitende Aufgabe stellte, die Gleichheit der beiden Winkel a = c zu beweisen, ohne zu zeigen, wie man das macht. Die Aufgabe ist schwer. Den meisten Versuchspersonen gelingt sie nicht. Ich hoffe, dem Leser deutlich zu machen, weshalb die erforderlichen strukturellen Operationen nicht leicht in den Blick zu bekommen sind (vgl. S. 100 ff.). Ich werde es an drei Beispielen veranschaulichen:

1. Ich berichte zunächst von einem Erwachsenen, der ganz gemäß gewissen klassischen Bemerkungen der traditionellen Logik vorging. Er sagte: „Mal sehen, was für allgemeine Voraussetzungen ich zu meiner Verfügung habe?" Nach einiger Zeit fing er an, eifrig zutreffende Voraussetzungen niederzuschreiben:

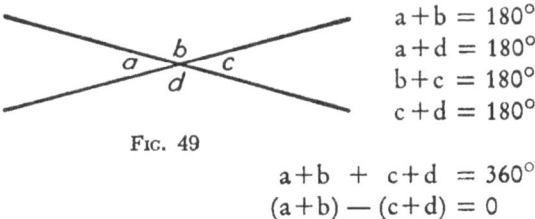

FIG. 49

$$a+b = 180°$$
$$a+d = 180°$$
$$b+c = 180°$$
$$c+d = 180°$$

$$a+b + c+d = 360°$$
$$(a+b) - (c+d) = 0$$

96

Dann forschte er nach weiteren derartigen Voraussetzungen. Nach
einiger Zeit fing er an, Permutationen zu machen, Paare von Gleichungen zu kombinieren, sie zu addieren, zu subtrahieren, und zu
sehen, ob etwas herauskäme. Er gelangte schließlich zu der Gleichung
b = d, dachte aber nicht daran, aufzuhören, und fuhr fort, bis er
a = c erreicht hatte.

Das Vorgehen erinnerte an die Antwort, die ein Komponist einem
neugierigen Besucher gab, der wissen wollte, wie er auf die Einfälle
für seine Melodien komme, wie er sie finde. Der Komponist, dem der
Besucher lästig fiel, sagte: „O, das ist einfach; ich nehme eine Anzahl
Noten und mache Permutationen."

2. Nun kommt ein schönes Beispiel eines Prozesses, der sinnvoll
vorwärtsging. Die Versuchsperson dachte glücklicherweise laut (manchmal murmelnd). Es ist schade, daß ich keinen Tonfilm aufnehmen
konnte, um die aufschlußreichen Veränderungen des Ausdrucks in
Stimme und Gesicht im Fortgang dieser Tätigkeit zeigen zu können.

Er schaute auf die Zeichnung und sagte langsam: „Nun, das sind
nicht zwei von einander unabhängige Winkel, deren Stellung zueinander willkürlich ist". Gefragt, was er meinte, zeichnete er:

FIG. 49a                                     FIG. 49b

„Sie sind nicht wie jene Winkel. Sie sind einander entsprechende Teile
in der Figur. Die geraden Linien gehen glatt durch. Diese Geradheit
der Linien muß etwas zu tun haben mit der Gleichheit der Winkel!
… Geradheit, in Winkeln ausgedrückt, bedeutet — 180° …" Dann
zeichnete er:

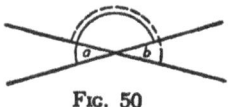

FIG. 50

und er sagte: „Was a als Teil seiner 180° ist, das ist b als Teil seiner
180°! Der Rest ist in beiden Fällen der Winkel oben; in beiden iden-

.tisch!" Er bezeichnete ihn mit c, und schrieb die zwei Gleichungen:

$$a + c = 180°$$
$$b + c = 180°$$

FIG. 51

Er fuhr fort: „Was a in a+c ist, ist b in b+c", und schrieb:

$$a = 180° — c$$
$$b = 180° — c$$

„Folglich", so schloß er, „ist a = b".

3. In einem anderen Vorgehen war zwar der Anfang einigermaßen ähnlich, aber die letzten Schritte waren anders. Die Versuchsperson sah das Erfordernis, a, und ebenso b, als Teil von 180° zu sehen. Aber sie sah zunächst nicht das Erfordernis hinsichtlich des Restes. Sie ging folgendermaßen vor: „Ich muß a als Teil von 180° benutzen; ich muß b als Teil von 180° benutzen". Sie zeichnete:

FIG. 52a

Dann zögerte sie, sagte, „es gibt noch eine andere Möglichkeit der Paarung". Strahlend änderte sie die Figur in:

52b

## III

Ein sinnvoller Prozeß, wie er in unseren letzten zwei Beispielen beschrieben wurde, enthält Operationen des Gruppierens, des Erfassens von Struktur, Gleichheit, Symmetrie, des „Dieselbe-Rolle-Spielens", des Dieselbe-Funktion-Habens in der Gruppe, des Aufmerksamwerdens auf Beziehungen, genauer auf die ganz bestimmten $\varrho$-Relationen, in denen die innere Bezogenheit der benötigten Gruppierung auf die gegebene Struktur verwirklicht ist.

Wahrscheinlich hat der Leser schon gesehen, was in den A- und B-
Fällen und -Reaktionen wesentlich ist. Worauf es in den A- und B-
Reaktionen ankommt (siehe die Bilder 46—48, S. 95 f.), ist nicht die
Wiederholung von Einzelheiten, indem man eine Sammlung von
Schritten nachmacht; worauf es ankommt, ist der strukturell entschei-
dende Sachverhalt. Um die Gleichheit von a und c zu begründen,
wird der eine Winkel, a, als Teil von 180° betrachtet, als Teil des
Winkels a+b; ebenso wird c als Teil des — gleichen — Winkels
c+b betrachtet. Ist der Rest identisch, müssen die Winkel a und c
gleich sein. Der strukturell entscheidende Sachverhalt in den beiden
Gleichungen ist:

$$a+b \qquad\qquad = 180°$$
$$\updownarrow \quad \text{identischer Rest} \qquad \updownarrow \quad \text{bekannt als gleich.}$$
$$c+b \qquad\qquad = 180°$$

Worauf es ankommt, ist demnach, wie die beiden Gleichungen strukturell aufeinander bezogen sind; ein sinnvolles Vorgehen geschieht im
Hinblick auf diese strukturellen Erfordernisse. Die B-Reaktionen verletzen sie, sind blind dafür. Die A-Reaktionen sind durch sie geleitet,
aber gehen frei mit den Einzelheiten um; es ist unwesentlich, ob die
Schritte in der Beweisführung „korrekt wiedergegeben" werden.

Allgemein dargestellt ist dies die Struktur*):

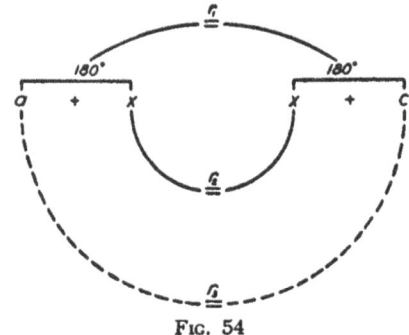

FIG. 54

*) An diesem Struktur-Diagramm wird es besonders deutlich, daß in diesen
Erörterungen, wo von Struktur die Rede ist, die *Problem-Struktur* gemeint ist, und
— außer wenn es ausdrücklich gesagt wird — nicht die Struktur des Gebildes, an
dem das Problem auftritt; obwohl natürlich die erste mit der zweiten innerlich
zusammenhängt, indem diese als Teil in jene eingeht. (Übers.)

Entscheidend sind nicht die einzelnen Daten, sondern die Art ihrer Gruppierung im Verein mit den Beziehungen:

$r_1$, der Gleichheit der Unterganzen,

$r_2$, der Identität des Restes,

die führen zu

$r_3$, der Gleichheit der zwei Winkel.

Das ist keine Ansammlung von Beziehungen oder Operationen: sie sind in die Aufgabe unverrückbar eingefügt, sind sinnvolle Teile eines geschlossenen Ganzen.

Manche Theoretiker erkennen, daß die Übersicht über das Ganze notwendig ist, und verfehlen doch den entscheidenden Punkt. Sie beschreiben gewisse B-Reaktionen zum Beispiel folgendermaßen: „Die Versuchsperson irrte sich, weil sie nicht alle Daten oder Relationen in Betracht zog". Alle Daten? Alle Beziehungen? Es ist gerade kennzeichnend für sinnvolle Prozesse, nicht alle Daten in Betracht zu ziehen. Wenn Figur 55 gegeben ist mit der Aufgabe, a = b zu beweisen,

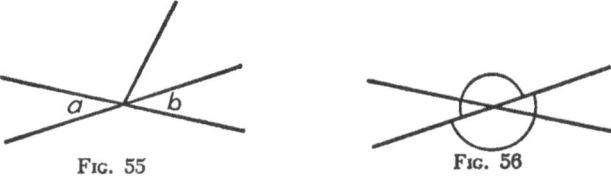

FIG. 55                    FIG. 56

wird sinnvollerweise die fünfte Linie außer Betracht gelassen. Kurzum, „das Ganze" bedeutet nicht „alles", sondern bezieht sich auf die Struktur der Daten, wie sie im Hinblick auf die Aufgabe aufeinander bezogen werden müssen; es bezieht sich auf die „gute Gestalt".

Der Leser mag zu weiterer Klärung gelangen, wenn er das Struktur-Schema (S. 99) auf die A- und B-Reaktionen anwendet. In manchen B-Fällen — den sinnlosen oder hoffnungslosen Fällen — fehlt eine der entscheidenden Beziehungen; in anderen sind zwei grundlegende Beziehungen da, wie in Bild 56. Aber das Vorgehen bleibt blind wegen des strukturellen Orts der aufeinander bezogenen Daten. Dies führt zu dem Schluß, daß nicht die Beziehungen allein entscheidend sind, sondern die Beziehungen im Hinblick auf ihre Plätze innerhalb der guten Struktur.

In dem Schema auf S. 99 ist die Beziehung 1 nicht eine Beziehung zwischen Einzeldaten, sondern zwischen zwei Gruppen oder Unterganzen, die als symmetrisch gesehen werden. Ihre Gleichheit (Beziehung 1) spielt die entscheidende Rolle in dem Prozeß, welches auch immer die beteiligten Einzeldaten sind, ob 180°, 90° oder was sonst. Beziehung 2 ist eine Beziehung zwischen „homotypen" oder bedeutungsgleichen Daten innerhalb der 2 Unterganzen. Beziehung 1 zusammen mit Beziehung 2 impliziert sinnvollerweise die Beziehung 3, die gesucht war: $r_1$, $r_2 \supset r_3$. (Der Logiker darf die Formel, nach welcher $r_1$, $r_2$ zu $r_3$ führt, nicht mißverstehen. Es handelt sich nicht um den Fall einer transitiven Relation. Die Formel verliert ihre Bedeutung, wenn man den strukturellen Ort der Beziehungen außer Betracht läßt.)

Die Aufgabe, den Beweis für den Lehrsatz a = c ohne Hilfe zu finden, scheint sehr viel schwerer zu sein als, beispielsweise, die Frage nach der Fläche des Parallelogramms. Warum?

Über den schon früher erwähnten Punkt hinaus, daß man vielfach gar nicht verstehen kann, warum da überhaupt noch ein Beweis verlangt wird, scheint der Hauptgrund zu sein, daß die Problemlage erfordert, die Figur in zwei Fassungen zu sehen, ab / bc — zwar symmetrisch, aber sich überschneidend, während sie immer weiter dazu neigt, sich in das Paar der beiden fraglichen Winkel a und c zu gliedern.

Den Winkel a als „dieselbe Rolle in ab spielend wie c in bc" zu sehen, erfordert beträchtliche Geistesklarheit[3]). Es gibt Versuchspersonen, die sich helfen, indem sie zwei Figuren zeichnen:

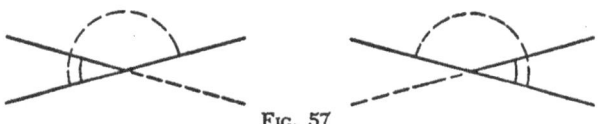

Fig. 57

Und auch beim Unterrichten scheint das manchmal das Verständnis zu erleichtern.

---

[3]) Nachdem man erst das strukturelle Erfordernis gespürt hat, wird seine Erfüllung oft leichter, wenn man zum rechnerischen Verfahren übergeht.

## IV

Der entscheidende Punkt bei den A- und B-Reaktionen war die strukturelle Beziehung des Paars von Gleichungen. Aber das ist noch nicht alles. Oft in Fällen echten Denkens kommt man auf den Einfall, den die erste Gleichung zum Ausdruck bringt, — einen der gegebenen Winkel mit dem dritten Winkel zusammenzufassen — klar nur deshalb, weil man sieht, daß dies für beide fraglichen Winkel symmetrisch geschehen kann. Es ist nicht eine Operation, die in und für sich allein durchgeführt wird, sondern sie ist gerechtfertigt als Teil des Gesamtplans. Man spürt, daß die beiden Operationen (später Gleichungen) sich ineinanderfügen und auf diesem Weg die Lösung bringen. In solchen Fällen liegt nicht einfach eine Folge von zwei Akten vor, sondern wenn der erste ins Dasein tritt, tut er das schon *als* einer aus einem Paar. Er ist niedergeschrieben als einzelnes Datum, aber nicht in Isolierung gedacht.

Denken schreitet nicht, wie viele glauben, notwendig eingleisig voran dadurch, daß man lediglich der Reihe nach von einem Datum zum anderen weitergeht, indem man einen Satz nach dem anderen formuliert; das kommt natürlich vor, aber im eigentlichen Denkakt, in echten Prozessen, ist es oft nicht so. Hier geht das Verfahren von der Betrachtung von Ganz-Qualitäten aus zu den Einzel-Daten, die als Teile des Ganzen aufgefaßt werden:

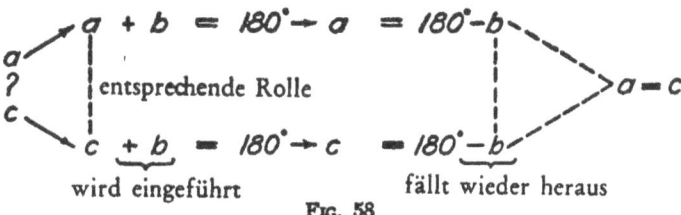

Fig. 58

Der Weg des Denkens, seine Richtung, besteht in diesem Fall nicht aus *einer* Folge von Daten; es verläuft vielmehr auf zwei symmetrisch gerichteten Geleisen, indem man jeden der fraglichen Winkel als einen Teil in seinem Ganzen behandelt, das durch die Einführung des dritten Winkels gebildet wird, der infolge der Symmetrie der Operationen hinterher wieder herausfallen kann.

102

Ein Vergleich: Manche Tätigkeiten erfordern beide Hände symmetrisch, im Verein, um miteinander zusammenzuwirken, um die beiderseitigen Bewegungen zu ergänzen. In manchen Fällen wäre es sinnlos, eine reine Folge einzelner Bewegungen ausführen zu wollen: Man gibt einem Kind zwei Spielkarten und fragt es, ob es sie aufstellen kann. Das Kind kann dann eine Karte nehmen und sie um 30° aus der Senkrechten neigen, eine Tätigkeit, die nur sinnvoll ist in Beziehung auf die Vorstellung der vervollständigten Struktur. So etwas mit einer Karte zu tun, ohne dabei daran zu denken, was mit der anderen getan werden soll, ist sinnlos. Es gibt Menschen, die so erzogen sind, daß sie im Denken behindert werden durch die Gewohnheit, nur eingleisig, Schritt für Schritt, vorzugehen. Aber man sollte nicht voraussetzen, daß man immer nur ein Ding nach dem anderen tun dürfte in der Meinung, „für das andere werde ich später sorgen". Das erste Erfordernis ist, das, was man tut, in seinem Zusammenhang zu sehen und es als Teil des Zusammenhangs zu behandeln.

Die Gewohnheit des sukzessiven Vorgehens — und ebenso die weitverbreitete Theorie, daß Denken seiner Natur nach von dieser Art sei[4]) — beruht auf seiner Angemessenheit in summativen Problemlagen, in denen die Ausführung einer Operation lediglich additiv mit den anderen verbunden ist. Sie beruht ferner auf der Tatsache, daß wir nicht zwei Sätze zu gleicher Zeit aussprechen, nicht zwei Behauptungen gleichzeitig niederschreiben können, daß wir beim Berichten immer nur ein Ding nach dem anderen sagen können. Das ist einer der Gründe, warum Zeichnungen oft nützlich sind.

Ferner ist die Gewohnheit rein sukzessiven Vorgehens oft verursacht durch den Willen zur Exaktheit, zur Korrektheit bei jedem Schritt, der zwar dringend nötig, aber nicht ausreichend ist. Und außerdem beruht sie noch auf der Tatsache, daß korrekte Formulierung oder formal-logischer Ausdruck nur in Undsummen von Daten möglich schien: Das heißt, um es zu wiederholen, sie tritt auf in Verbindung mit der axiomatischen Annahme, daß Denken seiner Natur nach sprachlich sei, nur sprachlich sein könne, daß Logik eine Angelegenheit der Sprache sei — zwei Annahmen, die beide blinde Verallgemeinerungen sind. Das Ganze ins Auge zu fassen, schien ungeeignet für exakte Formulierung.

---

[4]) Man vergleiche Kant's Formulierung, daß menschliches Denken notwendig nur *diskursiv* sein könne.

Kapitel III

DIE BERÜHMTE GESCHICHTE VOM JUNGEN GAUSS

I

Zunächst eine Frage an den Leser:

An der Dielenwand eines neuen Hauses wird eine Treppe gebaut.
Sie hat 19 Stufen. Die Seitenwand nach der Diele hin soll mit rechteckigen geschnitzten Tafeln von der Größe
der Stufen belegt werden. Der Schreiner
sagt zum Lehrbuben, er soll sie aus der
Werkstatt holen. Der Lehrbub fragt: „Wieviele Tafeln soll ich bringen?" „Find' es
selber heraus", erwidert der Schreiner. Der
Lehrbub fängt an zu zählen:

$1 + 2 = 3; + 3 = 6; + 4 = 10; + 5 = \ldots$

Der Schreiner lacht. „Warum denkst Du
nicht? Mußt Du sie wirklich abzählen, Stück
für Stück?"

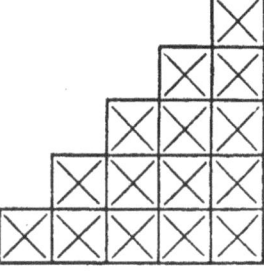

FIG. 59

Lieber Leser, wenn Sie der Lehrbub wären, was würden Sie tun?

Wenn es Ihnen nicht gelingt, einen besseren Weg zu finden, will
ich fragen: „Wie wäre es, wenn die Treppe nicht an der Wand ent-
lang ginge und die rechteckigen Holztafeln auf beiden Seiten gebraucht
würden? Würde es etwas helfen, wenn ich vorschlüge, sich zu überlegen, wie die zwei Wandstücke aussähen, wenn sie aus Papier aus-
geschnitten wären?"

Das obige sind einige von den verschiedenen Versuchsfragen, mit
denen ich Eigentümlichkeiten aus dem Problembereich der Gauß'schen
Aufgabe untersuchte.

104

Nun werde ich die Geschichte vom jungen Gauß, dem berühmten
Mathematiker, erzählen. Sie geht ungefähr folgendermaßen: Er war
ein Bub von Sechs und besuchte die Volksschule in einer kleinen Stadt.
Der Lehrer gab eine Probearbeit im Rechnen und sagte zu der Klasse:
„Wer von euch hat am schnellsten alle Zahlen von 1 bis 10 zusammengezählt: $1+2+3+4+5+6+7+8+9+10$?" Sehr bald, als die anderen noch eifrig am Rechnen waren, zeigte der kleine Gauß auf. „Ligget
se", sagte er, das heißt: „Ich hab's".

„Wie zum Kuckuck hast du das so schnell herausgekriegt?" rief der
überraschte Lehrer. Der kleine Gauß antwortete — natürlich wissen
wir nicht genau, was er antwortete, aber auf Grund von Versuchs-
Erfahrungen meine ich, es könne ungefähr so gelautet haben: „Hätt'
ich erst 1 und 2 zusammengezählt, dann dazu 3, und dazu wieder 4,
und so weiter, so hätte es viel länger gedauert; und in der Hast hätte
ich wahrscheinlich auch noch Fehler gemacht. Aber schauen Sie, 1 und
10 gibt 11, 2 und 9 sind wieder — müssen wieder 11 sein! Und so
weiter. Es sind 5 solche Paare; 5 mal 11 ist 55." Der Bub hatte den
Kern eines wichtigen Lehrsatzes entdeckt[1])! Im Diagramm:

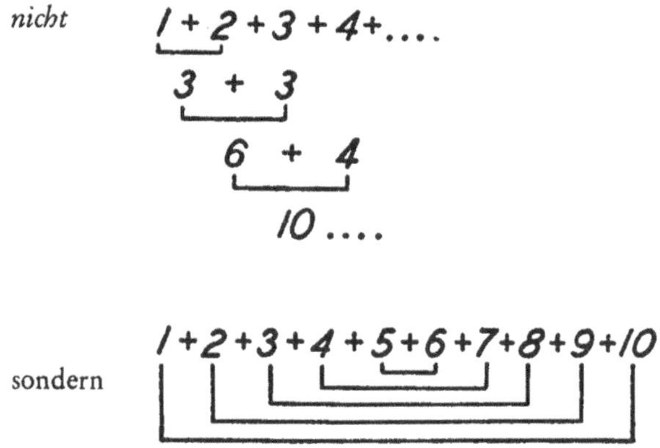

*nicht*

$$1 + 2 + 3 + 4 + \ldots$$
$$3 + 3$$
$$6 + 4$$
$$10 \ldots$$

sondern

$$1 + 2 + 3 + 4 + 5 + 6 + 7 + 8 + 9 + 10$$

FIG. 60

Wie der Lehrer der Klasse die Aufgabe gestellt hatte, stellte ich sie
vielen Versuchspersonen, darunter Kindern verschiedenen Alters, um
zu sehen, ob eine gute Lösung gefunden würde, und welche Hilfen,

---

[1]) $S_n = (n+1) \frac{n}{2}$.

105

welche Bedingungen sie erleichterten. Um die Schritte und Eigentümlichkeiten des Vorgangs zu studieren, benutzte ich planmäßige Variationen, von denen ich einige später beschreiben werde. Manchmal gab
ich sehr lange Reihen. Ich sagte geradezu: „Lösen Sie die Aufgabe
ohne das mühselige Addieren", oder ich wartete einfach ab, was
geschah.

Folgendes sind die besten Typen echter Lösungen, die ich gefunden
habe:

1. Zuerst war kein Weg sichtbar, um an das Problem heranzu-
kommen. Dann: „Wenn eine Folge von Zahlen zu addieren ist, so ist
es sicher richtig, sie zu addieren, wie sie kommen — aber langweilig".
Plötzlich: „Das ist ja keine beliebige Folge; die Zahlen nehmen gleichmäßig zu, immer um eins — das könnte ... das muß mit der Summe
etwas zu tun haben. Aber wie die zwei zusammenhängen — die Art
der Folge und ihre Summe, welches die innere Beziehung zwischen
ihnen ist — ist dunkel, unklar; ich fühle es irgendwie, aber ich kann
es nicht klar kriegen."

Nach einer Weile: „Die Reihe hat eine Richtung in ihrer Zunahme.
Eine Summe hat keine Richtung. Nun: Die *Zunahme* von links nach
rechts bedeutet eine entsprechende *Abnahme* von rechts nach links!
Das *hat* mit der Summe zu tun. → immer mehr; ← immer weniger;
um denselben Betrag. Wenn ich von links nach rechts gehe, von der
ersten Zahl zur zweiten, habe ich eine Zunahme um eins; wenn ich
von rechts nach links gehe, von der letzten Zahl rechts zur nächst
vorausgehenden, habe ich eine Abnahme um eins. Darum muß die
Summe der ersten und letzten Zahl dieselbe sein wie die Summe des
nächsten Paars nach innen. Und das muß durchweg gelten!

Jetzt bleibt nur die Frage: wieviele Paare sind es? Offenbar ist
die Anzahl der Paare die Hälfte der Anzahl der Zahlen; also der
letzten Zahl."

Der wesentliche Vorgang ist hier die Umgruppierung, die Neuordnung der Reihe im Licht der Aufgabe. Das ist kein blindes Umgruppieren; es kommt sinnvoll zustande, indem die Versuchsperson die
innere Beziehung zwischen der Summe der Reihe und ihrem Aufbau zu erfassen sucht. In dem Prozeß gewinnen die verschiedenen
Bestandstücke klar eine neue Bedeutung; sie erscheinen auf neue Weise

funktionell bestimmt. Neun wird nicht mehr aufgefaßt als $8 + 1$, sondern ist zu $10 - 1$ geworden, und so fort.

Wenn man die allgemeine Formel $S_n = (n + 1) \frac{n}{2}$ auf eine derartige Weise gewinnt, dann versteht man ihre Teil-Ausdrücke im Licht ihrer Struktur: $(n + 1)$ stellt den Wert eines Paares dar, $\frac{n}{2}$ die Anzahl der Paare. Aber viele kennen nur die Formel, in einer völlig blinden Weise. Für sie sind alle ihre Umformungen

$$(n + 1) \frac{n}{2} \text{ oder } \frac{n + 1}{2} n, \text{ oder } \frac{n (n + 1)}{2}, \text{ oder } \frac{n^2 + n}{2} *)$$

einfach gleichbedeutend[2]).

Die beiden n scheinen ihnen ganz dasselbe zu bedeuten. Sie merken nicht, daß in der ersten Formel das n in dem Ausdruck $n + 1$ ein Glied eines Paares ist, während n in $\frac{n}{2}$ die Anzahl der Glieder der Reihe bedeutet, durch die die Anzahl der Paare bestimmt wird. Natürlich kommt bei allen vier Formeln schließlich dieselbe Zahl heraus, und sie sind insofern gleichwertig, aber sie sind es nicht psychologisch[3]). In Wirklichkeit sind sie auch logisch verschieden, wenn man sie im Hinblick auf ihre Form und Funktion betrachtet und nicht nur nach der äußerlichen gegenseitigen Ersetzbarkeit fragt. Natürlich ist das eine Angelegenheit der Logik nur, wenn man aus der Logik die funktionelle Bedeutung der Ausdrücke, die Frage der Entstehung, die Frage des Vordringens zur Formel — des Findens und sinnvollen Verstehens der Formel nicht ausschließt.

---

*) Man könnte hinzufügen $\frac{n^2}{2} + \frac{n}{2}$ (Übers.)

[2]) Sogar beispielsweise auch $\frac{\left(n + \frac{1}{2}\right)^2}{2} - \frac{1}{8}$ (eine Formel, die sogar, wie die anderen, **eine** geometrische Bedeutung hat; Übers.).

Oder man vergleiche eine blinde Verallgemeinerung der Formel $\frac{n^2 + n}{2}$ in $\frac{n^x + n}{x}$

[3]) Der Unterschied tritt objektiv zu Tage in den Antworten auf die verschiedenen Aufgaben. Siehe S. 111 Fußnote.

107

Die Formel ist auch anwendbar, wenn die Reihe mit einer ungeraden Zahl endet, z. B. 1 2 3 4 5 6 7. Hier erzeugt die beschriebene

Gruppierung oft Zögern: was macht man mit der Zahl in der Mitte, die man nicht paaren kann? Bei dieser Art des Vorgehens ist dann ein weiterer Schritt erforderlich. Bei dem Blick auf die mittlere Zahl kommt dann wohl eine plötzliche Entdeckung: „Das muß ein halbes Paar sein, $\frac{n+1}{2}$!" Und nach einiger Überlegung findet man, daß das die Formel nicht ändert: es sind 3 Paare und dazu der Rest in der Mitte, der jetzt als ein halbes Paar verstanden wird[4]).

Es gibt andere Weisen, produktiv und sinnvoll vorzugehen. Das folgende Vorgehen eines elfjährigen Jungen ist dem eben beschriebenen nah verwandt. Nachdem ich ihm einfach die Frage gestellt hatte: „Was ist $1+2+3+4+5+6+7+8+9$?" fragte er nicht allzu begeistert, „Soll ich sie zählen?" „Nein", antwortete ich. Plötzlich lächelte er und sagte: „Hier am Ende ist 9. Acht mit der 1 am Anfang ist auch 9, und ebenso die anderen Paare...", dann sagte er das Ergebnis[*]).

2. Ein weiterer Weg, den ein zwölfjähriger Junge fand, begann anders. Die Aufgabe war: $1+2+3+4+5+6+7$.

Als ich ihm sagte, er solle nicht Schritt für Schritt zusammenzählen, sagte er langsam: „Die Zahlen steigen gleichmäßig..." Und dann, plötzlich glücklich: „O, ich habe eine Idee! Ich nehme einfach die Zahl hier in der Mitte und multipliziere sie mit der Anzahl der Glieder in der Reihe — die natürlich gleich der Endzahl ist." Es war sichtlich eine Entdeckung für ihn. Auf die Bitte, zu zeigen, was er

---

[4]) $(n+1) \cdot \dfrac{n-1}{2} + \dfrac{n+1}{2} = (n+1)\,\dfrac{n-1}{2} + (n+1)\,\dfrac{1}{2}$

      Paar    Zahl der   halbes                                 $= (n+1)\,\dfrac{n}{2}$
              ganzen   Paar
              Paare

[*]) Hier lautet also die Strukturformel:

$$n + [1 + (n-1)] \cdot \frac{n-1}{2} = n + n\,\frac{n-1}{2} = \frac{2n + n^2 - n}{2} = \frac{n}{2}\,n + 1)$$

  Die Zahl   Größe des   Zahl der                            (Übers.)
  am Ende    Paares     Paare

meinte, nahm er die mittlere Zahl 4 und multiplizierte sie mit 7. Bei einer Reihe, die mit 8 endet, nahm er den Wert mitten zwischen 4 und 5, nämlich $4\frac{1}{2}$.

In einer allgemeinen Formel ausgedrückt, heißt das

$$c \cdot n \text{ (Mittlerer Wert mal n), oder } \frac{1+n}{2} \cdot n.$$

Die Formel ist strukturell verschieden von der ersten, in der $n+1$ der Gesamtbetrag jedes Paares war und $\frac{n}{2}$ die Anzahl der Paare.

Ich wünschte mir etwas mehr Klarheit darüber zu verschaffen, was er eigentlich meinte und wie er zu seiner Lösung gekommen sei. Er war nicht fähig, scharfe mathematische Formulierungen zu geben, aber, was er sagte, war: „Die Zahlen steigen gleichmäßig. Das bedeutet für die Summe, daß der mittlere Wert kennzeichnend ist. Die Zahlen wachsen rechts davon, und sie nehmen links davon ebenso ab. Was rechts dazu kommt, ist also genau, was links fehlt." Im Diagramm:

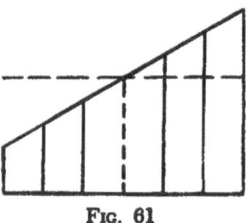

FIG. 61

3. Das folgende Verfahren war strukturell wieder ganz anders: Beim Anblick des gleichmäßig ansteigenden Charakters der Reihe (siehe Fig. 62) fand die Versuchsperson das Auffinden der Summe „sehr mühsam, wegen des gezackten Randes"*).

„Aber" — und hier erhellte sich ihr Gesicht — „ich kann diese Störung leicht zum Verschwinden bringen. Wenn ich an diese Treppenwand eine zweite, umgekehrte ansetze, dann passen sie aneinander und geben eine einfache Figur ohne Störung.

---

*) Hier kommt der Verfasser vorübergehend auf die „Treppenfassung" der Aufgabe zurück, mit der das Kapitel eingeleitet wird. (Übers.)

Die Summe ist ganz klar: Grundlinie mal Höhe n · (n + 1); davon die Hälfte"[5], *).

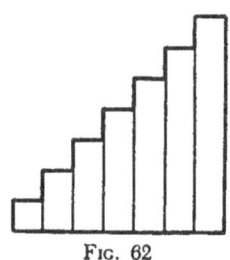

FIG. 62

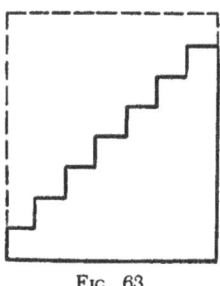

FIG. 63

Diese Überlegung verschafft uns eine sinnvolle Begründung für das wohlbekannte Verfahren, bei dem der Lehrer sagt: „Um die Summe einer solchen Reihe zu erhalten, schreibt man sie einmal in der richtigen und dann nochmals darunter in der entgegengesetzten Reihenfolge. Addiert man die Paare, so sind alle gleich."

$$
\begin{array}{l}
1+\ \ 2+\ \ 3+\ \ 4 \ldots\ldots\ldots\ldots +58+59+60 \\
60+59+58+57 \ldots\ldots\ldots\ldots +\ \ 3+\ \ 2+\ \ 1 \\
\hline
61+61+61+61 \ldots\ldots\ldots\ldots +61+61+61.
\end{array}
$$

Ich fand eine Anzahl von Personen, die dieses Verfahren als die Lösung vorbrachten. Sie sagten, sie hätten es so in der Schule gelernt. Auf die Frage, warum sie die Reihe zweimal schrieben und warum in entgegengesetzten Richtungen, waren sie alle verlegen, wußten sie nichts zu erwidern. Wenn ich darauf bestand: „Was ich wünsche, ist die Summe der Reihe; wozu erst die doppelte Summe suchen?" erhielt

---

[5]) Vgl. Kap. I, S. 56 ff. Die strukturelle Störung wird bemerkt und zum Verschwinden gebracht; die beiden störenden Eigentümlichkeiten fügen sich ineinander und verflüchtigen sich in dem strukturell klaren Ganzen.

\*) Auf ein verwandtes, aber nicht ganz vollkommenes Verfahren, die Störung loszuwerden, verfiel einer meiner Studenten. Er meinte: Diese Treppenwand ergänzt man einfach zu einem Quadrat: $n^2$ und nimmt davon die Hälfte $\dfrac{n^2}{2}$; nur schade, daß (bei diagonaler Halbierung) dann alle die kleinen Dreiecke übrig sind. Aber halt, das sind ja n halbe Tafeln, die müssen noch dazu: $\dfrac{n^2}{2} + \dfrac{n}{2}$. Verlagert man die Schräge so, daß sie die Stufen in der Mitte durchschneidet, so entsteht die Formel S. 107, Fußnote 2. (Übers.)

ich meist die Antwort: „Ei, weil es am Ende zur Lösung führt". Sie waren außerstande, zu sagen, wie der Vorschlag der Verdoppelung zustande gekommen sein könnte. Ich gestehe, daß es mir selber lange Zeit rätselhaft war, wie jemand einsichtig auf den Gedanken der Verdoppelung gekommen sein konnte. Es hatte auf mich, wie auf viele, wie ein Trick, wie ein Zufallsfund gewirkt[6]).

Als ich die bisherigen Ergebnisse einem Mathematiker zeigte, sagte er: „Warum plagen Sie sich mit dem, was Sie ,funktionale Unterschiede' und ,Unterschiede in der Bedeutung der Ausdrücke' nennen? Das Einzige, worauf es ankommt, ist die Formel, und die ist in allen Fällen identisch."

Diese Haltung ist zweifellos gerechtfertigt, wenn es nur auf die Richtigkeit und Gültigkeit des Endergebnisses ankommt. Aber sowie man dem psychologischen Vorgang beim produktiven Denken auf die Spur zu kommen sucht, ist man genötigt, die Ausdrücke in ihren funktionalen Bedeutungen zu betrachten und zu untersuchen. Aus diesen geht in den sinnvollen produktiven Prozessen die Lösung hervor; auf ihnen beruht der grundlegende Unterschied zwischen dem einsichtigen Auffinden der Formel und ihrem „Finden" durch blindes Auswendiglernen oder Herumprobieren (trial and error).

Die strukturellen Operationen bei den verschiedenen Arten des Vorgehens, die wir beschrieben haben, sind in mancher Hinsicht verschieden[7]). Aber es sind auch charakteristische Übereinstimmungen da: Das

---

[6]) Vgl. ein ähnliches Verfahren: die Fläche eines Dreiecks zu erhalten, indem man es zum Parallelogramm verdoppelt; oder spezifischer, ein rechtwinkliges Dreieck zum Rechteck zu verdoppeln, wenn nach seiner Fläche gefragt ist.

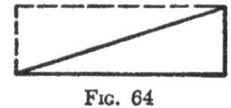

FIG. 64

[7]) Die (neue) Ordnung, Gruppierung usw. in den drei Hauptbeispielen entsprechen den folgenden Formeln:

$$1. \quad S = (n + 1) \qquad \cdot \qquad \frac{n}{2}$$

Größe eines Paares         mal      Anzahl der Paare

$$2. \quad S = c \left[ = \frac{1 + n}{2} \right] \qquad \cdot \qquad n$$

Mittlere Zahl              mal      Anzahl der Glieder

111

Problem muß erst einmal gesehen, bemerkt werden. Dies führt dann dazu, daß man die konkrete Struktur der Reihe im Licht des Problems erfaßt. Das Streben, die innere Beziehung zwischen Struktur und Aufgabe zu entdecken, führt weiter zur Umgruppierung, zu einem Wechsel des strukturellen Verständnisses. Die Schritte und Operationen haben nicht im geringsten den Charakter einer zufälligen, beliebigen Folge; sie treten vielmehr ins Dasein als Teile des Gesamtvorgangs, des einen Gedankenzuges. Sie werden vollzogen im Blick auf die Gesamtlage, auf ihre funktionale Gefordertheit in dieser, nicht aus blindem Zufall, auch nicht als gedankenlose Wiederholung einer alten Erfahrungsregel-Verknüpfung.

Obwohl der ganze Vorgang manchmal nicht mehr als eine Minute dauert — wie in dem Fall der beiden erwähnten Jungen — kommt der Einfall oft in einer Art kolloidalen Zustands, wobei sich zunächst etwa nur gewisse Richtungen, gewisse Gruppierungen in großen Zügen usw. andeuten. Oft dauert es eine gewisse Zeit, bis die Lage wirklich durchsichtig, völlig klar wird. Dies ist vor allem der Fall beim Finden der Formel. Hat man erst den richtigen Einfall, so kann man schon gewisse strukturelle Eigenschaften der aufzustellenden Gleichung in den Blick bekommen, lange bevor man fähig ist, die Formel in konkreten Ausdrücken hinzuschreiben. Daß solch ein Abschnitt des Denkvorgangs oft neblig aussieht, daran ist, wie ich glaube, weitgehend die Tatsache schuld, daß scharfe Ausdrücke für strukturelle Eigenschaften, für Ganz-Eigenschaften vielfach fehlen, nicht entwik-

---

3. $2S = (n + 1) \qquad \cdot \qquad n$
Ein Paar $\qquad\qquad$ mal $\qquad$ Anzahl der Paare
(oder Höhe) $\qquad\qquad\qquad\qquad$ (oder Grundlinie).

Diese verschiedenen Wege zur Lösung haben auch objektive Folgen: Beim ersten sind die geradzahligen Reihen leichter zu behandeln als die ungeradzahligen, wegen der Verwicklung mit dem Halbpaar; wenn das Verfahren 1 an einer geradzahligen Reihe gefunden oder gezeigt ist und zur Prüfung eine ungeradzahlige Reihe vorgelegt wird, gibt es oft Schwierigkeiten — Zögern und eine längere Reaktionszeit. Das Gegenteil scheint beim Verfahren 2 der Fall zu sein: eine ungeradzahlige Reihe ist leichter, weil eine mittlere Zahl vorhanden ist, während sie in der geradzahligen Reihe fehlt; wenn das Verfahren 2 an einer ungeradzahligen Reihe gefunden oder gezeigt ist, und zur Prüfung eine geradzahlige Reihe gegeben wird, erfolgt oft Zögern. In 3 ist kein solcher Unterschied zwischen geradzahligen und ungeradzahligen Reihen; und eine lange Reihe wird oft leichter bewältigt als in 2, weil man nicht die Mitte zu finden braucht.

kelt worden sind. Natürlich ist die Angelegenheit erst dann wirklich
beendet, wenn alle daran beteiligten Einzelheiten klar auskristallisiert
sind. Aber auf den Gedanken zu verfallen, daß vielleicht mit einer Art
symmetrischen Ausgleichs weiterzukommen sei, ist (in unserem Beispiel) oft der wesentliche Teil in dem Gesamtvorgang. In dieser Phase
mag man sich oftmals schon darüber klar sein, daß gewisse Formeln,
die einem vorgeschlagen werden, zurückgewiesen werden müssen, weil
sie nicht zu den entdeckten Struktur-Eigenschaften passen, — lang
bevor man fähig ist, die zutreffende Formel hinzuschreiben. Dies
gleicht dem Stand der Dinge zu einer Zeit, wo ein schöpferischer Musiker die Idee einer Melodie in ihrem Ganz-Charakter im Sinn hat; er
versucht, sie auf dem Klavier zu verwirklichen, bringt etwas hervor,
was er sogleich wieder endgültig verwirft, weil es nicht das ist, was
er sucht, und so fort, bis die Töne für das, was er im Sinn hat, wirklich gefunden sind.

## II

Ich gebe einige Beispiele der Aufgaben, die ich bei der experimentellen Untersuchung des Gauß-Problems benutzte. Wie in der Parallelogramm-Aufgabe wurde Versuchspersonen verschiedenen Alters,
vor allem Kindern, das Gauß'sche Verfahren (S. 105) an einem Beispiel,
$1+2+3+4+5+6$, gezeigt, im allgemeinen ohne die Formel, manchmal mit ihr. Dann wurden eine oder mehrere Aufgaben gestellt, von
der Art, wie sie unten wiedergegeben sind, um zu sehen, was die Versuchspersonen, sich selbst überlassen, damit anfingen, was für Hilfen
sie brauchten, welche Arten von Hilfen wirklich halfen, usw.

Der Leser mag die Art der Reaktionen erraten: was für schöne
produktive Prozesse (A-Reaktionen) manchmal vorkamen (vor allem
bei den Aufgaben d und e), wie die Versuchsperson manchmal sogar
das Problem vertiefte, erweiterte — und was für blinde, dumme
B-Reaktionen manchmal vorkamen.

Der Leser möge es an sich selbst ausprobieren; er möge darauf
achten, was in ihm vorgeht, wenn er diese Aufgaben zu lösen versucht — in einer oder der anderen Weise sind es alles A-Aufgaben:

*Welches ist die Summe von:*

    a. $1+2+3+4 \ldots\ldots\ldots\ldots\ldots\ldots +58+59$

    b. $17+18+19+20+21+22+23$

    c. $1+2+3+4 \qquad +16+17+18+19$

  bc. $96+97+98 \qquad +102+103+104$

    d. $1+5+9+13+17+21$

  bd. $9+11+13+15+17+19+21$

*Welches ist das Produkt von:*

    e. $1 \cdot 2 \cdot 4 \cdot 8 \cdot 16 \cdot 32$

  eb. $5 \cdot 10 \cdot 20 \cdot 40 \cdot 80 \cdot 160$

    f. $\frac{1}{8} \cdot \frac{1}{4} \cdot \frac{1}{2} \cdot 1 \cdot 2 \cdot 4 \cdot 8$

Ich sagte oben, daß dieses alles in gewisser Weise A-Aufgaben sind. Ich hoffe, Sie sehen das.

In a) ist die ursprüngliche Reihe verlängert. Wenn einem die Formel kurzerhand gelehrt worden ist, ist es weiter nichts als ein Anwendungsfall.

b) fängt nicht mit 1 an. Wie sind Sie damit fertig geworden? Haben Sie einen unmittelbaren Weg gefunden? Natürlich habe ich es Ihnen erleichtert, indem ich eine runde Zahl, eine ausgezeichnete Zahl wählte. Sind Sie auf eine umfassende Formel gekommen?

Reihe c) hat eine Lücke. Hat sie Sie gestört?

In Reihe d) ist der Unterschied zwischen den Gliedern geändert. Was haben Sie gemacht?

Reihen e) bis f) verlangen das Produkt. Waren Sie überrascht? Haben Sie ein Verfahren gefunden? Konnten Sie die Formel aufschreiben?

Ich lehrte natürlich jüngere Kinder keine Formeln, ich fragte auch nicht danach. Ich wählte oft einfachere Zahlen als in den Reihen b) und c), oder einfachere Fälle als die Reihen e), f), aber nicht unbedingt kürzere Reihen, oft viel längere. Man muß sehr auf das gegenseitige Verhältnis aufeinander folgender Aufgaben achten. Das Hübscheste ist, von dem allerersten auf eines der letzten Probleme, auf d) oder e) überzuspringen.

Man macht mit solchen Aufgaben oft bemerkenswerte Erfahrungen: manchmal erhält man überraschend schöne Reaktionen, die auch in den Bemerkungen der Versuchsperson klar zum Ausdruck kommen; manchmal stößt man auf äußerste Hilflosigkeit, überraschend dumme oder blinde Antworten selbst bei befähigten Menschen, besonders, wenn sie durch gewohnte Haltungen oder durch Drill blind gemacht sind (vgl. Kap. I, S. 20 f.). Die Natur der sinnvollen wie der sinnlosen Reaktionen wirft Licht auf das, was hier psychologisch entscheidend ist.

Für Aufgaben der Typen e), f), die den Übergang von der Addition zur Multiplikation erfordern, möchte ich den folgenden Zwischenfall anführen. Ich hatte einem Jungen von 11 Jahren das Gauß'sche Verfahren an dem Beispiel $1+2+3+4+5+6+7+8$ gezeigt. Dann gab ich ihm die Reihe $1+2+3+10+15+30$*). „Nein", sagte er, „hier ist es unmöglich, diese nette Methode anzuwenden...", aber nach einer Weile fügte er ungefragt hinzu: „O, wenn ich diese Zahlen multiplizieren müßte, dann ginge es...!" und er zeigte auf die Gruppierung $30 \cdot 30 \cdot 30$, machte also selbst die Entdeckung der Anwendbarkeit auf Produkte.

In der Additionsform war diese letzte Reihe ein B-Fall; die Multiplikationsform war ein A-Fall. Es wurde möglich, im Versuch systematisch Paare von A- und B-Formen von Reihen der folgenden Art zu benutzen:

$$5+10+20+40+80+160 \qquad \text{(B-Fall)}$$
$$5 \cdot 10 \cdot 20 \cdot 40 \cdot 80 \cdot 160 \qquad \text{(A-Fall)}$$

$$1+2+4+8+16+32 \qquad \text{(B-Fall)}$$
$$1 \cdot 2 \cdot 4 \cdot 8 \cdot 16 \cdot 32 \qquad \text{(A-Fall)}$$

Auf der anderen Seite war in manchen Reihen die Aufgabe in der Additionsform eine A-Aufgabe:

$$5+10+15+20+25+30 \qquad \text{(A-Fall)}$$
$$5 \cdot 10 \cdot 15 \cdot 20 \cdot 25 \cdot 30 \qquad \text{(B-Fall)}$$

Oder:

$$1+2+3+4+5+6 \qquad \text{Grundfall}$$
$$1 \cdot 2 \cdot 3 \cdot 4 \cdot 5 \cdot 6 \qquad \text{(B-Fall)}$$

$$1 \cdot 2 \cdot 3 \cdot 4 \cdot 6 \cdot 12 \qquad \text{(A-Fall)}$$
$$1+2+3+4+6+12 \qquad \text{(B-Fall)}$$

Welche Fälle man zurückweist, auf welche man das Verfahren anwendet, was für Schwierigkeiten man hat — diese Dinge sind kennzeichnend für das Verstehen.

---

*) In der englischen Ausgabe sind hier versehentlich an die Stelle der Pluszeichen schon Multiplikations-Punkte gesetzt. (Übers.)

115

Es gibt ähnliche Beispiele von B-Aufgaben, die noch geeigneter sind,
blinde B-Reaktionen nahezulegen. Geben wir, zum Beispiel, anstatt
der Reihe

a) $1+2+3+7+8+9$,

die Reihe           b) $1+2+3+4+7+8+9$

oder                c) $1+2+3+4+6+7$,

so zeigen manchmal die Versuchspersonen Blindheit für das Erfordernis der symmetrischen Lage der Lücke. Andererseits wenden manche
das Verfahren richtig und ohne Zögern an (A-Reaktionen) in Aufgaben von Typ a, während sie bei Formen des Typs b und c zögern,
obwohl, stückhaft genommen, diese Typen der ursprünglichen Reihe
$1+2+3+4+5+6$ zweifellos *ähnlicher* sind als der Typ a. Sie unterscheiden streng zwischen den Typen, schauen nach der erforderten
Symmetrie und entwickeln meistenteils ein angemessenes, komplexeres
Verfahren, z. B. indem sie in b durch Ausscheiden der 4, in c durch
Hinzufügen der 5 oder durch Veränderung der 4 in 5 usw., die Symmetrie wiederherstellen.

Andere Beispiele von A-B-Paaren, an denen man die Gesichtspunkte
unterscheiden kann, die im Typ d entscheidend sind, sind die folgenden:

$1+2+3+4+5+6$

A    $3+5+7+9+11+13$        A    $1+3+5+7+9+11$

B    $1+2+3+4+11+13$        B    $1+2+3+7+9+11$.

Obwohl schon ein beträchtlicher Grad von Blindheit dazu gehört,
bietet der B-Fall, besonders wenn er länger ist, Gelegenheit für blinde
Anwendung des Gauß'schen Verfahrens, wenn die Versuchsperson sich
wirklich gedankenlos benimmt. Andererseits wird B oft verständig
zurückgewiesen, oder einfach mit dem umständlichen Verfahren erledigt, während man A sinnvoll löst.

Man kann auf solche Weisen die strukturellen Eigentümlichkeiten,
auf die es in der Gauß-Aufgabe ankommt, auffinden, studieren und
prüfen, und diejenigen, die „wesentlich" sind, die Züge der strukturellen inneren Bezogenheit zwischen der Form und den Operationen,
von anderen Faktoren abheben, die strukturell peripher sind.

In den verschiedenen Aufgabetypen (S. 114) sind die entscheidenden Gesichtspunkte:

in  b)  die Unabhängigkeit der strukturellen Faktoren von der Stelle des Anfangs;
    c)  die Notwendigkeit der Symmetrie der Reihe, geprüft vermittels der Lücke
        und ihrer Lage;
    d)  die Unabhängigkeit der strukturellen Hauptzüge von dem Betrag des stets
        gleichen Unterschieds;
    e)  die Unabhängigkeit der strukturellen inneren Bezogenheit von der Art der
        besonderen Operationen, gezeigt durch die Übertragung auf strukturell
        ähnliche Fälle von Multiplikationen.

Es ist äußerst aufschlußreich, zu untersuchen, welche Aufgabe-
Formen besser sind, um das Verfahren mit oder ohne Hilfe zu entdecken; und es ist höchst erleichternd für die theoretischen Fragen,
beispielsweise zu finden, daß kürzere Reihen keineswegs immer günstiger für die Entdeckung sind, und daß selbst $1+2+3+4+5+6$ nicht
notwendig günstiger ist als z. B. $1+3+5+7+9+11$.

Ein primitiver Faktor sollte nicht vergessen werden: eine aus der
Ordnung gebrachte Reihe, deren Zahlen durcheinandergewürfelt sind,
bietet besondere Schwierigkeiten, sowohl für die Anwendung wie für
die Entdeckung. Die richtige Anordnung erlaubt die umfassende Übersicht mit einem Blick, macht die erforderliche Gesetzmäßigkeit der
Reihe sichtbar. Auf der anderen Seite gibt es Änderungen der Anordnung, die nicht so ungünstig zu sein scheinen. Was dabei wichtig scheint,
ist nicht der Betrag der stückhaften Abweichung von der ursprünglichen Reihe; es ist vielmehr die Art der Anordnung, die einen klaren
Überblick über das Ganze begünstigt oder verhindert. Bei

$$1+10+2+9+3+8+4+7+5+6$$

kommt es manchmal vor, daß eine Versuchsperson anhält, ausruft:
„Es geht ganz gesetzmäßig weiter — diese gehen aufwärts, diese gehen
abwärts", und zeigt

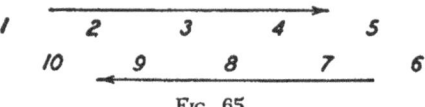

Fɪɢ. 65

oder die Paare zusammenfaßt.

Fɪɢ. 66

117

Das letzte Verfahren grenzt an die wohlbekannten Schnellverfahren, die von vielen Buchhaltern bei langen Additionen benutzt werden. Sie greifen Paare und Tripel heraus, die einfache runde Zahlen ergeben, anstatt streng der Anordnung zu folgen. Diesen Verfahrensweisen fehlt natürlich die schöne Beziehung zum „Prinzip" der Reihe.

## III

Dem Problem der Reihensumme (vgl. Ziff. I) gegenübergestellt und ohne Hilfe gelassen, gelingt es vielen nicht, die Gauß'sche Lösung zu finden. Warum? Was macht die Aufgabe für so viele so schwer? Was bedeutet es, wenn einer sagt, „das zu schaffen, dazu gehört der Geist des jungen Gauß"? Oder wie kam es, daß in den erwähnten Beispielen die jungen Knaben es schafften und es folgerichtig und mühelos schafften? Was liegt psychologisch diesen Leistungen zu Grunde?

Die Gauß-Aufgaben enthalten strukturelle Schwierigkeiten. Sie zu überwinden, trotz ihrer wirklich seinen Weg zu sehen, erfordert einiges. Auf Grund meiner Erfahrungen würde ich sagen, daß die wesentlichen Züge einer echten Lösungsarbeit sind:

nicht durch Gewohnheiten festgelegt und blind gemacht zu sein;
nicht einfach sklavisch zu wiederholen, was man gelehrt worden ist;
nicht in einem mechanisierten Geisteszustand vorzugehen;
in einer stückhaften Einstellung,
mit stückhafter Aufmerksamkeit,
vermittels stückhafter Operationen;

*sondern*

die Lage frei und aufgeschlossen zu überblicken,
das Ganze ins Auge zu fassen;
wobei man versucht, zu entdecken, herauszufinden, wie das Problem und die Lage aufeinander bezogen sind;
wobei man versucht, in die innere Bezogenheit zwischen Form und Aufgabe einzudringen, sie aufzuspüren und nachzuzeichnen;
wobei man in den schönsten Fällen zu den Wurzeln der Gesamt-

lage vorstößt und wesentliche strukturelle Züge der regelmäßigen
Reihen ins Licht rückt und durchsichtig macht, trotz der Schwierigkeiten.

Die Problem-Lage bei der Gauß'schen Aufgabe ist strukturell komplex; die Hauptschwierigkeit scheint mir folgende zu sein: die innere
Beziehung zwischen Form und Aufgabe (Summe) in den Blick zu
bekommen, ist schwierig, (1) weil die einander ausgleichenden Unterschiede versteckt sind, und (2) wegen der psychologisch festen Form

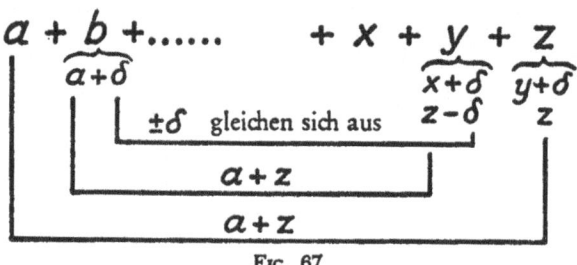

FIG. 67

der → fortschreitenden Reihe, die*) in die erforderlichen symmetrischen Hälften → und ← auseinandergebrochen werden muß.

Wie, wenn wir die Struktur der Problem-Lage vereinfachten, nicht
gerade, indem wir weniger Zahlen geben, sondern indem wir Aufgaben benutzen, in denen die grundlegenden strukturellen Züge nicht
so verborgen sind?

Manche Aufgabe-Formen, die den vorausgehenden Beispielen ähnel-
ten, brachten deutliche Erleichterung; zum Beispiel:

$$99,8 + 99,9 + 100 + 100,1 + 100,2 = ?$$

$$273^3/_5 + 273^4/_5 + 274 + 274^1/_5 + 274^2/_5 = ?$$

oder     $$\frac{271 + 272 + 273 + 274 + 275}{5} = ?$$

Aber gehen wir radikal vor. Benutzen wir Aufgaben, in denen die
einander ausgleichenden Unterschiede nicht strukturell verborgen sind.

---

*) In den beiden ersten Hauptarten des Vorgehens. (Übers.)

119

Die Lösung ergibt sich ganz natürlich, wenn wir beispielsweise fragen, welches ist die Summe von $-3-2-1+1+2+3$[8]).

Natürlich gibt es einige, die immer noch an der Drill-Einstellung kleben bleiben, die immer noch blind, stückhaft vorgehen. Aber die meisten Versuchspersonen, die auf die ganze Zeile blicken, lachen, wenn man ihnen eine solche Reihe gibt, oder sie finden es komisch, daß eine so klar vor den Augen liegende Aufgabe in einem so gewichtig aussehenden Gewand erscheint; oft ist das bei so gut wie allen Versuchspersonen der Fall. In solchen Fällen kommt es vor, daß man die Antwort erhält, *ohne* überhaupt die Frage zu stellen, ohne nach der Summe zu fragen. Wenn die Reihe lang ist, liegt es oft klar auf der Hand, daß die Sache nicht geschafft wird, indem man ausdrücklich alle einzelnen Paare bildet, sondern durch einen Blick auf das charakteristisch geformte Ganze, wie es aus dem gleichmäßigen Fortschreiten der Reihe hervorgeht. Fügt man ein Glied hinzu, das klar nicht paßt, wie z. B.:

$$9-5-4-3-2-1+1+2+3+4+5$$
oder $\quad -5-4-3-2-1+1+9+2+3+4+5$

so sticht es oft hervor, sondert sich aus.

Unser Fall läßt sich schließlich vereinfachen bis zu Aufgaben wie $m+a-a$; oder $m+a-a+b-b+c-c$. Operation 1) verlangt Addition von a zu m; Operation 2) verlangt Subtraktion von a, aber Operation 2) steht in einer inneren Beziehung zu Operation 1), sofern sie ihre Umkehrung ist. Operation 2) tritt in diesem Zusammenhang auf als die Forderung, das ungeschehen zu machen, was man durch Operation 1) getan hätte; und umgekehrt. Das ist ihre strukturelle Bedeutung. Beide werden gesehen und funktionieren nicht als eine Undsumme zweier Operationen, sondern in ihrer inneren Beziehung, die es unnötig, ja sinnlos macht, sie überhaupt auszuführen.

Natürlich, einsichtiges Erfassen ist am Werk, wenn man diese Beziehungen bemerkt, wenn man keine Lust hat, Dinge zu tun, die einander ungeschehen machen. Wer sich in der Psychologie auskennt, wird dabei an Verhaltenstendenzen denken, die man sogar bei Ratten

---

[8]) Vgl. auch Beispiel f, S. 114. War sie dort leichter zu sehen als in e, ec oder sogar in d und cd?

120

findet. Es scheint sehr schwer, oft sogar unmöglich zu sein, eine Ratte Labyrinth-Läufe zu lehren mit Abschnitten, in denen sie denselben Weg hin und wieder zurücklaufen muß.

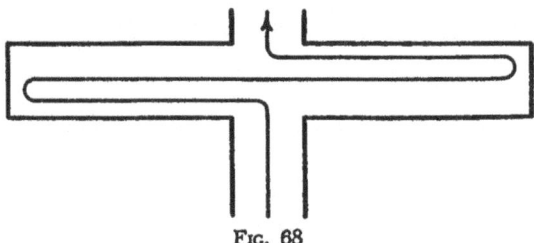

FIG. 68

Wir dürfen andererseits nicht vergessen, daß es Lagen gibt, Verhaltensformen, in denen eine Art von Tun und Wieder-zurücknehmen sinnvoll wird — bei rhythmischen Spielen, im rhythmischen Tanz von der Form: + 1 — 1, — 1 + 1, usw., oder — 1 + 1, — 2 + 2, — 1 + 1, — 2 + 2, usw. Die Symmetrie der gegenläufigen Bewegungen spielt dabei eine wichtige positive Rolle.

Im Jahre 1931 gab ich im Frankfurter Institut Fräulein Siemsen die Aufgabe, psychologische Unterschiede zwischen sinnlosen und sinnvollen Tätigkeiten zu untersuchen. Zum Vergleich mit dem Aufräumen von Büchern, in dem sie sinnvoll in die Regale der Bibliothek eingestellt wurden, benutzten wir äußerlich ähnliche Sisyphus-Arbeiten: Reihen von Büchern waren auf die Regale zu stellen, dann wieder herauszunehmen und an ihren alten Platz zurückzubringen, wieder auf die Regale zu stellen und so fort... In beiden Fällen wurde die Tätigkeit eine halbe Stunde lang beobachtet. Die Versuchspersonen führten die sinnlose Aufgabe höflich genug aus, wenn auch widerwillig, und schließlich mit einiger Schwierigkeit, dabei zu bleiben; mit der Zeit wuchs der Widerstand und revolutionäre Neigungen machten sich bemerkbar. Aber manchmal, wenn die Tätigkeit fortgesetzt wurde, gab es eine überraschende Wendung; bei manchen Versuchspersonen verwandelte sich der Charakter der Aufgabe in etwas Hübscheres — sie wurde zu einer Art von rhythmischem Tanz: Die Bücher wurden in abgemessenen Tanzbewegungen herausgenommen und zurückgebracht; es fiel dann nicht mehr so schwer, weiterzumachen, die Aufgabe hatte sich in ein lustiges Spiel verwandelt. Jedoch half sogar das nicht lange.

Um zu unserer Frage zurückzukommen: Die Rolle der sinnvollen Anordnung, die Bedeutung einer sinngemäßen Gruppierung des Gesamtverhalts, kann man planmäßig klären, wenn man Kindern Aufgaben der folgenden Typen gibt und ihre Haltung und ihre Reaktionen vergleicht:

1. m + a — a + b — b + c — c
2. m + a + b — c — a + c — b
3. m + a + b + c — a — b — c

121

oder     4. $m+a+b+c-c-b-a$   usw.

mit oder ohne das m-Glied[9]).

Beim ersten Typ bekommen wir meistens mühelos, rasche Antworten: „Natürlich ist es m", die gelegentlichen Bemerkungen wie, „Wozu soll ich etwas tun, was ich immer wieder wegmachen muß?" Es wird sinnvoll gepaart

$$m \mid +a-a \mid +b-b \mid +c-c$$

niemals

$$m+a \mid -a+b \mid -b+c \mid -c^{10}).$$

Ähnlich, aber entschiedener, wenn die Reihe lautet

$$m-a+a-b+b-c+c\ldots;$$

man erhält dann

$$m \mid -a+a \mid -b+b \mid -c+c\ldots$$

nicht      $m-a \mid +a-b \mid +b-c \mid +c\ldots$

Die meisten Versuchspersonen halten sich nicht damit auf, die Addition $m+a$ oder die Subtraktion $m-a$ durchzuführen. Oder wenn sie

---

[9]) Auch konkrete Fälle wie z. B.

$$96 + 77 - 77 + 134 - 134$$
$$\text{oder} \quad 96 + 77 - 134 - 77 + 134$$
$$\text{oder} \quad 48 + 79 - 124 - 79 + 124$$
$$\text{oder} \quad 48 + 79 - 79 + 124 - 124.$$

Bei blindem Vorgehen verläuft der letzte so:

$$48 + 79 = 127$$
$$127 - 79 = 48$$
$$48 + 124 \quad \text{usw.}$$

[10]) Es ist aufschlußreich für die Theorie der Übertragung, an elementaren Gebilden A-B-Fälle zu betrachten:

  1) Grundbeispiel, an dem das Verfahren
     gezeigt wird:             $a + b - a$   z. B. $35 + 14 - 35$
  2) A-Form:                   $c + d - c$        $87 + 69 - 87$
  3) B-Form:                   $a + b - c$        $35 + 14 - 87$
  4) $A^1$-Form:              $a + b - b$        $35 + 14 - 14.$

In 1) wird das Verfahren, das erste Glied mit dem letzten zusammenzufassen, „gezeigt, gelehrt". In 2) sind im Vergleich mit dem ursprünglichen Beispiel alle Zahlen geändert. In 3) ist viel weniger geändert; stückhaft, als „Summe von Reizen" betrachtet, ist es dem gezeigten Grundbeispiel viel ähnlicher. Aber wenn irgend Verständnis stattgefunden hat, vollziehen Kinder die Übertragung auf die Aufgaben 2) und 4), aber nicht auf die Aufgabe 3).

es tun, sind sie bald verdrießlich über sich selbst, rufen wohl aus:
„Wie dumm, wie vernagelt."

Bei der zweiten Aufgabe finden wir häufiger stückhaftes, blindes
Vorgehen. Oft kommt es zu Zögern, zu Unbehagen; Bemerkungen
wie: „Das muß in Ordnung gebracht werden"; „Das ist durcheinander", und die Kinder schreiben die Reihen nochmals in sinnvollen
Paaren.

Der dritte (und vierte) Typ von Aufgaben scheint wieder leichter
zu sein als der zweite: er gibt eine rasche Übersicht über die einander
entsprechenden Hälften. Die Reihe wird noch leichter erfaßt, wenn
die gegebenen Zahlen nicht beliebig sind, sondern ein durchsichtiges
Prinzip benützt wird wie in $m-1-2-3+3+2+1$, und in anderen
ähnlichen Beispielen.

Eine einfache experimentelle Technik für die Untersuchung dieser
sinnvollen Gruppierungstendenzen ist, was wir die „Vierecksanord-
nung" nennen möchten. Die Aufgabe ist, 4 Zahlen zu addieren, von
denen je zwei eine ausgezeichnete Zahl ergeben oder einander auf-
heben.

$$
\begin{array}{ll}
1) & +a-a \quad \rule[0.5ex]{1.5em}{0.4pt} \\
   & -b+b \quad \rule[0.5ex]{1.5em}{0.4pt}
\end{array}
\qquad
\begin{array}{l}
2) \quad +a-b \quad \Big[\ \Big[ \\
\phantom{2)} \quad -a+b
\end{array}
$$

$$
\text{z. B.} \quad
\begin{array}{ll}
1) & +56-56 \ \rule[0.5ex]{1.5em}{0.4pt} \\
   & -27+27 \ \rule[0.5ex]{1.5em}{0.4pt}
\end{array}
\qquad
\begin{array}{l}
2) \quad +56-27 \Big[\ \Big[ \\
\phantom{2)} \quad -56+27
\end{array}
$$

Anordnung 1) wird gewöhnlich sinngemäß als waagerechte Paare
aufgefaßt und behandelt, Anordnung 2) als senkrechte Paare. Ähnlich bei Aufgaben, in denen zwei oder mehr Zahlen eine ausgezeichnete
Zahl ergeben, statt sich gegenseitig aufzuheben:

$$
\begin{array}{ll}
1) & +98+\ 2 \ \rule[0.5ex]{1.5em}{0.4pt} \\
   & +75+25 \ \rule[0.5ex]{1.5em}{0.4pt}
\end{array}
\qquad
\begin{array}{l}
2) \quad +98+75 \Big[\ \Big[ \\
\phantom{2)} \quad +\ 2+25
\end{array}
$$

Wenn wir die 4 Glieder in allen solchen Anordnungen mit $\begin{smallmatrix} a & b \\ c & d \end{smallmatrix}$
bezeichnen, ist die bevorzugte Zusammenfassung in Anordnungen vom
Typ 1) ab/cd; in Anordnungen vom Typ 2) ac/bd. Der Psychologe sieht, daß dieses Fälle sind, die zu den Ergebnissen von Untersuchungen über die Rolle der Organisation in der Wahrnehmung gehören, in denen die sogenannten Gestaltgesetze der Zusammengefaßtheit

zu Tage treten[11]). In diesen experimentellen Untersuchungen, die sich
meist mit Punkt-Anordnungen oder einfachen Figuren beschäftigten,
war es ein erleuchtender Augenblick, als eine starke Tendenz gefunden
wurde, einheitliche Ganz-Eigenschaften, „vernünftige Zusammen-
gefaßtheiten" wahrzunehmen, mit Zügen, die zu der inneren strukturellen Natur der Situation gehörten — der sogenannte Faktor der
„guten Gestalt".

Diese Untersuchungen zeigten, daß die Tendenz der Wahrnehmung,
„vernünftig" zu sein, mit sinnvollen mathematischen Gesetzmäßigkeiten der Situation in Wechselbeziehung steht — wenn auch mit Ein-
schränkungen, weil in der Wahrnehmung Ganzeigenschaften wichtiger
sind als „Klassen-Gesetze" (vgl. S. 134 ff.).

Die Sachverhalte, mit denen wir uns hier befassen, sind keineswegs
Eigentümlichkeiten der Arithmetik und der Ausbildung im Umgehen
mit Zahlen. Ein figurales Beispiel, daß den arithmetischen Vierecks-
anordnungen nicht unähnlich ist, ist das folgende optische Zueinander;
besonders bei Flächenfiguren, z. B. schwarzen Figuren auf Weiß.

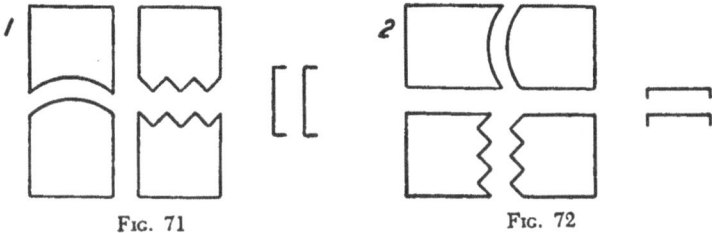

FIG. 71                                    FIG. 72

---

[11]) Vgl. M. Wertheimer, „Untersuchungen zur Lehre von der Gestalt" II, Psy-
cholog. Forschung, Bd. 4 (1923), S. 322-323; auch W. D. Ellis (angeführt S. 7), S. 82.
(Für den deutschen Leser: W. Metzger, Gesetze des Sehens, Frankfurt a. M. 1954.
Ka. 2 und 3.)
Beispielsweise sieht man Fig. 69 als ad / bc, nicht als ab / cd; desgleichen sieht man

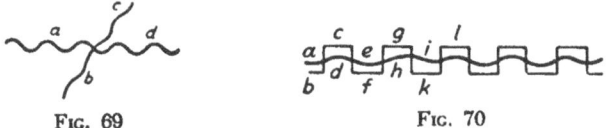

FIG. 69                      FIG. 70

Bild 70 als b c f g k l ... / a d e h i ..., nicht als a c e g i l ... / b d f h k ...; es ist
nahezu unmöglich, die letzte Fassung des ganzen Gebildes in der Wahrnehmung
zu realisieren.

124

Anordnung 1) sieht man gewöhnlich senkrecht gepaart, Anordnung 2)
waagerecht[12]). Oder man nehme diese Situation:

Solchen Gebilden — etwa aus Klötzen — gegen-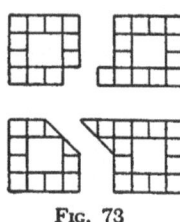
übergestellt, scheinen schon kleine Kinder eine
starke Tendenz in der sinnvollen Richtung zu
haben. Sie machen sich oft unaufgefordert daran,
die Situation zu „verbessern", zu „berichtigen".
Sprache wird dazu nicht gebraucht — sie setzen
einfach die Objekte vernünftig zusammen, fügen
sie ineinander. Oft ist es nicht einmal nötig, eine                 Fɪɢ. 73
Aufgabe zu stellen, damit eine sinnvolle Reaktion erscheint: Sie wächst
heraus aus der inneren Dynamik der Situation. Wieder sehen wir die
Rolle von „Störung", „Lücke", „Zusammenpassen", „gerade so benötigt
werden", „gefordert sein", als Teile in einem in sich stimmigen Ganzen.
Diese Eigentümlichkeiten scheinen auch für einen sinnvollen Rechen-
Unterricht von grundlegender Bedeutung zu sein.

Eine einfache Veranschaulichung unseres Problems ist die folgende
Figur, die einen Drang offenbart, das Viereck oder den Rest, wo er

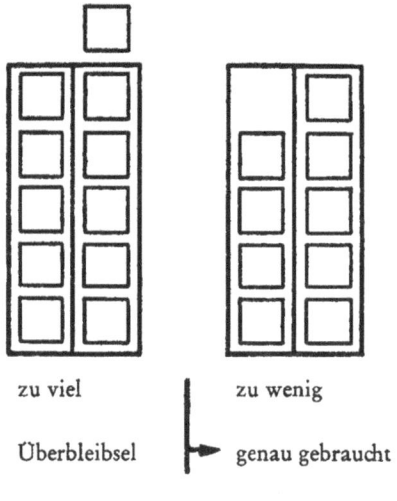

Fɪɢ. 74

―――――――――
[12]) Vgl. Versuche über Bewegung mit dem speziellen Verfahren der Vierecks-
Anordnung; z. B. P. v. Schiller, „Stroboskopische Alternativversuche", Psychologische

„zuviel" ist, wegzunehmen und an den Platz zu setzen, wo er fehlt[13]).
Ähnliche Erwägungen scheinen von grundlegender Bedeutung auch
für den Geometrie-Unterricht zu sein. Zum Beispiel, selbst um sinnvoll zu erfassen, was ein *Winkel* ist, scheint es wichtig, ihn als Teil des
ausgezeichneten Gesamtwinkels von 360° zu sehen. Wenn man mit
Winkeln von 182° und 180°, 355°, 360°, 363° unterschiedslos umgeht,
wie wenn es alles x-beliebige Winkel wären von gleichem Rang, ist
man blind für ihren strukturellen Ort, ihre funktionelle Bedeutung.
Hier möchte ich Versuche mit Kindern erwähnen, die aufgefordert
wurden, den großen Zeiger der Uhr nacheinander um verschiedene
Winkel weiterzudrehen[14]). Die Aufgaben waren der Gauß-Aufgabe
ähnlich. Zum Beispiel: Wie steht der Zeiger zuletzt, wenn man ihn
immer vorwärts dreht, erst um 7°, dann um 90°, dann um 180°, dann
nochmals um 90°? Oder erst 8°, dann 7°, dann 83°, 6°, 84°, 5°, 85°,
4°, 86°? In Versuchen mit Kindern, die noch nichts von Winkeln
wußten, sagte ich: „Es ist 12 Uhr; wenn ich jetzt den Zeiger ein paar-
mal immer weiter drehe, wo ist dann am Ende der Zeiger, wenn ich
ihn erst 7 Minuten weiter drehe, dann 25, 5, 24, 6?"

Nun noch eine Erfahrung aus einem Typ von Aufgaben mit Erwachsenen. Ich fragte nach der Vektor-Summe, der Summe der Kräfte,
die auf einen Körper einwirken, an Beispielen, der folgenden Art:
„Ein Vektor (a) von der Größe K wirkt senkrecht aufwärts (0°); ein
zweiter (b), von der Größe L, in einen Winkel von 90° zum ersten;

---

Forschung, Bd. 17 (1933), S. 179-214. (Einige der wichtigsten Schiller'schen Versuche
sind wiedergegeben in „Gesetze des Sehens" [zitiert oben S. 124], Kap. 16. — Übers.)

[13]) In vielen Jahren der Arbeit mit Kindern hat Dr. Catherine Stern Hilfsmittel
und Verfahren für einen Rechenunterricht entwickelt, in dem echte Entdeckung an
Struktur-Aufgaben eine wesentliche Rolle spielt. Der Ertrag — nicht nur an Kenntnissen, sondern auch an Freude an der Sache — erscheint außerordentlich gut, verglichen mit den üblichen Unterrichtsverfahren, die sich wesentlich auf den Drill verlassen und ihren Brennpunkt in der Bildung assoziativer Verknüpfungen und dergl.
haben. Diese Methoden und Studien sind inzwischen veröffentlicht in Catherine Stern,
„Children discover Arithmetics", New York 1949.

[14]) Siehe M. Wertheimer, „Über das Denken der Naturvölker, Zahlen und Zahl-
gebilde", Ztschr. für Psychologie 60 (1912), S. 321-378; abgedruckt in Wertheimers
Drei Abhandlungen zur Gestalttheorie (Erlangen 1925); auch in der Sammlung von
W. D. Ellis als Stück 22.

126

ein dritter (c) in 180°, Größe K; ein vierter (d) in 270°, Größe L.
Welches ist die Resultante dieser Einwirkungen auf den Körper?

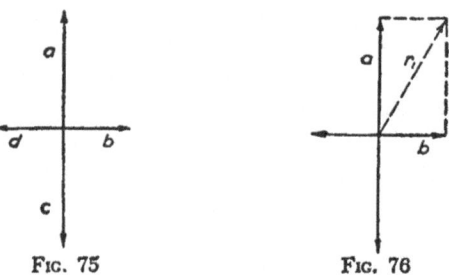

Fig. 75                                    Fig. 76

Hierbei ist, besonders wenn man eine Zeichnung macht und sie
betrachtet, das Ergebnis klar — Null; das Entgegengesetzte hebt sich
auf, die einander entgegengesetzten Vektoren paaren sich. Aber es
kam vor, daß eine Versuchsperson, der ich die ganze Zeichnung zeigte,
darauf bestand, es auf die, wie sie sagte, „exakte Weise" zu machen.
Sie fing an zu konstruieren und sagte dabei: „Die Vektoren a und b
geben in dem Kräfteparallelogramm die Resultante $r_1$.

Die erste Resultante ergibt mit dem Vektor c im Kräfteparallelogramm die zweite Resultante. Diese mit d gibt die dritte Resultante,
die Null ist; und $r_3$ mit a zusammen ergibt $+a$ als das Resultat." Sie
war deutlich verwirrt, sagte zögernd: „Aber das ist ja Unsinn! Und
doch, wenn man es durchkonstruiert, kommt es heraus ... wo
ist der Fehler?" Sie dachte mehr als 14 Minuten angestrengt
nach, ohne es klar zu kriegen, und ließ die Angelegenheit dann
fallen. Als sie nach einiger Zeit darauf zurückkam, sagte sie
plötzlich ziemlich betrübt: „Ich hab's heraus; ich hatte ja den
ersten Vektor schon verbraucht", und in einem entschuldigen-
den Ton fügte sie hinzu: „Ich war dumm. Es war mir klar,
daß ich ringsherum gehen mußte. Bei der dritten Resultante
hatte ich das Gefühl, erst ³/₄ des Weges gegangen zu sein, nur bis 270°
... Ich dachte, ich müßte ihn vollständig machen, dachte nicht daran,
daß ich den Vektor a schon verbraucht hatte. — Wie dumm ich war.
Natürlich geben a und c Null und ebenso b und d. Also ist die Resultante Null."

Fig. 77

127

Sicherlich war dieses Vorgehen korrekt, bis auf den letzten Schritt. Konstruktion jeder einzelnen Resultante ist oft nötig, ist das allgemeine Verfahren. Aber wir sollten nicht vergessen, daß oft, in produktiven Situationen, die sinnvolle Erfassung des Ganzen eine entscheidende Rolle spielt: Den Blick auf Symmetrie und Gleichgewicht in dem Ganzen zu richten, und auf Abweichungen davon, in sinnvoller Gruppierung*). Die Versuchsperson war sichtlich irregeleitet durch eine Schließungstendenz, die sich ihr aufdrängte**).

---

*) Aber — das muß man im Auge behalten, um in diese Erörterung nichts Falsches hineinzulesen — „Konstruktion jeder einzelnen Resultante" muß nicht so erfolgen, wie diese Versuchsperson es tat. Es war ein einfacher, nur auf Gewohnheit und falscher Unterrichtsmethode beruhender Irrtum von ihr, daß es „exakt" sei, zunächst zwei *benachbarte* Komponenten zur Zwischenresultante, dann diese mit der nächst benachbarten Komponente usw. zusammenzufassen. Es gibt keine Vorschrift über die Reihenfolge, in der Komponenten zusammengefaßt werden müssen. Es ist also — vom Ergebnis und seiner Korrektheit her gesehen — völlig gleichgültig, ob man zusammengefaßt $[(a + b) + c] + d$ oder $(a + c) + (b + d)$. Beides sind „Konstruktionen ‚jeder' Resultante", genauer gesprochen, so vieler Teil- oder Zwischenresultanten, daß alle Komponenten „aufgebraucht" sind. Aber wie der *Fehler* unserer Versuchsperson zeigt, ist die Art der Zusammenfassung keineswegs gleichgültig für die klare und unbeirrbare *Einsicht* in den vorliegenden Sachverhalt. Diese kann durch eine sinnlose (obwohl korrekte) Kombination der Komponenten einfach verhindert werden, so daß man völlig blind zum Ziel gelangt. Und das zeigt wieder, was oben schon oft belegt wurde, daß es den Gegensatz zwischen dem „sinnvollen" oder „sinngemäßen" und dem „sinnlosen" Vorgehen, zwischen dem stückhaften Vorgehen und dem Vorgehen mit dem Blick auf das Ganze und seine Symmetrie usw. durchaus *innerhalb* des Bereichs der „korrekten Anwendung allgemeiner Methoden" gibt. (Übers.)

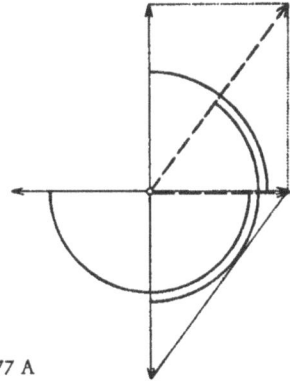

FIG. 77 A

128

**) Hier wird noch etwas anderes höchst Wichtiges deutlich: Wenn oben auf S. 124 von der Wirksamkeit des „Faktors der guten Gestalt" die Rede war, so haben wir jetzt ein lehrreiches Beispiel dafür, daß bei unsachgemäßer, sinnwidriger Gliederung dieser Faktor auch zu *falschen* Schließungen, zu Irrtümern verleiten kann. Bild 75, im freien Überblick als rechtwinkliges Zueinander (Kreuz) von zwei Paaren einander aufhebender Vektoren gesehen, *ist* eine gute Gestalt, ein in sich ausgewogenes Ganzes. Aber auch bei dem stückhaften Vorgehen unserer Versuchsperson hat sich, wie man sieht, schließlich eine Art Handlungsganzes mit eigenen

Es versteht sich, daß dies ein extremer Fall war. Wenn das Diagramm gezeigt oder gezeichnet wird, sind fast alle Antworten sinnvoll — immer vorausgesetzt, daß die Bedeutung des „Vektors" klar ist.

## IV

Ich habe oben erwähnt, daß es eine Hilfe zu sein schien, die Aufgabe in dieser Form

$$\frac{271 + 272 + 273 + 274 + 275}{5} = ?$$

zu geben. Manche sehen den Weg sofort. „Das ist natürlich 273",
sagen sie und fangen gleich gar nicht mit dem langweiligen Addieren
an. Manche sehen ihn nicht, fragen, ob sie wirklich alle die Additionen
machen sollen. Sogar wenn die Aufgabe, nachdem das Gauß'sche Verfahren gelehrt ist, zur Probe gegeben wird, kommt es vor, daß die
Versuchsperson blindlings mit „271 + 275 = 546" beginnt.

In dieser Form ist der springende Punkt, daß der Nenner verlangt,
den Zähler in fünf gleiche Teile zu teilen, und dadurch hilft, den
oberen Ausdruck als diese fünf Teile zu sehen. Als die Versuche zeigten, daß viele Versuchspersonen mit diesen Aufgaben ähnliche Schwierigkeiten hatten wie bei der Gauß'schen Aufgabe, schien strukturelle
Vereinfachung der nächste Schritt zu sein.

Als ich Kinder fragte:

$$\frac{274 + 274 + 274 + 274 + 274}{5} = ?$$

$$\text{oder} \quad \frac{272 + 272 + 272}{3} = ?, \quad \text{oder} \quad \frac{273 + 273}{2} = ?$$

Gestalttendenzen ausgebildet. Wenn es an seinem korrekten Schluß angekommen ist,
wirkt es „unvollständig", hat links oben eine „störende Lücke", und nun folgt —
aus Prägnanzgründen — der überzählige Schritt, der zwar die Lücke schließt und
das Ganze „abrundet", sein „Gleichgewicht" und seine „Symmetrie" verbessert, aber
dabei (durch die unerlaubte zweimalige Einsetzung des Vektors a) das schon
erreichte richtige Ergebnis wieder verläßt; vgl. Fig. 77 A. (Übers.)

9

erhielt ich mit einigen aufgeweckten Versuchspersonen saubere Ergebnisse. Die meisten lachten, freuten sich über den Scherz, während andere verblüfft waren, daß man so eine leichte Aufgabe stellen könne, oder sich langweilten; aber sie hatten keine Schwierigkeiten mit der Antwort. Sie merkten von selbst und leicht, daß das, was der Nenner verlangt, im Zähler schon geschehen ist. Division durch fünf wurde in (einer) ihrer strukturellen Bedeutung(en) verstanden: als die Forderung, den Betrag des Zählers in fünf gleiche Teile zu gliedern, was bereits geschehen war. Oder der Zähler, als Multiplikation verstanden, zeigte den gegenseitigen Ausgleich von Multiplikation und Division.

Zu addieren oder wirklich zu multiplizieren, um später zu dividieren, entspricht hier dem Tun und Wieder-ungeschehen-machen, das wir schon früher hatten; es bedeutet, sich mit viel Aufwand um etwas mühen, was schon getan ist; es bedeutet den Versuch, eine Lösung zu erreichen, die schon gegeben ist. Natürlich ist auch hierbei etwas zu tun: Man muß merken: daß die Lösung schon da ist, sehen, daß eine von den Zahlen nicht bloß etwas ist, was zu den anderen hinzugezählt werden muß, sondern die Lösung *ist*. Das ist eine Leistung: im Zusammenhang der Aufgabe die einsichtige Verwandlung der funktionalen Bedeutung eines Gliedes in die Lösung. Aber das ist ganz leicht; es muß keine starke „Einbettung" überwunden werden[15]. Obwohl es manchmal dabei ein leises Zögern gab, weil die Versuchspersonen keine so leichte Aufgabe erwartet hatten, folgte bald ein Lächeln und Bemerkungen wie: „Es ist klar. Erst sah es wie eine schwere Aufgabe aus, aber es ist keine", und die Lösung wurde gegeben.

Im Gedanken an gewisse Schul-Haltungen, die ich so oft miterlebt hatte, fuhr ich fort, solche Fragen zu stellen. Eine ziemliche Überraschung war da für mich auf Lager. — Ich hatte mir nicht vorgestellt, wie extrem die Situation oft war. Eine Anzahl von Kindern, die in

---

[15]) Es gibt bezeichnende Erfahrungen in Versuchen mit Aufgaben, in denen die Lösung tatsächlich in dem Wortlaut der Aufgabe enthalten ist, aber funktionell fest eingebettet ist, das heißt, in einer durchaus verschiedenen funktionellen Stelle und Rolle im Zusammenhang der Frage. Die Versuchspersonen sind oft blind, sogar für die wortwörtliche Formulierung der Lösung im Text, und charakteristische Vorgänge finden statt, wenn sie sie nach einer Zeit entdecken. Dies liefert wieder experimentelle Beweise für die Bedeutung, die die Erfassung des strukturellen Ortes, der Rolle, der Funktion einer Einzelheit in ihrem Ganzen besitzt. (Vgl. N. R. F. Maier's Versuche über die Einbettung technischer Aufgaben, „Reasoning in Humans. I. On Direction", Journal of Comparative Psychology, Bd. 10 [1930], S. 115-143).

ihrer Schule besonders gut im Rechnen waren, waren völlig blind,
fingen sofort mit umständlichen Berechnungen an oder baten, ihnen die
beschwerliche Aufgabe zu erlassen — hatten überhaupt keinen Blick
für die Situation als ganze. Wenn ich ihnen dann half, sie zu sehen,
waren sie natürlich sichtlich beschämt, sagten wohl auch: „Wie dumm
ich war, richtig vernagelt!"

Diese Erfahrungen erinnerten mich an eine Reihe noch ernsterer
Erfahrungen in Schulen, die mich stark beunruhigt hatten. Ich beschäftigte mich nun gründlich mit den üblichen Methoden, mit der Art,
Rechnen zu lehren, den Rechenbüchern, den speziellen psychologischen
Werken, auf denen ihre Methoden begründet waren. Ein Grund für
die Schwierigkeit wurde immer klarer: das große Gewicht, das auf
mechanischen Drill gelegt wird, auf „herausgeschossene" Antworten,
auf die Ausbildung blinder, stückhafter Gewohnheiten. Wiederholung
ist nützlich, aber fortgesetzter Gebrauch mechanischer Wiederholung
hat auch verderbliche Folgen. Er ist gefährlich, weil er leicht zur
Gewohnheit führt, rein mechanisch zu arbeiten, zu Blindheit, zur Neigung, sklavisch „Aufgaben zu machen", anstatt zu denken, anstatt ein
Problem frei ins Auge zu fassen.

Eine Untersuchung über die blindmachenden Wirkungen mechanischer Wiederholung in Folgen zugewiesener Aufgaben wurde 1924 in Berlin begonnen. Duncker
und Zener erzielten überraschende Ergebnisse[16]. In den letzten Jahren hat einer
meiner Schüler, A. Luchins[17], eine umfassende Untersuchung dieses Effekts in Schulen durchgeführt und hat weiterhin experimentelle Methoden zu seiner Erforschung
entwickelt. Es ist überraschend, wie leicht es ist, durch irgendeine Art der Mechani-
sierung selbst begabte und hochgebildete Menschen mit der heißgeliebten Methode
der Wiederholung blind zu machen. Luchins hat auch Verfahren zur Erholung von
der so hervorgerufenen Blindheit entwickelt, mit denen man gewöhnlich leicht das
sinnvolle Reagieren wieder herstellen kann, die aber in manchen Schulen bei vielen
Kindern nur eine geringe positive Wirkung hatten. Natürlich muß eine ganze Reihe
möglicher Erklärungen in Betracht gezogen werden, sowohl für den Effekt des
Blindmachens wie für das Ausbleiben der Erholung: Luchins und Asch[18] haben über
diese theoretischen Fragen Versuche gemacht. Soviel scheint klar: Wichtige Faktoren

[16]) Siehe N. R. F. Maier, angeführt in Fußnote 15).
[17]) A. Luchins, „Mechanisation in Problem Solving: the Effect of Einstellung",
Psychol. Monographs, Bd. 54, 1942, Nr. 6.
[18]) S. A. Asch, „Some effects of speed on the development of a mechanical attitude in problem solving", Vortrag auf der Tagung der Eastern Psychological Asso-
ciation 1940.

sind die Gewohnheiten, die durch Drill entwickelt werden, die Einstellung zur Aufgabe, bestimmte Schulatmosphären im Hinblick auf Lernen, Arbeiten und Denken[19]).

Ich möchte nun von drei Reaktionen auf diese Befunde berichten. Ich erzählte einst einem berühmten Psychologen von diesen Ergebnissen. Ich sagte, sie seien wahrscheinlich durch schlechten Schulunterricht verursacht; eine Folge der Überbewertung der gedankenlosen Assoziation und des Drills, die die Bereitschaft zum Denken beeinträchtigt. „O nein", sagte er, „ganz und gar nicht. Das negative Ergebnis ist überhaupt nicht überraschend, wenn Sie solche Gestalt-Fragen stellen; die Kinder haben nicht gelernt, solche Aufgaben zu lösen. In der Schule lernen sie rechnen. Wenn Sie dazu übergingen, sie solche Gestalt-Aufgaben zu lehren, würden sie sie auch lernen. Es kommt nur darauf an, was man sie lehrt."

Diese Bemerkungen beleuchten die theoretische Lage. Dieser Psychologe ist selbst ein scharfer Denker. Seine Bemerkungen werden verständlich, wenn man daran denkt, daß für ihn, wie für viele andere, Denken theoretisch im Grund nichts ist als das Arbeiten mechanischer assoziativer Verknüpfungen, Gewohnheiten, durch Wiederholung erworben. Was sonst *könnte* es sein?!

Ein Mathematiker, dem ich von diesen Erfahrungen erzählte, bemerkte: „Sie irren sich. Eine solche Abkürzungsmöglichkeit zu entdecken, ist nicht von Bedeutung; das Verfahren des vollständigen Durchzählens ist ein korrektes Verfahren, ist *die* allgemeine Methode. Die Abkürzung kann man nur in besonderen Fällen anwenden."

Nun, das ist eine ernste Frage. In meiner Antwort wies ich zuerst auf verschiedene Dinge hin, von denen ich in früheren Kapiteln gesprochen habe. Dann fragte ich ihn, ob er die Entdeckung von Gauß auch nur als eine bedeutungslose Abkürzung betrachte. Aber drittens sagte ich: „Ich betrachte sie als genau das Gegenteil, nicht bloß als eine Angelegenheit des Abkürzens in besonderen Fällen. Die grundlegende Einstellung zu einem Problem, zu einer Operation, steht hier zur Erörterung. Für viele Schulkinder *bedeutet* Division gedrillte Technik, wie z. B. in $^{816}/_3$: 3 in 8 ist 2; übertrage die 2; 21 durch 3 ist 7; 6 durch 3 ist 2.., 272! Das *ist* für sie Division. Aber so wert-

---

[19]) Über die Wirkung strukturell blinden Unterrichtens vgl. Kap. I, Abschnitt II; vergleiche auch die Ergebnisse von G. Katona in *„Organizing and Memorizing"*, Columbia University Press 1939.

voll mechanische Beherrschung ist, besonders dadurch, daß sie den
Geist in einer Problemlage für wichtigere Aufgaben frei macht: sie sollte
nicht blind machen. Es bedeutet einen Unterschied, ob die Technik
des Dividierens wirklich als bloße Technik gesehen, gekannt, verwendet wird*), oder ob man blind ist für die eigentliche Bedeutung des
Dividierens: die Zerlegung eines Betrages in gleiche Teile in aller Kon-
kretheit der gegebenen Struktur. Und ebenso bei der Multiplikation.
  Wenn man in solchen Fällen unfähig ist, die strukturelle Bedeutung der Division zu sehen, ist man blind für die Grundlagen. Ich
meine es ernst: Der Rechenunterricht sollte nicht das Hauptgewicht
auf den Drill legen, sondern das Kind die strukturellen Eigentümlichkeiten und Erfordernisse gegebener Situationen entdecken lassen, und
es lernen lassen, mit ihnen sinnvoll umzugehen. Dies erfordert allerdings ein ganz anderes Verfahren als den Drill, wie er an den meisten
Schulen betrieben wird." Ich erzählte ihm dann von einigen Entwicklungen, besonders von Catherine Stern's[20]) strukturellen Methoden,
die ihm natürlich gefielen.
  Die Reaktion eines anderen wohlbekannten Psychologen war anders.
Nachdem ich ihm kurz von meinen Versuchen in Schulen erzählt
hatte, sagte er: „Natürlich, ich verstehe. Es erinnert mich an ein Erlebnis, das ich vor einigen Monaten hatte, und das wohl typisch ist. Mein
Sohn, ein aufgeweckter Junge, kam und sagte zu mir: ‚Siehst Du,
Väterchen: Ich bin sehr gut im Rechnen in der Schule: In kann zusammenzählen, abziehen, vervielfachen, teilen, was Du nur willst, ganz
schnell und ohne Fehler. Es ist bloß dumm, daß ich oft nicht weiß,
*welches* davon ich nehmen soll . . .'."
  All das ist nicht die Schuld der Lehrer. Viele empfinden irgendwie
ein tiefes Ungenügen an dem übermäßigen Gewicht, das auf mechanische Assoziation, auf blinden Drill gelegt wird. Viele verlassen sich
darauf, weil es im Einklang mit der wissenschaftlichen Psychologie
zu sein scheint — worunter sie die Psychologie des Einprägens sinnloser Silben und der bedingten Reflexe verstehen. Viele stützen sich
auch nur darauf, weil sie keine andere, sinnvollere, zugleich konkrete
und wissenschaftlich begründete Weise des Lehrens kennen.

---

*) D. h. ob man sich ihrer begrenzten Rolle — als Technik — bewußt bleibt.
(Übers.)
  [20]) Vgl. Kap. III, S. 126, Fußnote 13.

## V

Wahrscheinlich hat jetzt der Leser ein klares Bild von der psychologischen Struktur des Gauß-Problems. Ein bemerkenswerter Punkt hat in den berichteten Variationen noch keine genügende Beachtung gefunden. Es ist just der Punkt, der Gaußens Entdeckung so schön machte: ihr innerer Zusammenhang mit dem Prinzip der Reihe. In der Folge der Versuche legte ich eine Reihe von Zahlen vor, ohne eine Aufgabe zu geben. Hier ist eine davon:

$$-63, -26, -7, \quad 0, +1, +2, +9, +28, +65.$$

Vielleicht hat der Leser beim Betrachten der Reihe schon etwas damit gemacht. Er mag, wie manche tun, die Ähnlichkeit bestimmter Zahlen bemerkt haben ($-63, +65$; $-26, +28$; $-7, +9$), festgestellt haben, daß die Summe jedes Paares 2 ist; $3 \cdot 2 = 6$; und die Summe von $0+1+2$ ist 3, so daß die Summe der Reihe 9 ist. Dieses Vorgehen ist einigermaßen Gaußisch und doch nicht ganz. Es gibt noch einen anderen Typ der Reaktion. Ich berichte ein typisches Protokoll: „Nach rechts wächst die Reihe immer schneller; ähnlich nimmt sie links ab. Diese Zahlen entsprechen einander irgendwie, die $-63$ und 65, $-26$ und 28, $-7$ und 9. Wie steht es denn um die Mitte?

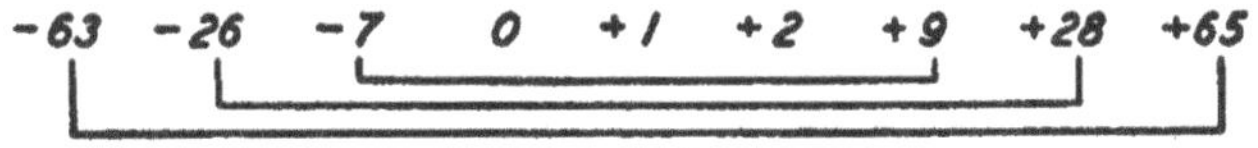

FIG. 78

... O, die Reihe ist verrutscht!! Die wirkliche Mitte ist, wo $+1$ steht. Diese 1 sollte Null sein ... Und wenn wir überall 1 abziehen, erhalten wir $x_n = n^3$ [21]).

Ein Vorgehen dieser Art wurde nun auch in einem Fall eingeschlagen, bei dem von Beginn ausdrücklich nach der Summe gefragt war. In ihrem Drang, die Reihe zu verstehen, kam die Versuchsperson zuerst von dieser Aufgabe ab oder vergaß sie zeitweilig ganz. Nachdem sie auf diese Weise das „Es ist $x_n = n^3$" erreicht hatte, wurde sie daran erinnert, daß die Aufgabe war, die Summe zu finden. „Die Summe?"

[21]) $-64 \quad -27 \quad -8 \quad -1 \quad \quad 0 \quad \quad +1 \quad +8 \quad +27 \quad +64$
$\quad\quad (-4)^3 \quad (-3)^3 \quad (-2)^3 \quad (-1)^3 \quad\quad\quad\quad 1^3 \quad 2^3 \quad 3^3 \quad 4^3$

134

sagte sie, „die Summe solch einer Reihe ist natürlich Null ... O, ent-
schuldigen Sie, da ist ja diese alberne Verschiebung. Die ganze Reihe
ist um +1 verschoben. Jede Zahl erhält ein zusätzliches +1. Also
+1 mal die Anzahl der Glieder ... wieviel sind es? Es macht 9.“
Er sagte es nicht allzu wohlgelaunt.

In diesem Augenblick bemerkte jemand: „Was für ein seltsames
Benehmen. Man hat Sie nach der Summe gefragt; warum plagen Sie
sich dann mit all diesen Dingen?“ Und er führte das kurze Verfahren
vor, das wir oben (gleich am Anfang) erwähnten, und fügte hinzu:
„Niemand hat nach einem Prinzip gefragt. Warum die Aufgabe nicht
auf dem nächsten Weg lösen?“

Worauf der erste, etwas geistesabwesend, sichtbar in Gedanken verloren, ein wenig ärgerlich, antwortete: „Ach so, ja, ja, — Sie haben
recht — aber bitte stören Sie mich nicht. Sehen Sie nicht, was sich hier
auftut? ...“ Er war in Gedanken versunken. Hier begann für ihn
ein langer Prozeß, eine Kette von Entdeckungen.

Den Blick auf eine gestellte Frage einengen, sie auf dem kürzesten
Wege lösen, ist nicht immer die intelligenteste Einstellung. Es gibt so
etwas wie „auf die Wurzel einer Problemlösung vorstoßen“. Tage
später bemerkte dieselbe Person: „Diese alberne Verschiebung — ich
mußte da nur erst durchsehen“. Es ist eine schöne Sache, die „wirkliche“ Struktur aufzudecken[22]), durch eine irreführende Erscheinungsweise hindurchzusehen, zum Kern der Sachlage vorzudringen, so daß
einem aufgeht, was man vor Augen hat.

Nach einer Weile sagte die Versuchsperson: „Hier war es $x_n = n^3$.
... Die Summe ist Null, ganz gleich, ob die Reihe fortgesetzt oder
an irgend einer bestimmten Stelle abgeschnitten wird, wenn sie dabei
nur symmetrisch bleibt. Das wäre nicht der Fall bei $x_n = n^2$. Da sind
die beiden Hälften auch gleich, aber sie heben einander nicht auf:
$(-2)^2 = +4$, dasselbe wie $(+2)^2$. Allgemein muß die Summe Null

---

[22]) Um sich ausreichend zu vergewissern, ob eine solche strukturelle Auffassung,
hier $x_n = n^3$ (verschoben), in einem Fall aus der Wirklichkeit die zutreffende Ansicht
ist, hält man Aussicht, um zu sehen, ob weitere Werte, rechts oder links, in Übereinstimmung mit dem in Betracht gezogenen Prinzip sein möchten oder nicht. Man
prüft auch, was bei Variationen der Reihe aus den einzelnen Werten wird. Aber
alles dieses steht in diesem Fall nicht in Frage, in welchem die Versuchsperson auf
bestimmte Ganz-Eigenschaften gesetzmäßiger Reihen aus war, wie ihr weiteres
Vorgehen zeigte.

sein, wenn der Exponent eine ungerade Zahl ist." Nach einer Weile
ruhr sie fort: „Dasselbe muß gelten für kontinuierliche Kurven, z. B.
für die Sinuskurve, wenn sie richtig abgeschnitten wird; für die Fläche
oder für die Summe der senkrechten Linien zwischen der Sinuskurve
und der Achse:

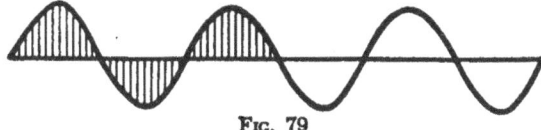

FIG. 79

„Und ebenso mit der Fläche in 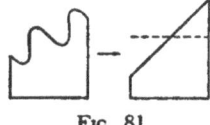 Die Fläche wird ein Rechteck.

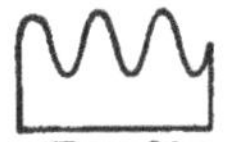

FIG. 80

Sogar wenn die Kurve geneigt ist!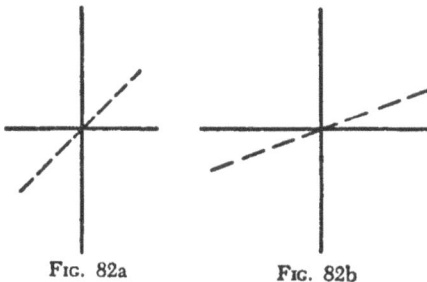

FIG. 81

Das ist eine Frage der Symmetrie und des Gleichgewichts in der ganzen Figur.

„Wie steht es mit anderen Kurven? Natürlich ist es auch richtig für

FIG. 82a          FIG. 82b

$y = x$ (siehe Fig. 82a) oder $y = ax$ (siehe Fig. 82b). Es gilt, wie auch
der Winkel sich ändert, für jede symmetrisch abgeschnittene gerade
Linie. In $y = ax + b$ ist die Linie nur verschoben. Und die Fläche

136

ist die Höhe des Mittelpunktes mal der Grundlinie in Figuren wie der folgenden:

FIG. 83

„Es gilt für entsprechende Reihen $x_n = x_{n-1} + k$. Die Summe der Glieder ist der Wert der Mitte mal der Anzahl der Glieder, c mal n.“

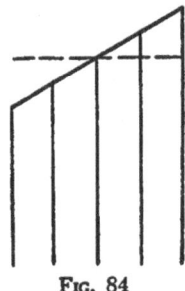

FIG. 84

Auf diesem Weg langte er bei dem Gauß'schen Lehrsatz an, nicht von einer Reihe aus, die mit 1 begann, sondern „von oben gesehen“, von dem Blick auf die strukturelle Ganz-Eigenschaft der Ausgewogenheit.

Ich komme auf diesen Gedanken gleich zurück. Inzwischen wird es deutlich geworden sein, daß das nicht einfach eine Frage der Feststellung der individuellen Unterschiede zwischen aufeinanderfolgenden Gliedern ist, der Feststellung der Gleichheit solcher Unterschiede, usw. oder der Beschäftigung mit Klassen-Gesetzen von Reihen — Gesetzen, die irgendwie für alle ihre einzelnen Punkte oder Bestandstücke gelten. Es ist grundsätzlich eine Frage der Ausgewogenheit innerhalb des Ganzen, des Deutlichwerdens von Gleichgewicht im Hinblick auf Ganz-Eigenschaften. Und dieses Gleichgewicht ist eine dynamische Angelegenheit, empfindlich für Abweichungen oder Störungen an irgendeinem der Teile.

137

Wenn man ein Diagramm der Punkte einer solchen Gauß'schen
Reihe macht, sieht man, daß die Reihe gerade ist, oder daß eine Abweichung von der Geradheit, eine Störung, vorliegt, lange bevor man
feststellen oder wissen kann, wie groß die Unterschiede sind, auch ob
sie gleich sind, usw. Zum Beispiel:

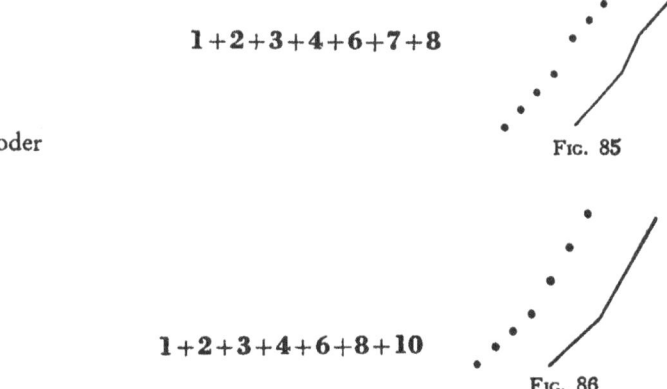

$$1+2+3+4+6+7+8$$

FIG. 85

oder

$$1+2+3+4+6+8+10$$

FIG. 86

Es gibt eine Empfindlichkeit für solche Störungen, die sich von der
klaren Ganz-Qualität der Geradheit abheben. Solche Reihen, zum Beispiel die erste der beiden obigen Reihen (ohne die 5), können formuliert werden als gesetzmäßige Reihen in einer einheitlichen allgemeinen
Formel $x_n = f(x_{n-1})$, nicht weniger gesetzmäßig als die geradlinige
Reihe, nur im Einzelnen verwickelter. Aber die Reihe $x_n = x_{n-1} + k$
ist ausgezeichnet in ihrer strukturellen Einfachheit, in der strukturellen
Klarheit ihrer Ganz-Qualität. Niemand würde die Reihe

$$1+2+3+4+5+6+7+8,$$

vor allem in ihrem Diagramm, spontan als eine Abweichung von der
komplizierteren Formel auffassen, mit der 5 als einer sich eindrängen-
den Störung, obwohl in der üblichen mathematischen Ausdrucksweise
ein Gesetz ein Gesetz ist, jegliches wie jedes andere[23]).

[23]) Natürlich haben die Tatsachen zu entscheiden. Man kann fehlgreifen, wenn
man die strukturell einfachere Annahme macht. Entscheidend ist immer das strukturelle Verhalten der Glieder in der Reihe. Vgl. S. 135, Fußnote 22.

Ähnlich bei der Sinuskurve, oder bei Punkten in einer Sinuskurve. Lange bevor man das Maß der Abstände zwischen den einzelnen Punkten feststellt oder kennt, lang bevor man ein „Klassen-Gesetz" für sie kennt, sieht man — das Ganze überblickend — daß der Verlauf der Kurve regelmäßig ist.

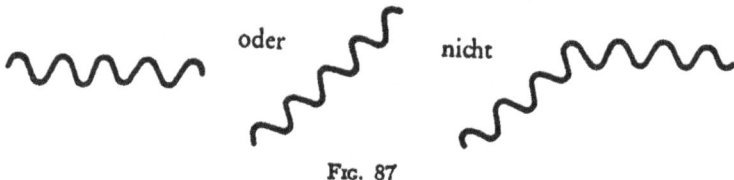

Fıg. 87

Man sieht die rhythmische Wiederholung in regelmäßigen Unterganzen, man sieht,

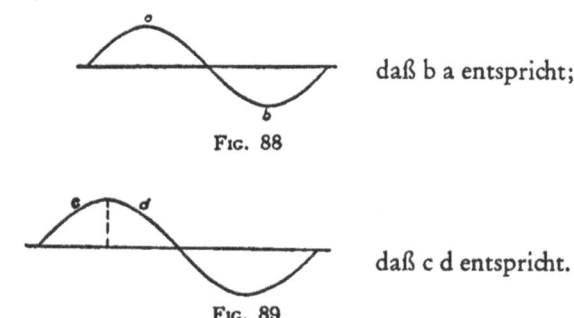

Fıg. 88                                          daß b a entspricht;

Fıg. 89                                          daß c d entspricht.

Man erfaßt die Symmetrie-Eigenschaften an den Unterganzen von oben. Worauf es hier in erster Linie ankommt, psychologisch, sind die ausgezeichneten Züge des Ganzen[24] und der Unterganzen. Von diesen als Zentren fallen oft Abweichungen ins Auge, werden *als* Abweichungen begriffen.

Viele werden sagen: „Ganz richtig; aber das sind nur ungenaue, grobe ‚psychologische' Betrachtungsweisen, nicht vergleichbar mit exakten mathematischen Formulierungen in Ausdrücken wie $y = f(x)$,

[24] Dies gilt nicht nur für rhythmische Formen und Symmetrie-Eigenschaften; es gilt ebenso für die Richtung eines Haupt-Vektors bei Veränderungen, Tendenzen usw. — Es gilt für Denkvorgänge und für Handlungen, wenn man, trotz Verwicklungen, trotz kleiner Abweichungen, die klare Richtung des Ganzen nicht verliert.

usw." Der Einwand ist blind. Ist der mathematische Weg, der exakte
Weg, notwendigerweise der Weg von unten? Von den Elementen?
Darf er, um exakt zu sein, Ganz-Eigenschaften wie die Symmetrie
nur sekundär ableiten? Sollte es nicht auch mathematische Wege von
oben geben, von nicht geringerer Exaktheit? Mathematische Wege,
die von Ganz-Eigenschaften ausgehen und sekundär von diesen zu
den Elementen gelangen?

Psychologisch ist die Lage hinsichtlich des Erfassens von Ganz-Eigenschaften häufig nicht wesentlich geändert, wenn man statt einer in allen
ihren Einzelheiten exakten Sinuskurve eine geschlängelte Sinuskurve

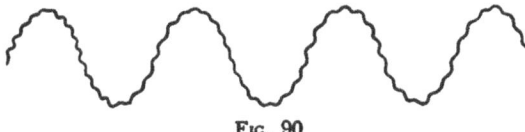

FIG. 90

betrachtet, oder eine Kurve, die in Punkten gezeichnet ist, die eine
gewisse Fehler-Verteilung, ja sogar eine Zufalls-Verteilung darstellen[25]). Hier ergibt die Betrachtung von oben die Ganz-Eigenschaften,

FIG. 91

die Form; die Einzelheiten, die kleinsten Teile, die Elemente sind nicht
mehr unmittelbar und einfach von dem Gesetz bestimmt. Die Mathematik hat exakte Mittel, um mit solchen Fällen umzugehen, bei denen

[25]) Auf dem Internationalen Kongreß für Psychologie in Groningen 1926 berich-
tete ich über Untersuchungen in dieser Richtung im Zusammenhang eines Vortrags
über Gestaltprobleme bei Wahrnehmungsschwellen („Zum Problem der Schwelle",
Bericht über den VIII. Internat. Kongreß für Psychologie, Groningen 1926). Und
vor einigen Jahren erwähnte Woodworth ein erleuchtendes Beispiel: Ein vorge-
schichtlicher Ringwall wurde vom Flugzeug aus in einem Feld entdeckt, das viele
Jahrzehnte lang bebaut worden war. Niemand hatte vorher etwas davon bemerkt.
Niemand war fähig gewesen, ihn zu sehen ohne den breiten Überblick über das ganze
Feld, das der Flieger hatte.

Ganzqualitäten in Formeln ausgedrückt werden, die gültig sind trotz der Abweichungen in den Teilen.

Dieses ist oft die Lage in der modernen Physik. In solchen Fällen wissen wir von Ganz-Eigenschaften, Ganz-Verhaltensweisen von Systemen, in denen das Verhalten der kleinsten Teile nicht genau bekannt ist oder nach unserer Kenntnis einer Zufallsverteilung folgt. Wenn wir zu mathematischen Formulierungen gelangen wollen, müssen wir dann mit einem Gesetz für die kleinsten Teile beginnen? Es gibt Möglichkeiten, von der Formulierung von Ganz-Eigenschaften auszu-gehen, die für das wechselnde Verhalten in den kleinsten Teilen Spiel-raum lassen.

Sollte es nicht möglich sein, darüber hinaus Verfahren für eine ähn-liche Behandlung von Fragen der Dynamik zu entwickeln? Bestimmte Veränderungs-Tendenzen nicht auf Grund der Undsumme von stück-haften elementaren Kräften, sondern als Funktionen von Ganz-Eigen-schaften und ihrer Störung zu erfassen?

Welches auch die künftigen Entwicklungen sein werden, es ist bestimmt nicht wahr, daß der Weg von oben bloß ein „grober", „unexakter" Weg ist; wahr ist nur, daß die Techniken des anderen Weges mathematisch mehr entwickelt sind.

Kehren wir nun zurück zu dem Prozeß, der auf S. 134 ff. berichtet wurde. Obwohl er in seiner Sicht des Gauß'schen Problems dem Vor-gehen einiger anderen Versuchspersonen ähnlich war (vgl. § II), besteht da noch ein beträchtlicher Unterschied. Hier war jemand, der das Pro-blem breiter und tiefer nahm. Ihm bot es nicht lediglich eine hübsche Möglichkeit zur Umstrukturierung der besonderen Aufgabe; nein, er konzentrierte seinen Blick auf das, was die innere Beziehung zwischen Form und Summe sichtbar machte.

Bei seinem nächsten Schritt verglich er seine Formel $c \cdot n$ mit der Gauß'schen Formel $(n+1) \, \frac{n}{2}$ und bemerkte, daß sie durch die leichte Änderung in $\frac{n+1}{2} \cdot n$ in die Formel $c \cdot n$ übergeht. Dann sagte er, „$c \cdot n$ scheint die allgemeinere, grundlegendere Formel zu sein, bei der es nicht darauf ankommt, welches der Betrag der gleichen Unterschiede ist, welches das Endglied oder das Anfangsglied ist. Andererseits habe

ich hier zwei Variable, c und n, während für die Gauß'sche Formel
eine Variable, n, genügt. Die Gauß'sche Formel ist also die elegantere,
da sie nur eine Variable erfordert." Plötzlich lachte er und sagte:
„Nein, es ist nur eine äußere. Begrenzung, die das so aussehen läßt.
Dieses ‚1' in $(n+1)$ ist in Wirklichkeit die erste Zahl in der Reihe,
genau wie n die letzte Zahl ist. Ebenso sieht $\frac{n}{2}$ nur oberflächlich so
einfach aus. Es ist in Wirklichkeit $\frac{z-a+1}{2}$", wobei z die letzte, a die
erste Zahl in der Reihe ist. Es wird zu $\frac{z}{2}$ nur, weil $a = 1$. Daß die
Reihe gerade mit dem Wert 1 anfangen sollte, ist bedeutungslos. Es
ist ein Sonderfall. Außerdem ist jene besondere Art von Formel auch
deshalb ein Sonderfall, weil sie beschränkt ist auf den Unterschied 1
zwischen den Gliedern. Das wichtige daran ist die grundlegende Ver-
wandtschaft: manche Reihen, manche Kurven, manche Verteilungen
zeigen diese klare innere Beziehung zwischen ihren Ganz-Eigenschaften, ihrem Konstruktionsprinzip und ihrer Summe. Ich möchte darüber gern mehr herausfinden. Was ist dabei ganz allgemein gefordert?
Im Grund scheint es eine Frage des Gleichgewichts im Ganzen zu sein,
des gegenseitigen Ausgleichs zwischen den verschiedenen Teilen in einer
bestimmten Höhe." Als er dann über die Frage des Ausgleichs nach-
dachte, erkannte er, daß dasselbe Prinzip auch für Produkte gelten
müsse. Obwohl er sich in diese Probleme vertiefte, will ich seine späteren Schritte hier nicht mehr verfolgen. Sie führten ihn zu der Frage,
ob eine innere Beziehung zwischen einer wachsenden Reihe und ihrer
Summe nur durch den gegenseitigen Ausgleich möglich ist, und schließlich zu den Tatsachen endlicher Grenzen unendlicher Reihen.

   In solchen Denkvorgängen ist die Lösung einer zufällig gestellten
Aufgabe, „Problem gelöst, Aufgabe erledigt", nicht das Ende. Der Weg
zur Lösung, seine grundlegenden Eigentümlichkeiten, das Problem samt
seiner Lösung werden wirksam als Teile eines weiten und sich erwei-
ternden Bereiches. Hier ist die Aufgabe des Denkens nicht einfach,
ein gestelltes Problem zu lösen, sondern zu entdecken, Ausblicke zu
eröffnen, in tiefere Probleme einzudringen. Bei großen Entdeckungen
ist es oft das Wichtigste, daß eine bestimmte Frage gefunden wird.

Die richtige Frage in den Blick zu bekommen und zu stellen, ist oft wichtiger, oft eine größere Leistung als die Lösung einer gestellten Frage, ganz wie hier in unserem Beispiel die Hauptsache zu sein schien, ein grundlegendes strukturelles Problem ins Auge zu fassen, und es auszukristallisieren — ein viel breiterer, viel tieferer Vorgang als die Vorgänge, von denen vorher berichtet wurde.

Ganz wie eine Aufgabe, eine Problemlage, im produktiven Denken nicht etwas in sich Geschlossenes ist, sondern auf eine Lösung, auf seine strukturelle Ergänzung dringt, so ist die Aufgabe samt ihrer Lösung selbst wieder oft kein in sich geschlossenes Ding. Sie kann selbst wieder als Teil wirken, der über sich hinausweist und das Streben erweckt, ein weiteres Feld ins Auge zu fassen und zu klären. Oft dauert ein solcher Vorgang lange Zeit; es ist ein Drama mit Rückschlägen und Kämpfen. Es gibt schöne Fälle, in denen der Prozeß unwiderstehlich weiterschreitet, durch Monate, durch Jahre[26]), ohne je den Blick auf den tieferen Sachverhalt zu verlieren, ohne je sich in geringfügige Einzelheiten, auf Umwege und Nebenpfade zu verlaufen.

Dies ist einer der bedeutsamen Unterschiede zwischen pedantischem Denken und Denken in großen Zügen, ein Unterschied, der auch im Leben äußerst wichtig ist. Viele Theoretiker sehen diesen Unterschied oder seine Bedeutung nicht richtig, sie vermengen ihn mit Fragen der Exaktheit, der stückhaft einseitigen Exaktheit, die blind ist für die großen Züge, die in Frage stehen. Aber Exaktheit ist nicht unverträglich mit großen Zügen; sie ist ein notwendiger Mitarbeiter.

---

[26]) Das gilt nicht nur für Individuen, sondern für Gruppen, derart, daß große Probleme von Generation zu Generation weitergegeben werden, wobei das Individuum nicht primär als Individuum, sondern als Glied der menschlichen Gruppe tätig ist.

Kapitel IV

## ZWEI JUNGEN SPIELEN FEDERBALL;
## EIN JUNGES MÄDCHEN BESCHREIBT SEIN BÜRO

In den bisherigen Kapiteln spielte ein Gesichtspunkt eine besonders bedeutende Rolle: Der Faktor der sinnvollen Umstrukturierung, Neuorientierung, der den Betrachter befähigt, die gegebene Situation in einer neuen[1]) und tiefer eindringenden[2]) Perspektive zu sehen[3]). Es

---

[1]) Zum Beispiel (Kap. I) der Übergang von

ferner (Kap. 3) der Übergang von → der Gauß'schen Reihe, wie sie zuerst gesehen wird, zu der neuen Fassung → ←; ebenso unten (Kap. 5) der Übergang von der Summe der Außen- und Innenwinkel des Vielecks zu der Summe der Winkel δ (siehe Bild 129) plus zwei rechten Winkeln,

von Außenwinkel          zu

von Innenwinkel          zu

wiederum ähnliche Neuorientierungen in den Kapiteln über Galilei (Kap. 6) und Einstein (Kap. 7).

[2]) Zum Beispiel (Kap. 5) die Art, in der die Summe der Winkel in einem Vieleck oder einem Körper erfaßt wird; der Denk-Vorgang, der zuletzt in Kap. 3 berichtet wurde (S. 134-143); auch die Fortentwicklung zu einer tiefer dringenden Betrachtung in den Kapiteln über Galilei (Kap. 6) und Einstein (Kap. 7).

[3]) Wenn Behavioristen und Operationalisten Ausdrücke wie „sehen" oder „auffassen" nicht lieben, so sollten sie sich dadurch nicht den Blick für das Problem verstellen lassen. Solche Ausdrücke sind meiner Ansicht nach völlig angemessen. Aber der Hauptsachverhalt *kann* auch in der Ausdrucksweise dieser Extremisten formuliert werden und bleibt dabei wesentlich derselbe. Selbst wenn man, seltsam genug, wünschen sollte, die Tatsachen des bewußten Erlebens völlig außer Betracht zu lassen, treten die Folgen der Umstrukturierung in Änderungen des objektiven Verhaltens zu Tage. Das, worauf es bei dem Ausdruck „Auffassung" wirklich ankommt, kann auch in Ausdrücken, die operational definiert sind, exakt formuliert werden.

144

ist vor allem dieser Faktor, der zu einer Entdeckung in einem tieferen
Sinn führt, oder richtiger, sie recht eigentlich ausmacht. In solchen
Fällen bedeutet eine Entdeckung nicht bloß, daß ein Ergebnis erreicht
wird, das vorher nicht bekannt war, daß eine Frage irgendwie beantwortet wird, sondern vor allem, daß eine Situation auf eine neue und
tiefere Weise erfaßt wird — worauf das Feld sich erweitert und aus-
gebreitetere Möglichkeiten sich dem Blick eröffnen. Diese Änderungen
der Lage als Ganzer umgreifen Änderungen in der strukturellen
Bedeutung von Teil-Gegebenheiten, Änderungen in ihrer Stelle, Rolle
und Funktion, die oft zu bedeutsamen Folgerungen führen[4]).

Bevor der Denkvorgang stattfindet, oder in seinen frühen Abschnitten, hat man oft ein gewisses Gesamtbild der Lage, und ebenso von
ihren Teilen, das irgendwie ungeeignet für das Problem ist, oberflächlich oder einseitig[5]). Solch eine anfängliche unangemessene Auffassung
verhindert oft eine Lösung, das sachgemäße Umgehen mit der Aufgabe. Wenn man an dieser Auffassung kleben bleibt, wird man oft
unfähig sein, die gestellte Aufgabe zu lösen. Hat andererseits die Änderung erst stattgefunden und ist dadurch das Problem gelöst, ist man
oftmals erstaunt, zu sehen, wie blind man gewesen war, wie oberflächlich man die Lage aufgefaßt hat.

Die Änderung in der strukturellen Erfassung gemäß den Forderungen des Problems ist oft von tiefgreifender Bedeutung in der Entwicklung der Wissenschaft[*]). Das gilt gleichermaßen für das menschliche
Leben im allgemeinen, besonders aber für Erscheinungen des Zusammenlebens.

---

[4]) Zum Beispiel in Kap. III, S. 134, wird „+1" zum Mittelpunkt der „wirklichen Reihe", die „0" wird zu „—1", usw.; ebenso ändert sich im nämlichen Kapitel,
S. 105, die 7, die erst als 6+1 aufgefaßt war, in 8-1.

[5]) Vgl. die Beispiele in M. Wertheimer, „Über Schlußprozesse im produktiven
Denken", Drei Abhandlungen zur Gestalttheorie (Erlangen 1925), S. 164-184;
W. D. Ellis, „A Source Book of Gestalt-Psychology" (Harcourt, Brace and Company,
1939), Selection 23.

[*]) Das gilt nicht nur für das unmittelbare Verständnis der *Sachverhalte* durch
den Forscher, sondern ebenso — und nicht weniger folgenreich — für das Verständnis seiner *Lehren* bei seinen Lesern und Hörern, denn auch das Verständnis eines
Wortes oder Satzes ist grundsätzlich eine Hypothese, die der Verifikation aus dem
weiteren Zusammenhang bedarf, in dem er auftritt. Man denke beispielsweise an
die geläufige Meinung, den Kern der Gestalttheorie bilde eine psychophysische Hypothese — und betrachte sie im Licht dieses Buches. (Übers.)

Natürlich ist ein solcher Strukturwandel nur dort am Platze, wo
die angemessene Auffassung nicht von Anfang an dagewesen ist. Oft
hat es der ursprünglichen Auffassung nur an der erforderlichen Schärfe,
an der genügenden Klarheit gefehlt; oder irgend eine Forderung, die
in der Situation enthalten war, ist vielleicht nicht deutlich genug erfaßt
worden. In solchen Fällen erfordert die Lösung hauptsächlich, daß die
Lage weiter geklärt oder auskristallisiert wird, und daß Aspekte oder
Faktoren schärfer gefaßt werden, die im ersten Überblick nur verschwommen gegenwärtig waren.

Um solche Übergänge und ihre Folgen für die Rolle und Funktion
der Teile zu studieren, habe ich zeitweise besondere Versuchsanordnungen verwendet, die ein plötzliches radikales Umspringen von einer
ersten zu einer zweiten Fassung veranlassen. Einige einfache Beispiele
sind erwähnt worden (vgl. Kap. I, S. 55—56 ff.)[6]. Oft geht es mächtig

---

[6]) Vgl. auch M. Wertheimer, „Zu dem Problem der Unterscheidung von Einzelinhalt und Teil“, Zeitschrift für Psychologie, Bd. 129 (1933), S. 353-357; zwei
weitere Beispiele aus meinen Vorlesungen bringt M. Scheerer in „Die Lehre von
der Gestalt“, Berlin 1931, S. 209 und 210.
(Zusatz des Übersetzers) Erstes Beispiel: Der Inhalt
eines Tangenten-Quadrats ist zu finden; gegeben ist der
Radius R:
Dabei spürt man oft deutlich den Drang, den Radius
zu drehen, bis er zu einer der Quadratseiten parallel
steht, in eine klare und einfache, überschaubare räumliche Beziehung zu dem Quadrat gelangt, und alsbald
verändert er seine Rolle, vielmehr er übernimmt zusätzlich die neue Rolle ‚halbe Quadratseite‘, und es folgt
unmittelbar die Lösung: $F = (2\,R)^2$ oder $4\,R^2$.

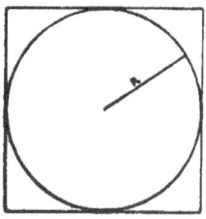

Das zweite: Es wird — nicht allzu rasch — eine Folge von Stichworten vor-
gelesen, und es soll die Situation erraten werden, die durch sie beschrieben wird.
Etwa: „Kochherd ... Küchenschrank ... Glasflaschen ... Chemikalien ... Reißbrett
... Tinten ... Geldscheine ... Verhaftung ...“ — Dabei hat man bis zum dritten
Wort eine Küche vor Augen, in die vom vierten Wort ab stückhaft Fremdkörper
eindringen, bis sie, nach einigem „Stutzen“, spätestens beim sechsten Wort, sich in
ein Laboratorium verwandelt, — in das nun allerdings der Küchenschrank nicht
recht hineinpassen will; zum Laboratorium sind dann die Geldscheine nur eine
zufällige, summenhafte Zufügung, und die Verhaftung erst recht, — bis alles nochmals umschlägt und wir uns in eine soeben ausgehobene Falschmünzer-Werkstatt
versetzt finden, in der nun jede Einzelheit „richtig sitzt“, u. a. die — nunmehr
gefälschten — Geldscheine genau im Mittelpunkt des Ganzen, und nichts mehr rein
summenhaft „auch“ noch da ist oder gar „stört“.
Ein ebenso schlagendes Beispiel des letzten Typs aus der Erinnerung des Übersetzers an Wertheimers Berliner Vorlesungen aus dem Anfang der zwanziger Jahre:
„Kreuzritter ... Mönch ... Kapelle ... Pascha ... Kassa ... Tombola ...“ — Hier

dramatisch her, wenn man das Umschlagen erlebt. Dieselben Anordnungen (vgl. die Beispiele in der letzten Fußnote) erlauben auch zu
beobachten, was den verschiedenen Teilgebieten der Struktur widerfährt, wenn sie sich wandelt: Zusammengefaßtheit und Gruppierung
der Teile; Wechsel in der Stelle von Zäsuren; Zentrierung; Verschie-
bungen im gestaltlichen Gewicht; das Erscheinen von Lücken, Störungen; Veränderungen hinsichtlich des Ausmaßes, in welchem örtliche
Bedingungen verändert werden können; veränderte Richtungen in den
Erwartungen der Versuchsperson, im Hervortreten neuer Gestalttten-
denzen und in der Richtung des sachlich Geforderten.

Wenn sich beim Denken solche Übergänge vollziehen, ist es doch
nicht die Leichtigkeit, mit der irgendwelche beliebige Änderungen sich
vollziehen, als solche, die das intelligente Verhalten kennzeichnet; auch
nicht die Fähigkeit, in einer gegebenen Situation eine, oder eine andere,
oder eine dritte strukturelle Fassung willkürlich herbeizuführen, wie
manche zu glauben scheinen. Vielmehr ist das, worauf es hier
ankommt, und was intelligente Prozesse kennzeichnet, der unbeirrbare
Übergang von einer weniger sachgerechten, einer weniger angemessenen strukturellen Fassung zu einer sinnvolleren. Und in der Tat gibt
es Erfahrungen, die zu zeigen scheinen, daß vernünftige Menschen,
wirkliche Denker, die oft sehr wohl imstande sind, sinnvolle Umgestaltungen durchzuführen, auch Kinder, wenig Fähigkeit und noch
weniger Neigung zeigen, sich mit *sinnlosen* Änderungen an gegebenen
Lagen abzugeben.

Manchmal ist der Übergang von einer ungestalteten Undsumme
zu der angemessenen Struktur erforderlich. Aber noch bedeutsamer ist
der Übergang von einer einseitigen Auffassung, einer oberflächlichen
oder verfehlten Strukturierung, von einer falsch zentrierten, verzerr-
ten oder verarmten Fassung zu der sinngemäßen und recht zentrierten
Struktur.

---

befindet man sich zunächst in einer romantischen Szene aus der Vergangenheit; beim
Wort „Kassa" denkt man wohl „Nanu?", beruhigt sich vielleicht bei der Vermutung,
einen bisher nicht gehörten morgenländischen Frauennamen vor sich zu haben, —
oder sich verhört zu haben —; bis das letzte Wort die Lösung bringt, indem es mit
einem fast hörbaren Schlag die romantisch-fromme Wirklichkeit in ein leichtfertiges
Spiel, einen Kostümball verwandelt — wobei die (ohnehin von vornherein frag-
würdige) Vermutung bezüglich „Kassa" überflüssig wird, den durchgreifendsten
Wandel der Stelle, Rolle und Bedeutung aber das Wort „Kapelle" durchmacht.

147

Der Hauptgrund unvernünftigen blinden Verhaltens scheint zu sein,
daß man an einer alten Fassung kleben bleibt, aus reiner Persevera-
tion und Gewohnheit, die einen verleitet, die sinnvolleren Forderungen, die in der Situation klar angedeutet sind, zu vernachlässigen oder
ausdrücklich abzuweisen.

Um klarer zu zeigen, wie solche Übergänge zustande kommen,
möchte ich nun über einige schlichte Beispiele aus dem Alltag berichten,
die ich in verschiedenen Experimenten studierte.

## I

Zwei Jungen spielten im Garten Federball. Von meinem Fenster
aus konnte ich sie hören und sehen, ohne daß sie mich sahen. Der eine
Junge war zwölf, der andere zehn Jahre alt. Sie spielten mehrere
Spiele. Der jüngere war weit schwächer, er wurde in jedem Spiel
geschlagen.

Ich hörte einiges von ihrem Gespräch. Der Verlierer — wir wollen
ihn B nennen — wurde immer mißmutiger. Er hatte keinerlei Aussicht.
A gab oft so scharf an, daß es ihm schon unmöglich war, den ersten
Ball zurückzugeben. Die Lage verschärfte sich. Schließlich warf B
seinen Schläger ins Gras, setzte sich auf einen Baumstamm und sagte:
„Ich mag nicht mehr". A versuchte ihn zum Weiterspielen zu über-
reden. Keine Antwort von B. A setzte sich neben ihn. Beide sahen
recht niedergeschlagen aus.

Ich unterbreche hier die Geschichte, um dem Leser eine Frage zu
stellen: „Was schlagen Sie vor? Was würden Sie tun, wenn Sie der
ältere Junge wären? Haben Sie einen produktiven Vorschlag?"

Wenn man beim Erzählen der Geschichte hier halt macht, beginnen
manche Zuhörer sichtlich zu denken. Sie machen Bemerkungen, die
zeigen, daß sie ein ernstes Problem sehen, und sie wagen sich mit
gewissen Vorschlägen hervor, was der ältere Junge tun sollte.

Die meisten Versuchspersonen tun das nicht, sie sind unzufrieden
mit der Unterbrechung der Geschichte, warten auf Fortsetzung, sind
verlegen, weil ich nicht weitermache, fragen, wie sich die Sache tatsächlich entwickelte, was die Jungen machten, ob es meine eigenen
Jungen waren, warum ich die Geschichte erzählte, warum ich gerade

hier unterbrach, ob das ein Experiment sei — ob ich vielleicht später eine Gedächtnisprüfung darüber anstellte, und so fort[7]).

Manche verfallen in Erinnerungen, in Nachsinnen, in Betrachtungen, „O, solche Lagen sind mir sehr vertraut. Wissen Sie, ich liebe Kinder. Das erinnert mich an die Sorgen meines Onkels mit seinen zwei Kindern." Oder sie entsinnen sich eines Abschnittes aus einem Lehrbuch der Kinderpsychologie.

Manche machen hübsche Subsumptionen unter allgemeine Titel: „Dies ist ein Fall von . . .", klassifizieren den Fall, und gehen dann oft zu mehr oder weniger überflüssigen Allgemeinheiten über, wie zum Beispiel über soziale Anpassung, über adaptives Verhalten, über Sorgenkinder.

Manche verlangen weitere Angaben, stellen eine Menge Fragen, mehr oder weniger vernünftige[8]). Zum Beispiel: „Sicher hatte der ältere Junge mehr Übung?" Oder: „War der Jüngere allgemein langsamer in seinen Reaktionen?" Sogar psychoanalytische Fragen wurden gestellt.

Meistenteils bringen solche Versuchspersonen keine konkreten, produktiven Vorschläge hervor und wirken etwas überrascht, wenn man sie geradezu nach einem fragt. Es ist klar, daß sie überhaupt nicht an diese Möglichkeit gedacht haben, in ihrem Eifer des Erinnerns, Klassifizierens oder Tatsachen-sammelns.

Wenn man sie geradezu fragt, schlagen fast alle irgendetwas vor. Oft in dem Ton: „Was in einer solchen Lage getan werden müßte, ist doch klar." In den meisten Fällen werden die Antworten sichtlich ohne die leiseste Bemühung zu denken gegeben, als reine Reproduktionen von früher Gesehenem oder Gehörtem, als Anwendung irgend einer bekannten Verhaltensregel, die manchmal aus Kursen in pädagogischer Psychologie erinnert wurden. Oft werden sie im Brustton tiefer Überzeugung gegeben, oft mit überlegener Miene.

---

[7]) Der äußerste Fall ist natürlich, wenn überhaupt nichts geschieht. Ende? Ende! Erzählen Sie uns noch mehr Geschichten? Was wollen wir jetzt tun?

[8]) Der äußerste Fall war ein netter junger Mann, der in diesem Fall — und tatsächlich jedesmal — anfing, Frage über Frage zu stellen, haufenweise. Man konnte ihn nicht stoppen. Wißbegierde ist nicht immer, nicht in jedem Sinn des Wortes, ein Zeichen intelligenten Denkens oder vernünftigen Verhaltens.

Die Vorschläge, die gemacht werden, sind vielfach bezeichnend für vorherrschende Ansichten über Kinder, über menschliche Wesen überhaupt, über Moral, geläufige Regeln des Zusammenlebens und Lehrmeinungen, denen die Versuchspersonen anhingen. Oft kann man die Lehrmeinungen verschiedener Schulen der Psychologie in ihren weitreichenden Konsequenzen wiedererkennen.

Die gewöhnlichen Typen von Vorschlägen waren wie folgt:

„Man muß dem kleinen Jungen ein Stück Schokolade versprechen".

„Man muß ein anderes Spiel anfangen, sagen wir Schach, in dem der jüngere ebenbürtig oder sogar besser ist ... Oder ihm versprechen, abwechselnd mit Federball ein anderes Spiel zu machen, in dem er bestimmt überlegen ist."

„Man muß ihn anschnauzen, damit er zur Vernunft kommt. Er sollte sich wie ein Mann benehmen und nicht so jämmerlich. Kann er nicht lernen, es hinzunehmen? Er muß es zu nehmen lernen. Man mache von seiner überlegenen Autorität Gebrauch, um den kleineren Jungen zur Vernunft zu bringen."

„Man sollte sich gar nicht soviel Mühe mit ihm machen, er ist ein Jammerlappen. Es wird ihm eine Lehre sein."

„Man sollte ihm ein Spiel mit Vorgabe anbieten."

„Man sollte dem jüngeren Knaben versprechen, daß der ältere von seiner überlegenen Kraft und Gewandtheit keinen vollen Gebrauch macht".

Der Leser mag später diese Vorschläge mit der eigenen Lösung der Jungen vergleichen, nicht bloß im Hinblick auf ihre Eignung — manche dieser Vorschläge sind durchaus angebracht, da sie von tatsächlichen Bedingungen in der wirklichen Lage ausgehen — sondern im Hinblick auf die Art des Denkens, die daran beteiligt ist[9]).

---

[9]) Ebenso im Hinblick auf die sich darin äußernde Lebensphilosophie und die zu Grunde liegenden psychologischen Lehren, die oft in der Diskussion herauskommen: z. B. das naive Lust-Unlust-Prinzip, die Lohn-und-Strafe-Psychologie, die Unterwerfung unter die Meinung, man könne jemandem seine Einwilligung abkaufen, bis zum reinen Kuh-Handel („Du bist jetzt mein Sklave, nachher bin ich deiner"): andererseits ein sittlicher Aufruf, der oft fruchtbar ist, aber unter gewissen Umständen in ein Verzuckern der bitteren Pille entarten kann.

Oft kommen diese Vorschläge mit einer Art von Zynismus daher; oder sie werden mit glatter Oberflächlichkeit als selbstverständliche, richtig angewandte Psychologie behandelt.

Manchmal werden, wie gesagt, die Vorschläge nicht so leichthin und von ungefähr gemacht, aufgrund billiger Erinnerung oder Anwendung, sondern nach ernstlichem Nachdenken mit einem Gefühl dafür, daß das Problem tiefere Fragen berührt. Es wird ernsthaft erwogen, und fruchtbare Fragen werden gestellt. Mehrmals enthielten die Denkvorgänge Schritte, ähnlich denen, die sich in den Jungen abspielen.

Ich fahre nun fort mit der Geschichte. Dabei werde ich zusätzlich versuchen, zu beschreiben, was, wie ich denke, im Kopf des Jungen vorgegangen sein muß.

1. „Das tut mir leid. Warum machst du denn nicht mehr mit?" sagte der ältere Junge mit scharfer zorniger Stimme. „Warum machst du das ganze Spiel kaputt? Findest du das nett, so albern Schluß zu machen?" Er wollte weiterspielen. Die Weigerung von B machte es unmöglich. Er wollte gern spielen, er wollte gern gewinnen; es war sogar hübsch, seinen Gegner mit geschickten Angaben überlisten zu können. B ist der Spielverderber, er macht es A unmöglich, zu tun, was er so gern möchte.

2. Aber es war nicht so einfach. Zur gleichen Zeit war es A nicht ganz wohl in seiner Haut, er kam sich dabei doch nicht ganz in Ordnung vor. Nach einer Weile, während welcher seltsame Dinge in seinem Gesicht vorgingen — ich wollte, Sie hätten ihn sehen können, wenn er immer wieder einen flüchtigen Seitenblick auf B warf und sich wieder abwandte — sagte er, aber jetzt in ganz anderem Ton, „Es tut mir leid." Offenbar hatte ein durchgreifender Wandel stattgefunden — sichtlich tat es jetzt A wirklich leid, daß der andere Junge so unglücklich war. Er hatte gemerkt, was in B vorging, wie die Lage für den anderen Burschen aussah.

Vielleicht hatte ein trauriger, stiller Blick von B geholfen, als B einmal für einen kurzen Augenblick seinen Kopf zu A hinüberwandte. A merkte — es war kein rascher Vorgang, es dauerte einige Zeit —, warum der kleinere Junge traurig war, warum er, ohne Hoffnung sich zu behaupten, sich wie ein Opferlamm vorkam. Zum ersten Mal fühlte A, daß diese Art zu spielen, seine listigen Angaben, für B wie gemeiner Betrug aussahen; daß B sich nicht anständig behandelt fühlte, daß A's Handlungsweise ihm nicht freundschaftlich vorkam. Und A fühlte, daß B irgendwie recht hatte.

151

Nun sah er auch sich selbst in einem anderen Licht. Anzugeben, wie er es getan hatte, ohne B die geringste Möglichkeit zum Zurückgeben zu gewähren, war etwas mehr, etwas anderes als Geschicklichkeit.

3. „Schau her", sagte er plötzlich, „so ein Spielen ist ja Unsinn". Es war jetzt nicht nur Unsinn für B, sondern auch Unsinn für ihn. Unsinn für das Spiel selbst. So hatte sein Kummer eine tiefere Bedeutung gewonnen.

In Erwachsenensprache ausgedrückt war es, als ob er gedacht hätte — er tat es sicher nicht, er fand seinen Weg nur aus dem Gefühl — „Es ist witzlos für zwei Gegner, so zusammen zu spielen. Das Spiel erfordert etwas von Gegenseitigkeit. Eine solche Ungleichrangigkeit paßt nicht zu dem Spiel. Es wird nur zu einem rechten Spiel, wenn beide einige Hoffnung haben, daß es ihnen gelingt. Das Spiel verändert seinen ganzen Charakter, wird eine böse Sache für den einen Spieler, für den anderen, für beide, wenn keine solche Gegenseitigkeit dabei ist; ohne sie ist da nicht mehr wirklich ein Spiel — da jagt nur ein Tyrann sein Opfer im Kreise herum."

4. Dann änderte sich der Ausdruck seines Gesichts. Er sah aus wie jemand, der mühsam etwas zu erfassen sucht, in dem irgendetwas langsam zu dämmern beginnt, und er sagte: „So ein Spiel ist eine ulkige Sache; in Wirklichkeit bin ich doch gar nicht unfreundlich gegen Dich ..." Eine unbestimmte Ahnung war in ihm aufgestiegen von dem, was ein Erwachsener die „Ambivalenz" nennen würde, die in dem Spiel enthalten ist: einerseits ist es so nett, seine Zeit angenehm miteinander zu verbringen, gut Freund miteinander zu sein, andererseits ist da dieses Bemühen, seinen Gegner unterzukriegen, ihn zu schlagen, ihn am Gewinnen zu verhindern, — das unter bestimmten Umständen als glatte Feindseligkeit empfunden werden, ja tatsächlich dazu werden kann.

5. Darauf erfolgte ein wackerer, freier und tief folgerichtiger Schritt. Er murmelte etwas wie: „Muß es ...?" Sichtlich wünschte er der Schwierigkeit gerade ins Gesicht zu sehen und ehrlich und ohne Umschweife mit ihr fertig zu werden. Ich deutete dieses „Muß es?" als „Ist dieser Faktor der Feindseligkeit notwendig, wenn er alles verdirbt, was an dem Spiel reizvoll ist?" In diesem Augenblick erhob sich

die Verhaltensfrage: „Wie kann ich es ändern? Ist es nicht möglich,
nicht einen gegen den anderen zu haben, sondern..." Sein Gesicht
erhellte sich und er sagte: „Ich habe einen Gedanken — wir wollen
mal so spielen: Wir wollen mal sehen, wie lange wir den Ball zwischen
uns hin- und hergehen lassen können, und zählen, wie oft er hin- und
hergeht, ohne zu fallen. Auf wieviele Punkte wir es bringen? Meinst
du, wir kommen bis zehn oder zwanzig? Wir wollen mit leichten
Angaben anfangen, aber dann wollen wir sie immer schärfer machen..."

Er sprach glücklich, wie jemand, der eine Entdeckung gemacht hat.
Es war etwas Neues für ihn und gleicherweise für B.

B stimmte fröhlich zu: „Das ist ein guter Gedanke. Los!" Und sie
begannen zu spielen. Der Charakter des Spieles war völlig verändert;
sie machten Gemeinschaftsarbeit, sie wirkten zusammen, in angestreng-
ter und fröhlicher Tätigkeit. A zeigte nicht mehr die leiseste Neigung,
B zu überlisten; es versteht sich, seine Schläge wurden allmählich
schwieriger, aber er rief: „Ein schärferer, kannst Du den kriegen?"
in einer mitfühlenden, freundschaftlichen Weise.

Mehrere Tage später sah ich sie wieder spielen. B's Spiel war auffallend verbessert. Es war ein wirkliches Spiel. Wie man an seinem
späteren Verhalten sehen konnte, war es ein großes Erlebnis für A.
Er hatte etwas entdeckt, etwas gewonnen, das weit über die Lösung
eines kleinen Problems beim Federballspielen hinausging.

Die Lösung in sich selbst sieht vielleicht nicht so bedeutungsvoll aus,
solange man sie nur von außen betrachtet. Ich weiß nicht, ob Fachleute
für Federball oder Tennis sie als vorschriftsmäßig anerkennen würden[10]). Darauf kommt es nicht an. Diese Lösung war für den Jungen
keine rein technische Angelegenheit. Sie enthielt den Übergang von
einem oberflächlichen Versuch, eine Störung loszuwerden, zu dem

---

[10]) Ich kenne Schachspieler, die tief bekümmert sind, wenn schöne Stellungen in
einem Spiel durch irgendeinen äußerlichen, gedankenlosen Fehlzug verdorben werden. Sie hassen das nicht weniger, wenn es dem Gegner, als wenn es ihnen selber
zustößt. Manche haben den Brauch — horribile dictu für Fachleute — solche Fehler
zu berichtigen. Warum? Sie lieben ein gutes Spiel, sie haben keine Freude am bloßen
Gewinnen, wenn es nur durch einen törichten Fehler ihres Gegners gelingt. Manchmal arbeiten sie sogar zusammen, um das Spiel vollkommener zu machen.
Ich meine allgemein, es sollte mehr Spiele von der Art geben, in der produktive
Gemeinschaftsarbeit verlangt wird, anstatt der bloßen Wettkampfspiele.

Bemühen, sich der grundlegenden strukturellen Schwierigkeit zu stellen und produktiv mit ihr fertig zu werden[11]).

Welches waren die Schritte, die zu dieser Lösung führten? Natürlich ist, wenn man einen einzelnen Fall deutet, die Tatsachengrundlage, die Grundlage für Schlußfolgerungen schmal. Trotzdem wollen wir versuchen, die wesentlichen Punkte zu formulieren.

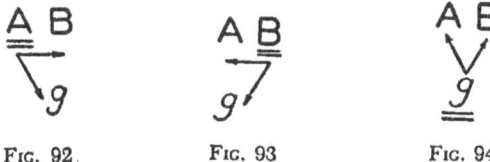

FIG. 92.          FIG. 93          FIG. 94

Anfänglich sah A die ganze Lage und in ihr B, das Spiel (g), die Störung, mit seinem eigenen Ich als Mittelpunkt. Durch diesen Mittelpunkt waren sie bestimmt in ihrer Bedeutung, Rolle, Stelle, Funktion für das Denken und Handeln. Im Grenzfall wäre bei dieser Einstellung B nichts als jemand, den A braucht, um zu gewinnen; infolgedessen wäre, wenn er ablehnt zu spielen, B der „Störenfried". Das Spiel wäre „dazu da, daß ich meine Geschicklichkeit beweisen, daß ich gewinnen kann". B stellt eine Barriere dar, die A's egozentrischen Forderungen, Vektoren, Betätigungen im Wege steht (Fig. 92).

A verharrte nicht bei dieser einseitigen, oberflächlichen Ansicht. Es dämmerte ihm, wie die Lage für B aussah; für B als Mittelpunkt. In dieser umzentrierten Struktur sah er nun sich selbst als einen Teil, als einen Spieler, der mit dem anderen Spieler in keiner allzu netten Weise umging (Fig. 93).

Ein bischen später wurde das *Spiel* selbst, seine Ganzeigenschaften und Forderungen, zum Mittelpunkt. Weder er noch der andere war nun der Mittelpunkt, beide wurden im Hinblick auf das Spiel gesehen (Fig. 94).

---

[11]) Sein Vorschlag wäre keineswegs unter allen Umständen ein vernünftiger Vorschlag gewesen. Wäre A ein Raufbold gewesen, der nur seinen eigenen Vorteil suchte, der nur auf das Siegen aus war, ohne jede Rücksicht darauf, was das für seinen Spielgefährten bedeutete, vielleicht sogar stolz auf den Kummer, den er ihm zufügte, und hätte dann B den Vorschlag gemacht — so wäre das ein eindeutig sinnloses Verhalten gewesen. Tatsächlich wäre das Gegenteil angebracht gewesen: ganz aufzugeben oder woanders sich für einen wirklichen Kampf zu üben.

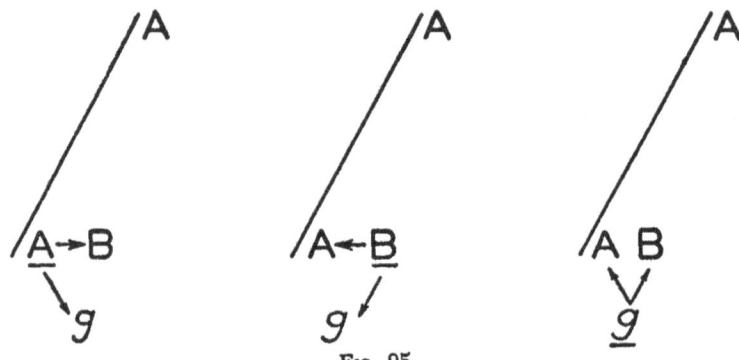

FIG. 95

Logisch ist A (wie A sich selber sieht) bei den drei Zentrierungen verschieden[12]); dasselbe gilt für die anderen Glieder und zugleich für die dynamischen Forderungen, die Vektoren, die Lage überhaupt. Das Spiel wird nun klar als Abweichung von dem „guten Spiel" gesehen[*]).

Aber was in der Struktur des Spieles selbst liegt an der Wurzel der Störung? Es besteht da im guten Spiel ein empfindliches funktionales Gleichgewicht: einerseits, seine Zeit zusammen angenehm zu verbringen, Freundschaft zu halten; andererseits „zu versuchen, ihn zu schlagen". Haltungen, tiefer als bloße äußerliche Regeln anständigen Spiels, machen das empfindliche Gleichgewicht möglich, begründen die Unterschiede zwischen einem guten Spiel und einem erbarmungslosen Kampf oder Wettbewerb, kurz, machen das Spiel zu einem Spiel. Das Gleichgewicht ist psychologisch sehr empfindlich; es kann verloren gehen — wie es in dieser Situation geschah.

Das „gegen", das „Versuchen, ihn zu schlagen", das im guten Spiel sinngemäß funktioniert, war zu einem häßlichen Zug geworden, der in die Spielsituation nicht mehr hineinpaßte. Daraus erwuchs der Vektor: „Was kann dagegen getan werden? Und sofort?" Hier liegt die Störung. „Ist es nicht möglich, zum Kern der Sache vorzudringen?"

---

[12]) Vgl. M. Wertheimer, „On truth", Social Research, Bd. 1 (1934), S. 135, 146.
[*]) Es *kann* als solche erst in der letzten Fassung (Fig. 94) gesehen werden. (Übers.)

**155**

Das führt dazu, die Struktur II in Betracht zu ziehen.

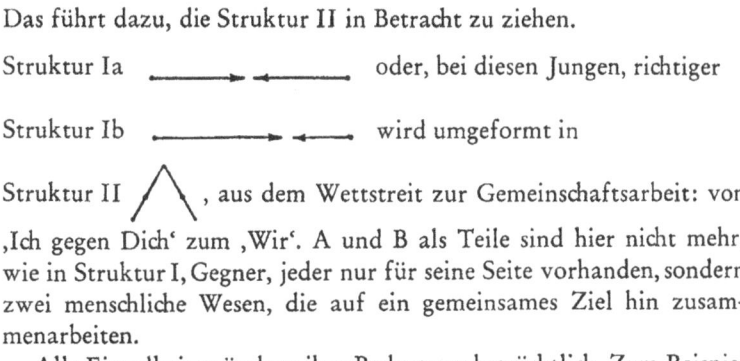

Struktur Ia          oder, bei diesen Jungen, richtiger

Struktur Ib          wird umgeformt in

Struktur II     , aus dem Wettstreit zur Gemeinschaftsarbeit: von ‚Ich gegen Dich' zum ‚Wir'. A und B als Teile sind hier nicht mehr, wie in Struktur I, Gegner, jeder nur für seine Seite vorhanden, sondern zwei menschliche Wesen, die auf ein gemeinsames Ziel hin zusammenarbeiten.

Alle Einzelheiten ändern ihre Bedeutung beträchtlich. Zum Beispiel bedeutet Angeben jetzt nicht mehr, B zu überwältigen, indem man es ihm unmöglich macht, den Ball zurückzugeben. Bei dem ersten Stand der Dinge (I) ist jeder Spieler glücklich, wenn er gewinnt und der Gegner verliert; aber jetzt (II) hat jeder an jedem guten Gang unmittelbar Freude.

Die Schritte, die dann folgen, zeigen den Übergang zu einer Erfassung der Problemlage *aus sich selbst* heraus, anstatt vom Gesichtspunkt der einen oder anderen Seite oder der bloßen Summe beider. Die Lösung wächst heraus aus dem Deutlichwerden der strukturellen Störung; dabei gewinnt die Störung eine tiefere Bedeutung. Die Spannung ist nicht oberflächlich beseitigt; vielmehr folgt die neue Richtung der Vektoren aus grundlegenden strukturellen Forderungen, die eine wahrhaft gute Situation verlangen. Sie mögen denken, ich lese viel zu viel in den Geist des Jungen hinein. Ich glaube nicht. Vielleicht haben Sie eine viel zu ärmliche Vorstellung von dem, was in dem Kopf eines Jungen vorgehen kann.

Kurz zusammengefaßt, stellen wir im einzelnen fest:

1. Operationen der Umzentrierung: Übergang von einer einseitigen Ansicht zu der Zentrierung, die von der objektiven Struktur der Situation gefordert ist;

2. einen Wechsel in der Bedeutung der Teile — und der Vektoren — gemäß ihrer strukturellen Stelle, Rolle und Funktion;

156

3. eine Betrachtung der Lage unter dem Gesichtspunkt der „guten Gestalt", so daß alles zu den strukturellen Forderungen paßt;

4. einen Drang, geradeswegs auf den Grund vorzustoßen, ehrlich ins Auge zu fassen, worauf es ankommt, und die Folgerungen zu ziehen.

Ich möchte bemerken, daß der Zug der Geradlinigkeit, Ehrlichkeit, Aufrichtigkeit bei einem solchen Vorgang nicht peripher zu sein scheint. Um es allgemein zu sagen, es ist eine künstliche und enge Auffassung, die das Denken als eine lediglich intellektuelle Operation ansieht, und es völlig abtrennt von Fragen der menschlichen Haltung, des Fühlens und der Gemütserregungen — „weil solche Themen zu anderen Kapiteln der Psychologie gehören". Das ist ganz besonders klar in einem bestimmten Beispiel, in dem Übergang von einer blind egozentrischen Auffassung mit ihren zugehörigen Gefühlen zu den späteren Schritten. Aber selbst scheinbar reine Denkvorgänge schließen eine menschliche Haltung ein — jene Art von Bereitschaft, den Sachverhalten ins Auge zu sehen, sich ihnen rückhaltlos zu öffnen und sich ehrlich und aufrichtig mit ihnen auseinanderzusetzen. Obwohl ich in anderen Kapiteln nur flüchtig auf diese Tatsache hingewiesen habe, scheint sie in vielen Fällen produktiven Denkens wesentlich, selbst in unseren Problemen aus der elementaren Geometrie.

Natürlich kann es vorkommen, daß gewisse Lösungen gefunden werden, wenn man genau die entgegengesetzte Haltung einnimmt, wenn man versucht, der Lage durch List Herr zu werden oder ihr Gewalt anzutun. Aber auch hier scheinen solche Faktoren nicht lediglich neben den „intellektuellen Operationen" da zu sein; vielmehr scheint die eigentliche Natur der Operationen, ihr Ursprung und ihre Entwicklung, in der Tiefe zusammenzuhängen mit der vorherrschenden menschlichen Einstellung zu dem Problem und seiner Lösung. Weder Verschlagenheit noch der Geist der Gewalt scheint die ratsamste Haltung für das produktive Denken zu sein, ungeachtet sie manchmal zu praktischen Erfolgen führen und solcherart zu einem gewissen raschen, aber nicht weittragenden Können beitragen.

Es hängt mit diesen Dingen ein weiterer Punkt zusammen, der für ein wahres Verständnis produktiven Denkens im theoretischen und praktischen Bereich von grundlegender Bedeutung zu sein scheint. Ich meine den Übergang von einem ersten Stadium, in dem man einfach

ein bestimmtes Ziel erreichen möchte — in dem die Gedanken ganz
um dieses Ziel zentriert sind —, zu einem zweiten Stadium, in dem
die Vektoren, die Operationen, die Tätigkeiten durch tieferliegende
Forderungen der Situation zentriert werden. In einem gewissen Sinn
kann man sachblind werden, wenn man nur auf sein Ziel schaut und
gänzlich von dem Drang nach *ihm* beherrscht ist. Oft muß man vergessen, was man zufällig gewollt hat, bevor man aufnahmefähig wird
für das, was die Sachlage selbst fordert. Daher wird in besseren Beispielen die Haltung des Denkenden weit mehr der Haltung eines
Geburtshelfers oder eines weisen Ratgebers ähnlich sein als der eines
gewandten und gewalttätigen Eroberers oder Angreifers.

Dieser Übergang ist einer der großen Augenblicke in vielen
ursprünglichen Denkvorgängen. Die Rolle der rein subjektiven Interessen des Selbst bei dem menschlichen Handeln wird, glaube ich, weit
überschätzt. Wirkliche Denker vergessen sich selbst beim Denken. Die
Hauptvektoren beim ursprünglichen Denken beziehen sich oft nicht
auf das Ich mit seinen persönlichen Interessen; sie bringen vielmehr
die strukturellen Forderungen der gegebenen Situation zum Ausdruck[13]). Oder wenn solche Vektoren sich auf ein Ich beziehen, so ist
dieses nicht gerade das Ich als Mittelpunkt subjektiven Strebens.

Natürlich kann der Übergang auch in der Richtung auf tiefere
Erfordernisse des Ich selbst liegen. Manchmal besteht ein glückliches
Zusammentreffen zwischen den Forderungen der Lage, die das Problem darstellt, und den wahren tieferen Bedürfnissen des Ich, wie es
bei unserem Jungen der Fall war.

Das war nur eine bescheidene kleine Geschichte. Und doch sind
einige ihrer hervorstechenden Züge, wie zum Beispiel der wesentliche
Fortschritt, der sich durch einen Wechsel der Schwerpunktlage voll-
zog, wie ich glaube, kennzeichnend für Leistungen von tiefster Bedeu-
dung, die von Menschen, von der menschlichen Gesellschaft, vollbracht
worden sind[14]). Man kann da an einzelnen Menschen manchmal
wunderbare Wandlungen beobachten, so, wenn eine von leidenschaftlichen Vorurteilen befangene Person Mitglied eines Preisgerichts oder

---

[13]) Siehe E. Levy, „Some Aspects of the Schizophrenic Formal Disturbance of
Thought", Psychiatry Bd. 6 (1943), S. 55-69.
[14]) M. Wertheimer, „A Story of Three Days". In R. N. Anshen (hrsg.) Freedom; its Meaning (Harcourt, Brace & Co. 1940), S. 555-569.

Schiedsrichter oder Richter wird, und wenn dann seine Handlungen den schönen Übergang zeigen vom Vorurteil zu dem ehrlichen Bemühen, die strittigen Fragen gerecht und sachlich zu behandeln. Die Entwicklung der Idee eines Gerichtshofes und ihre Verwirklichung gehört selbst hierher.

Zentrierung — die Art und Weise, wie man die Teile, die Einzelheiten in einer Situation, ihre Bedeutung und Rolle als bestimmt im Hinblick auf einen Schwerpunkt, einen Kern oder eine Wurzel erfaßt — ist ein höchst mächtiger Faktor beim Denken. Die Probleme der Zentrierung sind in der traditionellen Logik und in der Psychologie vernachlässigt worden. Starke Kräfte sind am Werk bei der Zentrierung, wenn man den wahren Mittelpunkt, wie er der Natur der Situation gemäß ist, ins Auge faßt — oder ins Auge zu fassen versucht; aber sie sind ebenso stark in Fällen blinder, erzwungener oder willkürlicher Fehlzentrierung, wie sie in manchen Arten politischer Propaganda so wirksam benutzt wird. Obschon es vielfach starke Kräfte gibt, die gegen die rechte Zentrierung wirken, ist gleichwohl in menschlichen Wesen ein klares Verlangen, nicht strukturell blind zu sein, ein Bedürfnis, sachgemäß zu zentrieren, der Lage gerecht zu werden, im Einklang mit der Natur des Gegenstandes, mit den strukturellen Forderungen der Sache zu zentrieren.

Hinsichtlich des Begriffs der Zentrierung scheint man doch stillschweigend anzuerkennen, daß *sachgemäße* Zentrierung, mit ihren Auswirkungen auf Sachlichkeit und Gerechtigkeit, von äußerster Wichtigkeit ist. Warum würde sonst wirkliche Fehlzentrierung umso eifriger als die wahre und rechte Zentrierung verkleidet, je weniger sie es tatsächlich ist?

## II

Eine ganze Anzahl von Gesichtspunkten gehört zu dem Vorgang der Schwerpunktsverlagerung, wie sie in dem Federball-Beispiel erfolgte. Einige grundsätzliche Punkte werden klarer werden, wenn wir nun eine noch einfachere Geschichte betrachten.

Ich besuchte eine Familie. Die Tochter des Hauses kam heim und wurde mir vorgestellt. Ihr Vater fragte, wie sie den Tag verbracht hätte. Sie antwortete, es habe eine Menge Arbeit gegeben, aber es gehe ihr gut. Ich fragte: „Sie sind berufstätig?" „Ja", antwortete sie, „ich arbeite in einem Geschäft". „Ist es ein großes Unternehmen?" „Nun", sagte sie, „es ist eine ganze Anzahl von Leuten im Büro. Ich habe unmittelbar mit einem Herrn A, einem Herrn B und einem Herrn C zu tun, die oft an meinen Schreibtisch kommen, nach etwas fragen, neue Briefe bringen usw. Es sind noch andere Leute im Büro, mit denen ich nicht unmittelbar zu tun habe. Herr A hat mit einem Herrn D zu tun, Herr B mit einem Herrn E und Herr C mit einem Herrn F. D und E haben auch miteinander zu tun; ebenso E und F. Mal sehen, das sind also, außer mir selbst, im Ganzen sechs Personen im Büro."

Ich fragte: „Sind Sie der Chef?" „O nein", antwortete sie. „Geben Sie irgendwem Aufträge?" „O ja, ich gebe manchmal Aufträge an Herrn A und Herrn C. Ich bekomme Aufträge von Herrn B; Herr D bekommt sie von Herrn E, Herr E von Herrn B und Herr F von Herrn E." (Sie hatte offenbar Sinn für Logik und versuchte eine vollständige Beschreibung zu geben.)

Ich war etwas verwirrt — ich vermute, der Leser ist es auch — und ich sagte: „Ich tappe immer noch im Dunkeln mit den Leuten in Ihrem Büro!" „So? Ich habe Ihnen aber alles erzählt", antwortete sie. Nichts destoweniger blieb die Sache für mich dunkel. Plötzlich sagte ich — mir dämmerte etwas — „Dann ist Herr B Ihr Chef, und Sie unterstehen ihm unmittelbar, ebenso Herr E?" „Ja", sagte sie.

Wie *sie* ihre Arbeitsstelle sah, hatte sie die Beziehungen richtig und vollständig wiedergegeben, und doch hatte sie kein klares Bild davon vermittelt, wie sie *wirklich* war. Die meisten Menschen würden auf eine solche Frage mit Angaben beginnen wie: „Ich arbeite unmittelbar unter dem Chef B; ebenso ein Herr E"; sie würden vielleicht hinzufügen, „Herr E und ich haben jeder zwei Leute unter uns, denen wir Anordnungen geben", und würden etwa fortfahren, „zwei davon haben manchmal gemeinsame Arbeit". Das wäre eine sinnvolle Beschreibung gewesen; sie hätte ein klares Bild der Struktur der Dienstverhältnisse in diesem Büro ergeben. Aber dieses Mädchen hatte die Menschen und ihre Beziehungen in einer verwirrenden Reihenfolge aufgezählt, tatsächlich auf eine Weise, die blind war für die Struktur der Situation; sie hatte alles um ihr eigenes Ich zentriert — abgesehen von der letzten verworrenen Feststellung in der zweiten Beschreibung, die sich nicht auf sie selbst bezog.

Das ist ein harmloses Beispiel einer törichten Haltung im Leben und
im Denken, die oft beträchtliche Folgen für die Formung der Ansichten und Handlungen eines Menschen hat.

Natürlich hätte es auch bloße Ungeschicklichkeit im Beschreiben sein
können, aber aus den nachfolgenden Bemerkungen und dem Verhalten des Mädchens ging klar hervor, daß dies für ihre wirkliche Einstellung durchaus bezeichnend war. Einige Zeit später, als ich einen
ihrer Mitarbeiter traf, fragte ich ihn, wie es mit ihr gehe. „Ganz gut",
sagte er, „sie ist ein netter Mensch. Aber wir sind nicht sicher, ob sie
sehr lange bleiben wird. Sie hat eine sonderbare Art, sich zu den
anderen und sogar zu ihrer Arbeit zu verhalten. Sie scheint alles auf
sich selbst zu beziehen, als wenn sie immer der Mittelpunkt des Ganzen wäre, sogar in Geschäftsangelegenheiten, bei denen niemand an
sie persönlich denkt. Das paßt nicht gut in ein Geschäft."

Im äußersten Fall wird die Selbst-Zentrierung zu einem wohlbekannten Symptom eines psychopathologischen Zustandes, der in sozialen und persönlichen Angelegenheit oft in mißliche Lagen bringt[15]).
Selbstzentriertheit ist keineswegs die allgemeine, die natürliche Einstellung, wie manche einflußreiche Ansichten unserer Zeit uns glauben
machen wollen.

Wir wollen jetzt etwas genauer zusehen, was dieses Mädchen in
seiner Beschreibung gemacht hat. In einem Schema kann man es folgendermaßen wiedergeben:

*Erste Beschreibung:* ·

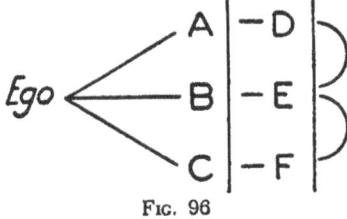

FIG. 96

---

[15]) Vgl. M. Wertheimer, „Über Gestalttheorie" (Erlangen 1925); auch W. D. Ellis,
„Sourcebook ..." Selection I; E. Levy (angeführt S. 158), S. 59-69; H. Schulte, „Ver-
such einer Theorie der paranoischen Eigenbeziehung und Wahnbildung", Psycholog.
Forschung 5 (1924), S. 1-23.

Dieses Schema ähnelt sehr der Art und Weise, wie ein Logiker eine Beziehungsliste in einem Beziehungs-Netzwerk darstellen würde. Er würde die Beziehungen *Ich r X* und so fort etwa folgendermaßen darstellen:

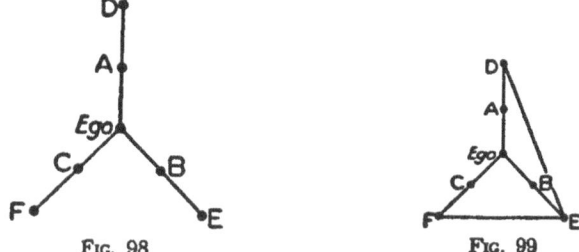

*Ego*    A   |   AD   |  DE

*Ego*    B   |   BE   |

*Ego*    C   |   CF   |  EF

FIG. 97

Wenn man jemand bittet, die Beschreibung des Mädchens bildlich wiederzugeben, erhält man gewöhnlich Zeichnungen wie diese:

FIG. 98                 FIG. 99

die eindeutig das Ich als Mittelpunkt zeigt. Diese Eigentümlichkeit ändert sich gewöhnlich nicht, wenn die beiden letzten Linien von D nach E und von E nach F hinzugefügt werden, obwohl manche Leute fragen, „Ist da nicht auch eine Verbindungslinie von F nach D?"

*Zweite Beschreibung:*

In dieser Beschreibung des Mädchens wurden die Beziehungen näher bestimmt, indem ihre Richtung angegeben wurde. Aber die Liste besteht jetzt aus einem wahren Gewirr solcher Richtungen:

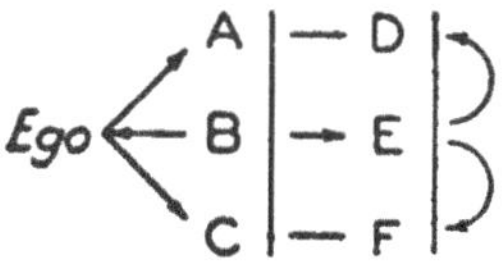

oder in dem Beziehungs-Netzwerk der Logistik

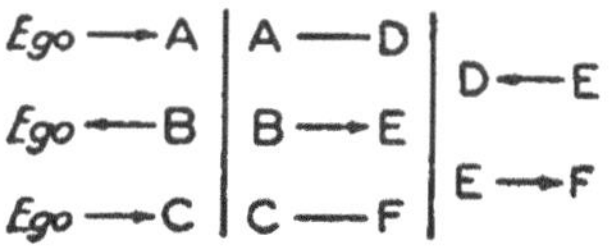

FIG. 100a                 FIG. 100b

Stellen wir dieses in Diagramm-Form dar, so erhalten wir:

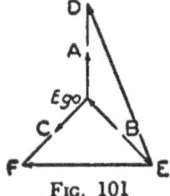

FIG. 101

Denjenigen, die das Bild betrachten, widerfährt an dieser Stelle gewöhnlich etwas: das Bild beginnt ihnen vorzukommen, als sei es „falsch gezeichnet", „verzerrt". Es wird dann wohl verändert in eine Form, die wir in Kürze bringen werden.

*Dritte Beschreibung:*

Schema und Diagramm der angemessenen Beschreibung sehen nun völlig anders aus:

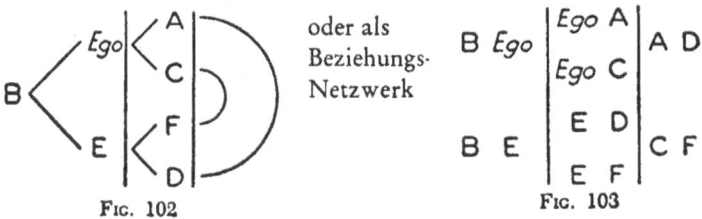

FIG. 102                          FIG. 103

Als Diagramm erhält man hier:

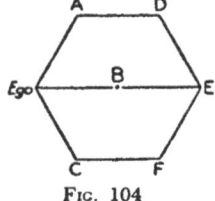

FIG. 104

was ein grundverschiedenes Bild ergibt, mit klarer Zentrierung um B.

163

*Vierte Beschreibung:*

Mit der näheren Bestimmung der Richtungen wird das Schema zu

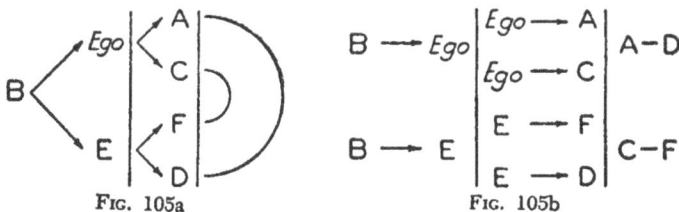

Fɪɢ. 105a                          Fɪɢ. 105b

und das Diagramm zu

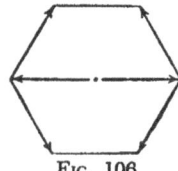

Fɪɢ. 106

Jetzt ist alles strukturell klar; es ist keine Verwirrung mehr da wie in den früheren Beschreibungen, Schemata und Diagrammen. Das Mädchen *hatte* alle vorkommenden Beziehungen angegeben, aber in einem wirren, falsch zentrierten Haufen. Die erste und die zweite Beschreibung und die zugehörigen Figuren gehen gegen die wahre Struktur der Lage: Sie sind blind für sie, sie verstoßen gegen sie, sie zentrieren sie falsch. Es ist nichts dagegen zu sagen, daß man in der Beschreibung bei sich selbst *beginnt,* aber in einer vernünftigen Beschreibung würde man nicht alles folgende auch darum zentrieren. Im Gegenteil, man würde das Ich an seinem (sekundären) Platz in der Struktur sehen und beschreiben.

Wenn der Leser das erste und zweite mit dem dritten oder vierten Diagramm vergleicht, so wird er sehen, was ich meine, wenn ich sage, daß in dem ersten und zweiten die Folge, die Gruppierung, die Zentrierung in einer Weise vollzogen sind, die blind ist für das strukturell angemessene Bild. Aber wir wollen noch etwas genauer zusehen: Wenn wir den Platz, die Rolle und die Funktion der verschiedenen Teile des Bildes kennzeichnen wollen, können wir in erster Annäherung so vorgehen, wie die Logiker die Glieder und Beziehungs-Linien in einem Beziehungs-Netzwerk kennzeichnen: Die implizite Definition von Punkten durch die Mannigfaltigkeit ihrer Beziehungen in dem Netzwerk, durch die Angabe der Zahl ihrer Beziehungen (r) zu unmittelbar benachbarten Punkten ($P_I$) zu übernächsten Punkten ($P_{II}$) usw. ergibt in unserem Beispiel das folgende Schema:

|      | B | | Ego, E | | A, D, C, F | |
|------|---|---|--------|---|------------|---|
|      | r. | P. | r. | P. | r. | P. |
| I    | 2 | 2 | 3 | 3 | 2 | 2 |
| II   | 4 | 4 | 3 | 3 | 3 | 3 |
| III  | 2 | — | 2 | — | 3 | 1*) |

In jeder dieser drei Klassen sind die Individuen „homotyp" oder „typengleich".
(d. h. mit den Mitteln dieser Art von impliziter Definition nicht unterscheidbar, Übers.).

FIG. 107

In der dritten Beschreibung, auf der ersten Stufe**), haben wir

für B          für Ich          für D***)

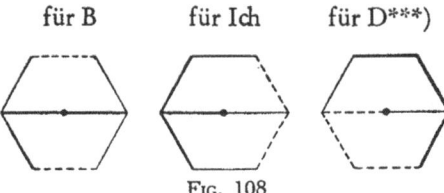

FIG. 108

während die erste Beschreibung ergibt:

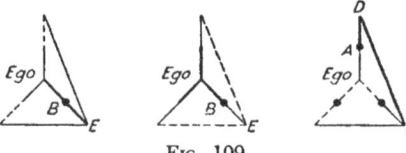

FIG. 109

---

*) In der ersten englischen Ausgabe steht in Fig. 107 unter A, D, C, F in Zeile III: ‚1, —'; nach dem Diagramm Bild 108 kann es aber nur lauten: ‚3, 1'. (Übers.)
**) Womit vermutlich die Außerachtlassung der Beziehungsrichtungen gemeint ist. (Übers.)
***) Die Figur 108 „für D" ist nicht ganz richtig: die *schräge* Sechseckseite *rechts unten* mußte *dünn* gezeichnet sein. (Übers.)

Wenn wir die Individuen der drei Klassen mit den Buchstaben α, β, γ kennzeichnen, erhalten wir:

in der ersten Beschreibung   in der dritten Beschreibung

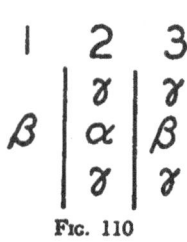

FIG. 110

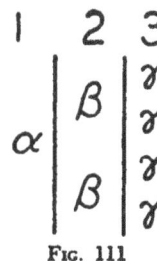

FIG. 111

Bezüglich der Beziehungen erhalten wir:

in der ersten Beschreibung   in der dritten Beschreibung

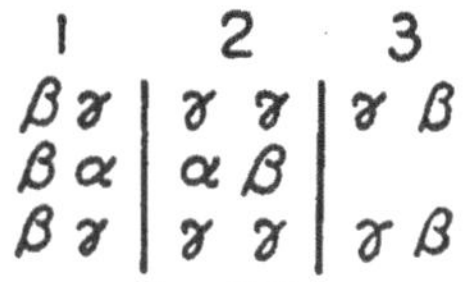

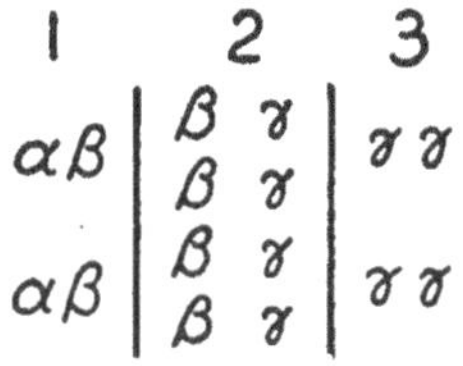

FIG. 112       FIG. 113

Das Ergebnis ist ähnlich, wenn wir die Gerichtetheit der Beziehungen in der zweiten und vierten Beschreibung in Betracht ziehen.

Wir finden, daß in diesem Beispiel drei Arten von Personen vorkommen; wir können sie nennen: Chef, Sekretäre, Gehilfen. Um das Ich zentriert, sind sie in der ersten und zweiten Beschreibung ziemlich durcheinandergemischt. In den zugehörigen Schemata finden wir als Glieder einer Gruppe zwei Gehilfen und einen Chef; und als Glieder einer anderen Gruppe: zwei Sekretäre und einen Gehilfen; ein Sekretär, das Mädchen, steht als einziges Glied auf der linken Seite, während der andere Glied einer Dreiergruppe auf der rechten Seite ist. Ähnlich mit den Beziehungen: Auf der linken Seite des Beziehungsschemas (S. 162—163) haben wir zwei Beziehungen zwischen Sekre-

tär und Gehilfen, eine zwischen Sekretär und Chef; weiter rechts
zwei Beziehungen zwischen Gehilfen, eine zwischen Chef und Sekretär;
ganz rechts zwei Beziehungen zwischen Sekretär und Gehilfen.

Demgegenüber ist alles in klarer, übersichtlicher, makelloser Ordnung, wenn wir uns der dritten und vierten Beschreibung und den
zugehörigen Schemata zuwenden (S. 163 f.). Der Ausgangspunkt ist
der Chef, dann kommen die zwei Sekretäre, endlich die vier Gehilfen.
Die ersten beiden Beziehungen sind die Beziehungen zwischen Chef
und Sekretären, dann folgen die Beziehungen zwischen Sekretären und
Gehilfen und endlich die Beziehungen der Gehilfen untereinander.

Kurz: Stückhaft betrachtet, sind die erste und zweite Beschreibung
in gewisser Weise zutreffend und vollständig in allen Einzelheiten,
aber sie führen eine Zentrierung ein, eine Gruppierung, die für die
logische Hierarchie in der Situation blind ist, gegen sie verstößt. Sie
bringen Dinge zusammen, die verschiedener Natur sind, und lassen
Dinge strukturell verschieden erscheinen, die es nicht sind. Von dem
subjektiven Gesichtspunkt des Mädchens aus betrachtet, das heißt, ohne
seine sekundäre Stellung in Betracht zu ziehen, verzerrt die Beschreibung die Struktur; sie verfehlt die strukturelle Bedeutung der Teile.

Was wir gerade über den Unterschied fehlzentrierter Beschreibung
und strukturell angemessener Beschreibung gesagt haben, trifft sogar
noch dann zu, wenn man die Situation mit den Mitteln der impliziten
Definition, der Relations-Zahlen und so fort zu kennzeichnen sucht.
(Doch ist die Frage der Klarheit von Klassen, wie sie mit solchen Mitteln ausgedrückt werden, nicht der eigentliche Kern der Sache. Der
Leser wird gewahr werden, daß wir Vorsicht üben müssen, wenn wir
dieses logistische Verfahren anwenden.)

Angenommen, der Inhaber des Geschäfts trete in das Bild. Das
Beziehungsnetzwerk wäre:

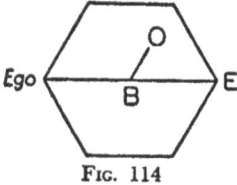

Fig. 114

167

In Beziehungs-Anzahlen ausgedrückt, könnte dann B leicht als typen-gleich mit ‚Ich' und E erscheinen, denn alle drei haben dieselbe impli-zite Kennzeichnung:

$$
\begin{array}{c|c}
\text{B} & \textit{Ego}, \text{E} \\
r \quad \text{P} & r \quad \text{P} \\
\text{I} \quad 3,3 & 3,\ 3 \\
\text{II} \quad 4,4 & 4,\ 4 \\
\text{III} \quad 2,- & 2,\ -
\end{array}
$$

FIG. 115

Diese Zahlen erzählen nicht die ganze Geschichte. Zum Beispiel ist unter II ein Unterschied in der Bedeutung, die die Zahl 4 in den ver-schiedenen Fällen hat: für B bedeutet sie $2+2$, für ‚Ich' und E $1+2 +1^*$).

In Fällen wie diesen ist es entscheidend, wie die Richtungen der Beziehungen verteilt sind. Wie stünde es bei einer Sachlage, in welcher ein Chef, zwei Sekretäre und ein Gehilfe da wäre?

$$A \longleftarrow Ego \longleftarrow \underset{B}{\bullet} \longrightarrow E$$

FIG. 116

Ohne die Gerichtetheit der Beziehungen in Betracht zu ziehen, wären dann ‚Ich' und B wirklich typengleich:

$$\underset{A \quad Ego \quad B \quad E}{\bullet \!-\! \bullet \quad \bullet \!-\! \bullet}$$

FIG. 117

Hier sehen wir den entscheidenden Punkt: die Pfeile *gehen aus* von B, gehen auf der linken Seite *durch* ‚Ich' und *enden* in A. B ist der Ausgangspunkt der Pfeile, der Mittelpunkt in diesem Sinn; ‚Ich' ist es nicht. ‚Ich' muß an seinem Platz in dem Pfeil-Muster gesehen werden.

---

*) Für B sind in Fig. 114 die übernächsten Punkte: A, C und D, F; für E sind sie: O; ‚Ich'; A, C; und entsprechend für ‚Ich'. (Übers.)

Keine Kennzeichnung genügt, die, ohne Rücksicht auf ihre Richtung, nur vermittels der *Zahl* der Beziehungen zu unmittelbaren Nachbarpunkten ($P_I$), zu übernächsten Punkten ($P_{II}$) usw. erfolgt und allenfalls noch die Zahl der beteiligten Punkte angibt.

Die tiefere Bedeutung des Mittelpunkt-seins beruht nicht auf der Tatsache, daß das hervortritt, was nur einmal vorkommt; wichtiger

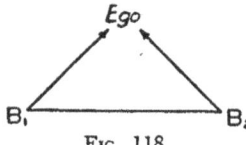

FIG. 118

ist, daß der Mittelpunkt der Ausgangspunkt der Pfeile, das heißt das Herz des Ganzen ist. Es könnten zum Beispiel zwei Chefs da sein, Teilhaber, und eine Sekretärin, und diese Sekretärin, ‚Ich‘, wäre immer noch nicht der Mittelpunkt im geschäftlichen Sinn. (Sie könnte es natürlich in anderer Hinsicht sein, sagen wir, wenn das Verhalten der beiden Chefs von dem Wunsch bestimmt wäre, sie zu heiraten.)

Zentrierung ist demnach nicht lediglich eine Angelegenheit der Verteilung von Beziehungs-Zahlen; es ist eine Angelegenheit der inneren Struktur des ganzen Bildes, das nur zu Tage tritt, wenn die Richtung der Beziehungen in dem ganzen Beziehungsgefüge, und damit die funktionelle Bedeutung jedes einzelnen Gliedes mit angegeben wird.

Wie reagieren die Menschen auf unangemessene Beschreibungen? Die erste Beschreibung des Mädchens führte zu dem Eindruck, daß sie der Mittelpunkt war. „Sind Sie der Chef?" hatte ich gefragt. Diese Frage setzte voraus, daß die Pfeile mit ihrer Beschreibung übereinstimmend gerichtet waren.

Die zweite Beschreibung war zuerst verwirrend, weil die Verteilung der Pfeile nicht zu der Art paßte, wie die Struktur aufgefaßt war (S. 163). Nach Maßgabe der Pfeil-Verteilung erscheint ‚Ich‘ nicht mehr unangefochten als Mittelpunkt. Zur gleichen Zeit gerät B in den Verdacht, an der Quelle aller Vektoren zu stehen.

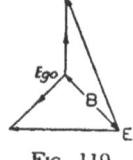

FIG. 119

169

Wenn man auf dieses Diagramm schaut, entwickelt sich oft ein Vor-
gang der folgenden Art: „Das sieht ulkig aus. Wie verwickelt in der
Mitte (*Ich*) mit diesen Pfeilen! Was für sonderbare Plätze für die
Linien ohne Pfeile!" Manche Betrachter zentrieren dann plötzlich um

auf B, sagen: „Das Bild ist verzerrt. Auf die Linie, die
durch B geht, bezogen, sieht das Diagramm aus wie zwei
Flügel, die ein wenig zurechtgerückt werden müssen…",
und ein neues Diagramm wird gezeichnet. Andere entdecken zuerst, daß „die selten verwickelte Konstellation

Fɪɢ. 120

der Pfeile um ‚Ich' — ‚zwei hinaus, einer herein' — sich
strukturell in E wiederholt", und auf diesem Weg erreichen sie die
Auffassung unseres letzten Diagramms.

Das vorausgehende Diagramm erscheint klar als etwas Sonderbares,
etwas, das nicht in Ordnung ist, etwas, das verbessert werden muß.
Dann folgt ein starker dynamischer Prozeß, der das Diagramm in die
strukturell klare Fassung des letzten Diagramms verwandelt.

Einige Betrachter — geringer an Zahl — zeigen schon ähnliche
Reaktionen, wenn sie dem Diagramm der ersten Beschreibung gegen-

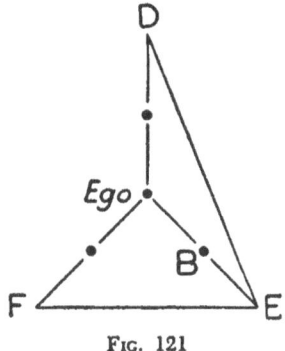

Fɪɢ. 121

übergestellt werden und wenn sie auf ihre Frage, ob da nicht noch
eine Linie F D dazugehöre, eine verneinende Antwort erhalten. Sie
erinnern sich manchmal, daß in Beziehungsnetzwerken die Länge der
Linien bedeutungslos ist, kommen so zu der „Zweiflügel-Fassung"
und formen das Diagramm wie in Fig. 119 um.

In Versuchen ohne Diagramm, wenn nur die zweite Beschreibung
des Mädchens oder die symbolische Liste der gerichteten Beziehungen

(Bild 100) verwendet wird, sind die Reaktionen nicht so kräftig, nicht
so klar, aber manchmal gleichwohl positiv. Auf der Suche nach der
Person, die Aufträge gibt und keine Aufträge empfängt, kommt den
Versuchspersonen B in den Blick, und so erkennen sie die Zwischen-
stellung des Mädchens.

Auch in diesen Fällen wirkt der Übergang oft wie ein Vorgang der
Umstrukturierung, obwohl das nicht so klar ist wie bei den Diagrammen: erst wird ‚Ich' als Mittelpunkt aufgefaßt mit den meisten anderen Gliedern in dämmerndem Umkreis; dann tritt B in den Blick,
und ‚Ich' rückt an seinen zweiten Platz, während die anderen Glieder
immer noch keine sehr klaren Plätze in dem Ganzen einnehmen.

Besonders in den zuletzt genannten Fällen hat der „neue Einfall"
die Erscheinungsweise eines „Dämmerns", infolge des anfänglichen
Mangels an Klarheit, zu dem die allzu große Menge der Einzelheiten
stark beiträgt. Die Gründe der Mutmaßung können oft nicht ausdrücklich angegeben werden, sondern es ist nur ein Gefühl dafür da,
in welcher Richtung der Mittelpunkt liegen muß. Auch in den Versuchen mit den Diagrammen ist zu Beginn ein unklarer Stand der Dinge,
dann taucht ‚irgend eine nebelhafte Ahnung' auf, die auf Richtungen
der Umzentrierung hinweist, bis plötzlich das Bild sich in die vollständig neue Struktur kristallisiert.

Kapitel V

# DIE WINKELSUMME IM VIELECK ZU FINDEN

1. Während eines Tischgesprächs über Ornamente kam man auf geschlossene geometrische Figuren wie Dreiecke, Rechtecke, Sechsecke und andere Vielecke zu sprechen. Bei Gelegenheit bemerkte ein Freund, ein Künstler, „die Summe der Winkel aller solcher Figuren muß natürlich in jedem Falle dieselbe sein". Alles lachte. Ich selbst fand mich in einer denkwürdigen Lage. Ich sagte: „Natürlich ist die Summe der Winkel *nicht* dieselbe. Im Dreieck ist sie 180°, im Rechteck 360°, im Sechseck 720°. Aber ich habe das Gefühl, daß in der Beobachtung doch ein richtiger Gedanke steckt: sie berührt einen wesentlichen Punkt." Dieses Gefühl blieb ganz stark in mir. Einerseits war es klar, daß die Summe der Winkel in den verschiedenen Vielecken nicht dieselbe ist; andererseits hatte ich das Gefühl, daß ich die Sache nicht auf sich beruhen lassen konnte; sie mußte aufgeklärt werden, es mußte einen Weg geben, um hindurchzusehen. Da war ein wunderschöner Punkt darin, aber ich wußte nicht, wie ich an ihn herankommen konnte. Es war unmöglich, zu verstehen oder gar auszudrücken, wo eigentlich das Problem lag. Der Drang blieb lebendig: Es muß eine Lösung geben. Aber worauf in aller Welt kommt es eigentlich an?

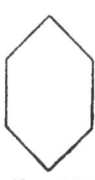

Fıg. 122

Die anderen Teilnehmer an dem Gespräch fühlten sich nicht beunruhigt. Die Angelegenheit war für sie erledigt, als sie sahen, daß die Behauptung offensichtlich falsch war.

In den folgenden Stunden, während ich anderes zu tun hatte, arbeitete das Problem in mir weiter. Nach etlichen Stunden hatte es sich bis zu folgender Stufe entwickelt: Einerseits ist da die Summe der Winkel (A) in einer Figur; andererseits ist da die geschlossene Vollständigkeit (oder vollständige Geschlossenheit) (B) der Figur. Zwi-

172

schen A und B steht nur ein „und", ein einfaches Zugleich-
sein. Hier ist das eine, da das andere. Diese *Und*-Beziehung
zwischen ihnen ist irgendwie blind. Was steckt eigentlich
hinter dem allem? Worin besteht die Schwierigkeit? Die
beiden müssen etwas miteinander zu tun haben. Ich hatte nicht das
Gefühl, zwei einander ausschließende Sätze vor mir zu haben. Ich war
auf das positive Problem gerichtet: „Wie kann ich das verstehen?"

2. Am Tag darauf kam mir mitten zwischen anderer Arbeit plötzlich ein Gedanke, ganz verschwommen, unbestimmt und ungewiß,

FIG. 124

etwa so: Da ist ein *Punkt*. Um einen Punkt ist ein vollständiger „Winkelraum" von 360° (ein Vollwinkel). Muß nicht im Fall der geschlos-

FIG. 125

senen Figur etwas Ähnliches vorliegen. Aber dieser höchst nebelhafte
Gedanke konnte im Augenblick nicht weiter geklärt werden.

Drei Tage vergingen. Was ich auch tat, immer war dieses selbe
starke Gefühl gegenwärtig, das Gefühl von etwas Unbeendetem, das
Gefühl, auf etwas gerichtet zu sein, was ich nicht in den Griff bekam.
Es war mir wiederholt, als könnte ich beinahe sagen, wo die Schwierigkeit lag, wovon sie abhing, in welcher Richtung sich die Lösung
entwickeln würde, aber es war alles in einem kolloidalen, unbestimm-
ten Zustand, so daß ich es nicht konkret formulieren konnte. Öfters
schien es so klar, daß „ich es bloß niederzuschreiben brauchte", aber
wenn ich es versuchte, konnte ich es nicht, die Gedanken konnten nicht
wirklich in Worte gefaßt werden.

(Ich habe einen ähnlichen Gang der Entwicklung in vielen wirklich großen denkerischen Leistungen gefunden. Dieses selbe Gefühl einer gerichteten Spannung bei nebliger, kolloidaler Beschaffenheit der wirklichen Situation. Irgendwie hat man die Form, die die Lösung annehmen wird, im Wesentlichen auf der Zunge, aber sie kann nicht konkret erfaßt werden. Es ist ein Zustand, der oft Monate dauern kann, mit vielen Tagen der Bedrücktheit, während deren es einem deutlich wird, wie wenig man vorwärts kommt; aber man kann die Sache nicht fallen lassen.)

3. Nach nochmals zwei Tagen erhob sich die folgende Frage: „Wenn ich einen Punkt habe, so ist ein Vollwinkel darum. Wenn ich *eine gerade Linie* habe, so ist ebenfalls ein Winkelraum darum. Wenn ich

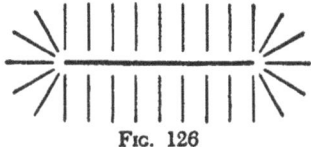

Fic. 126

nun eine solche gerade Linie habe, *wie muß ich vorgehen, um eine geschlossene Figur zu erhalten?* Genügt es, die Linie einfach fortzusetzen? Nein. Ich muß die Linie irgendwo *knicken*, wenn sie je eine geschlossene Figur bilden soll." Dies führte sogleich zu dem Gedanken:

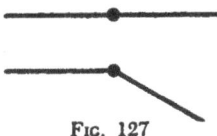

Fic. 127

„Erst muß ich die Summe der Außenwinkel ins Auge fassen". Und was geschah? Beim Knicken zerbrach der gestreckte Winkel in zwei „Seitenwinkel", jeder von ihnen ein rechter Winkel, und dazwischen entstand

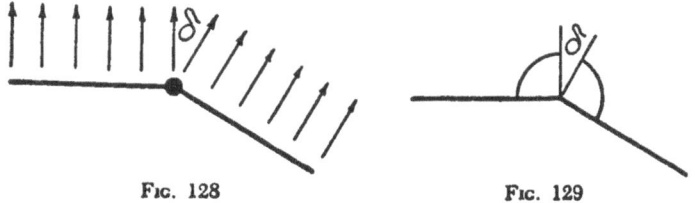

Fic. 128                              Fic. 129

174

ein Delta ($\delta$), ein „Drehungswinkel". Es sind die $\delta$'s, es ist die Drehung, auf die es ankommt. Und in der ganzen Figur, wenn sie sich schließen soll, muß die Summe der $\delta$'s ... eine vollständige Umdrehung sein, ein Winkel von 360°, ganz gleich, wieviel Seitenwinkel die Figur hat!

Jede Seite hat zwei äußere Seitenwinkel, an jedem Ende eine. Es können so viele Seiten sein und daher auch so viele derartige Winkel, wie man will; aber in jeder Figur müssen die $\delta$'s, die Drehungswinkel, eine vollständige Umdrehung ausmachen. Das war eine „Intuition". Ich war in diesem Augenblick glücklich. Ich hatte das Gefühl: „Jetzt durchschaue ich die Sache".

Was war wirklich geschehen? Ich ging aus von der üblichen Auffassung der Winkel und von der Vervollständigung oder Schließung. Bei dem Versuch, zu sehen, wie die Schließung zustande kommt, wurde der gesamte äußere Winkel einer Ecke zu zwei Rechten plus $\delta$; die beiden rechten Winkel wurden für die Frage nebensächlich. Man sah: $\delta$ mußte mit den anderen $\delta$'s zusammen eine volle Umdrehung ergeben. Bei dieser Auffassung der Winkel fügten sich plötzlich die $\delta$'s, die bedeutsamen Winkel, und die Schließung der Figur ineinander: Die Und-Beziehung zwischen A (der Summe der Winkel) und B (der geschlossenen Vollständigkeit) hatte sich in eine notwendige, verständliche, lichtvolle Zusammengehörigkeit verwandelt. A und B waren nun nicht mehr einfache Stücke, die nebeneinander lagen, sie waren neue Teile eines inneren Zueinander: Die Figur zu schließen, *erforderte* eine Ergänzung der $\delta$'s zu 360°. Dieser Integrationsprozeß diente als Lösung: was nur eine dunkle und unbefriedigende Summe gewesen war, nahm nun eine wohldefinierte Gestalt an.

Die Erkenntnis, daß die Summe der $\delta$'s 360° ist, entstand hier nicht als eine willkürliche Annahme, als allgemeine Feststellung oder Meinung, sondern als eine „Intuition" (eine Einsicht), bei welcher aus der strukturellen Erfassung der Figur die innere Bezogenheit zwischen Geschlossenheit und Gesamtheit der $\delta$'s sichtbar wurde.

Rasch kristallisierte das aus in Wege weiteren Vordringens:

1) Da war die Klärung dessen, was geschieht — was sinnvollerweise geschehen muß —, wenn man von der ersten Seite eines ersten $\delta$'s Schritt für Schritt um die Figur geht: Um die Figur zu schließen, muß ich die Ausgangslinie wieder erreichen, einen ganzen Rundgang voll-

ziehen. Das war zunächst in einem einzigen Blick (auf das Ganze) klar geworden[1]); dann, im weiteren Vorgehen, wurde es (im einzel-

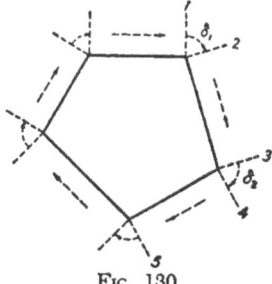

FIG. 130

nen) durchverfolgt: Beim ersten δ dreht sich der Schenkel des Winkels um einen bestimmten Betrag in die Richtung des anderen Schenkels, 2, verschiebt sich — ohne Drehung, da 2 und 3 parallel sind — nach 3; dreht sich von 3 nach 4 — und so fort. Beim Herumgehen bis zur

---

[1]) Viel später fand ich in einem Buch eine Bemerkung des Physikers Ernst Mach, die einen recht ähnlichen Schritt beim Knicken der Linie enthielt. Auf diese Weise

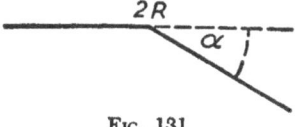

FIG. 131

werden die vollen 360° der Summe der δ's ebenfalls erreicht. Die Betrachtungsweise

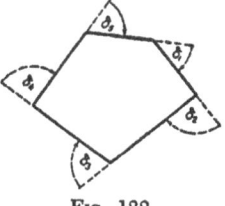

FIG. 132

ist aber etwas anders: Hier wird der Winkel nicht in R, δ, R eingeteilt, sondern in 2 R, δ, wobei die Bedingungen für die Erfassung der Vollständigkeit des Umlaufes psychologisch etwas abweichen.

176

Schließung, bis die Stellung 1 wieder erreicht ist, muß der Schenkel
sich insgesamt um den vollen Winkel von 360° gedreht haben.

2) Gleich danach kam: Man lasse die Seiten des Vielecks kleiner
und kleiner, schließlich Null werden. Was geschieht? Der Abstand
zwischen benachbarten parallelen Schenkeln der Seitenwinkel nimmt
ab, die Schenkel fallen schließlich zusammen. Dasselbe tun die Eck-
punkte — und wir haben das hierunter folgende Bild: den Punkt mit
dem Winkelraum von 360° darum, aufgebaut aus den Winkeln δ!

FIG. 133

3) Hier erhob sich die folgende Frage: Wie steht es mit Vielecken
mit einer einspringenden Ecke, bei denen der Winkel nicht die klare
Struktur der Seitenwinkel mit den δ's dazwischen zeigt? Schon beim
Stellen der Frage war die Antwort klar: Es macht überhaupt nichts

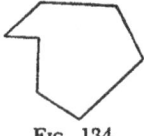

FIG. 134

aus; wenn der Schenkel des Winkels sich zurückdreht, muß er das
wieder aufholen, und zusammengenommen müssen die δ's 360° voll
machen.

4) Das übliche Verfahren, die Formel für die Summe der Außenwinkel eines Vielecks zu finden, sah nun tatsächlich sonderbar aus:
„Die Summe aller Innen- und Außenwinkel ist n · 4 R oder Σi + Σa
= n · 4 R". Infolgedessen ist die Summe der Außenwinkel n · 4 R
minus die Summe der Innenwinkel. Da die Summe der Innenwinkel
bekanntlich n · 2 R — 4 R beträgt, auf Grund des üblichen Beweises

mit den Dreiecken[2]), kommen wir zu der Formel $\Sigma a = n \cdot 4\,R - (n \cdot 2\,R - 4\,R)$. Führen wir die Subtraktion aus, so erhalten wir: $n \cdot 4\,R - n \cdot 2\,R + 4\,R = n \cdot 2\,R + 4\,R$.

In dieser Formel ist der Ausdruck $n \cdot 2\,R$ das Ergebnis der Subtraktion der $n \cdot 2\,R$ der Dreiecke von den $n \cdot 4\,R$; das $4\,R$ ist das Ergebnis einer zweiten Negation des negativen $4\,R$ in der Formel für die Innenwinkel. Die Ausdrücke werden in blasser Allgemeinheit verstanden, ohne unmittelbaren Bezug darauf, wie die Figur durch die Winkel des Vielecks geschlossen wird[3]). Aber inzwischen habe ich gesehen, was $n \cdot 2\,R + 4\,R$ wirklich bezeichnet, nämlich die Summe der Seitenwinkel, das heißt, der zwei rechten Winkel, die zu jeder Seite gehören, $n \cdot 2\,R$, plus die vollständige Umdrehung, $4\,R$, die von den $\delta$'s bewerkstelligt wird.

---

[2]) Die Summe der (Innen-)Winkel eines Dreiecks, 180° oder 2 R (zwei rechte

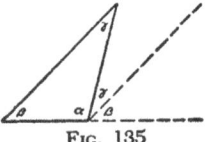

FIG. 135

Winkel) wird üblicherweise ohne Bezug darauf abgeleitet, daß das Dreieck eine geschlossene Figur ist. Der übliche Beweis für die Summe der Innenwinkel eines Vielecks ist wie folgt: Im Innern des Vielecks konstruiere man n Dreiecke so, daß jede Seite des Vielecks die Grundlinie eines Dreiecks ist. Die Summe der Winkel aller Dreiecke ist $n \cdot 2\,R$. Um die Summe der Innenwinkel des Vierecks zu erhalten,

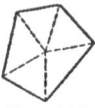

FIG. 136

ziehe man von $n \cdot 2\,R$ die im Innern rings um den Mittelpunkt aneinanderliegenden Winkel der Dreiecke ab. Sie betragen zusammen $4\,R$. Also ist $\Sigma i = n \cdot 2\,R - 4\,R$.

[3]) Zugegeben, daß das $4\,R$ in der Formel für die Innenwinkel sich unmittelbar auf eine Art von Schließung bezieht, nämlich auf die Art, wie die Dreiecks-Spitzen sich ineinanderfügen; aber die innere Bezogenheit zwischen der Summe der Winkel des einzelnen Dreiecks selbst und seiner Geschlossenheit ist nicht ebenso klar.

178

5) In diesem Augenblick kam mir ein sonderbarer Gedanke: Warum
nennen wir ein Dreieck eigentlich ein Dreieck? Warum nennen wir es

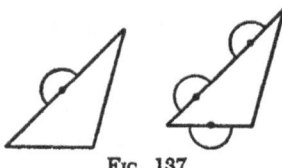

FIG. 137

nicht zum Beispiel ein Viereck oder ein Sechseck? Eigentlich könnten
wir das, denn genau genommen ist an jedem Punkt innerhalb der
Seiten ein Winkel. Diese werden nicht gezählt. Warum? Ist das eine
willkürliche Festsetzung? Nein. Jetzt ist es klar — an diesen Punkten
in den Seiten sind keine δ's. Diese Stellen tragen nichts bei zu der
Knickung der Linie, die **die** Figur eingrenzt, und zu ihrer Rückkehr
an ihren Anfang, zur Schließung des Vielecks durch die Umdrehung
der δ's.

6) Aber wie steht es mit den Innenwinkeln? Als ich mich nunmehr
dieser Frage zuwandte, hatte ich wieder keine Ahnung, wie sie
unmittelbar beantwortet werden könnte. Wieder entwickelte sich
zunächst eine verschwommene Vorstellung: Um einen Punkt ist ein
Vollwinkel von 360°; ebenso um eine Figur. Auf der *Innenseite* ist die
Figur ... ein „Loch"! Rasch wurde dieses klar: Da muß ein negativer
Vollwinkel von 360° sein: Im Innern *überschneiden sich die Seitenwinkel.* Der Betrag dieser Überschneidung stellt einen negativen

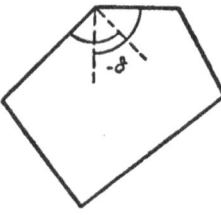

FIG. 138

Drehungswinkel dar, — δ. Die Summe dieser Winkel muß, wenn die
Figur sich schließt, gleich einem vollständigen negativen Winkel von
360° sein.

179

Hier könnte der Leser wohl fragen, was denn bei alledem heraus-
kam. Genau dieselbe Formel, die schon vorher bekannt war, aber in
einem neuen Licht: Die Ausdrücke der Formel nahmen eine unmittelbare funktionelle Bedeutung an.

Und dieses Verständnis führte sogleich zu der fröhlichen Einsicht:
wenn die Seitenwinkel und ihre besondere Anzahl nebensächlich sind,
wenn es nur auf die Umdrehung der $\delta$'s ankommt, dann gilt dasselbe
für jede beliebige ebene *Kurve*, für die Schließung eines Kreises, einer
Ellipse, usw. — (Ich übergehe die Ableitung.)

7) Aber das Problem war damit noch nicht erledigt. Als die Lösung
klar wurde, begann eine Forderung mich zu bedrängen: Wenn dieser
Gedankengang wirklich auf den Kern der Sache geht, dann müßte er
auch für jedes geschlossene Gebilde gelten. Er müßte gelten für dreidimensionale Körper, für vierdimensionale, n-dimensionale, kurz für
alle geschlossenen Gebilde — mit den nötigen Änderungen für nicht-
euklidischen Raum.

In sechs Wochen harter Arbeit gelang es mir, für dreidimensionale
Gebilde Verständnis zu gewinnen. (Ein Jahr später erfuhr ich, daß
ein Mathematiker die Formel für Körper schon vor Jahren gefunden
hatte; war aber nur froh, diese eigenen Erfahrungen, die zu wirklicher
Einsicht führten, nicht versäumt zu haben.) Während dieser Wochen
blieb das Problem ständig am Werk, es arbeitete in mir weiter. Ich
studierte bestimmte Körper, wie den Würfel und Teile davon,
bestimmte Pyramiden, usw.; die Natur der Winkel an Körpern im
Hinblick auf die Art und Weise, in der sie, zusammengenommen, Teile
eines körperlichen Vollwinkels sind. Während jener Zeit entwickelte
ich eine beträchtliche Fähigkeit, mir Körperwinkel vorzustellen und
sie in der Vorstellung zusammenzufügen. Ein blindes Herumprobieren
mit verschiedenen Formeln, ein Prüfen von Hypothesen kam dabei
nicht vor; es wurde vielmehr geprüft, was geschieht, wenn die Körperwinkel eines bestimmten vorgestellten Körpers (durch dessen Verkleinerung, Übers.) um einen Punkt zusammengebracht werden; zum Beispiel, wie die Winkel eines Würfels, im Mittelpunkt einer Kugel
zusammen gesehen, einen körperlichen Vollwinkel bilden[4]); ferner was

---

[4]) Genau wie, innerhalb von zwei Dimensionen, der Winkel eines Quadrates
ein Viertel des gesamten Winkelraumes ausmacht, so daß alle vier zusammen ihn

für Summen die Winkel an anderen Körpern ergeben — an Teilen
des Würfels, an Pyramiden, Quadern, usw.

Es gab recht dramatische Augenblicke, wie zum Beispiel, als ein
Freund sagte: „Mach doch Schluß mit der Grübelei. Das Problem ist
unlösbar, denn die Summe der Winkel einer Pyramide ändert sich,
wenn man die Höhe ändert. Sie ändert sich natürlich fortlaufend."

8) Aber der Prozeß lief geradeaus weiter. Nach mancherlei Bemühungen kam die Lösung für die dreidimensionalen Körper nachts in
einem halbwachen Augenblick. Obwohl ich mich nicht entsinnen
konnte, irgendetwas geschrieben zu haben, fand ich am Morgen auf
einem Fetzen Papier die folgende Formel: $\Sigma a = \Sigma$ Flächenwinkel $+ \Sigma$
Kantenwinkel $+ \Sigma\delta$ ($= 1$), wobei a einen Außenwinkel des Körpers
bedeutet. Man nehme eine ebene Fläche (a); man knicke sie längs

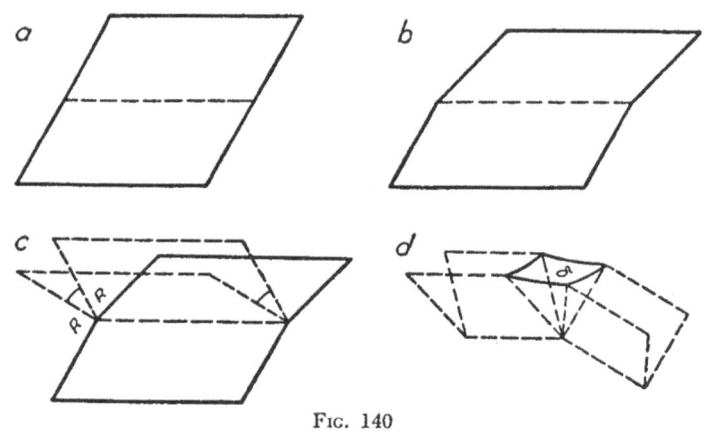

FIG. 140

ausfüllen, oder der Winkel eines regelmäßigen Sechsecks ein Drittel, so daß drei ihn

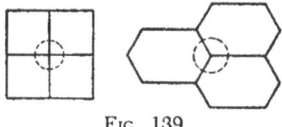

FIG. 139

ausfüllen. Allgemein sollte man, wenn man lehrt, was ein Winkel ist, die Augen
dafür öffnen, daß der Winkel ein Teil des Vollwinkels ist, bzw. daß er zusammen
mit dem Rest eine volle Umdrehung ergibt. (Siehe Kap. III, S. 127.)

einer Geraden (b); man errichte am Knick 2 Flächen im rechten Winkel zu jeder der Teilflächen (c). Zwischen den rechtwinkligen „Flä-
chenwinkeln" (die den Seitenwinkeln R der zweidimensionalen Figuren entsprechen) erhält man einen „Kantenwinkel" (c); wenn man
nun auch die Kante an einem Punkt knickt (d), erhält man die Winkel-
fläche δ. Wenn der Körper ringsum geschlossen sein soll, muß die
Summe der δ's einen körperlichen Vollwinkel ergeben! Es war bald
klar, daß das, was in diesem besonderen Fall des „Knickens einer
Fläche" gilt, für Ecken von Körpern allgemein gültig ist. Wenn sämtliche Ecken als Mittelpunkt einer Kugel gesehen werden, müssen die
δ's, die Polwinkel, die Kugel ausfüllen. Das wurde weiter verfolgt.
Die entsprechende Lösung wurde dann gefunden für die Summe der
Innenwinkel, vermittels des Begriffs des körperlichen „Loches" (der
Höhlung), als der negativen Summe der δ's.

Die folgenden Tage waren strengen Beweisführungen gewidmet,
auch für Kugeln usw.

Ich will die sich damals anschließenden Gedankengänge jetzt nicht
weiter verfolgen. Ich breche hier den Bericht ab, bei diesem fröhlichen
Augenblick, in dem die innere Beziehung zwischen Geschlossenheit und
Winkelsumme an Körpern so durchsichtig wurde wie an ebenen
Figuren.


Zusammenfassend ergibt sich:

1. Das Gefühl einer bedeutsamen wechselseitigen Bezogenheit zwischen der Struktur geschlossener Figuren und der Summe ihrer Winkel,
und das Bedürfnis, sie klar zu erfassen.

2. Eine unentwickelte Gesamt-Vorstellung von Geschlossenheit und
„Winkelraum". Hier wechselte das Ziel: Anstatt nach den Innenwinkeln zu fragen, wurde die Frage nach der Summe der Außenwinkel
ins Auge gefaßt, in einem dumpfen Gefühl, daß dies die strukturell
einfachere Frage sei. (Dieses Gefühl fand später im Verlauf seine klare
Bestätigung.)

3. Die Hervorhebung eines notwendigen Schrittes bei dem Vorgang
der Schließung einer Figur ergab einen radikalen Wandel in der Bedeutung eines Winkels, den Begriff des „Drehwinkels", des δ's, durch die

182

Abhebung dessen, was strukturell notwendig ist, um die Schließung zu vollziehen, von dem, was dazu nicht notwendig ist.

4. Mit der Betrachtung der $\delta$'s als eines wirklichen Ganzen war die Einsicht in die innere Beziehung zwischen den Winkeln und der Geschlossenheit erreicht. Im Gegensatz zu der Undsumme der in der üblichen Weise betrachteten Winkel ergibt die Gesamtheit der $\delta$'s die fertige Form, die Schließung, in der Einzigartigkeit der 360°. Hierzu gehört eine Umgruppierung.

FIG. 141

Die $\delta$-Teile, abgesetzt gegen die Seitenwinkel, wurden als ein Ganzes aufgefaßt. Aber selbst, wenn jemandem die Winkel mit den schon eingetragenen Trennungslinien gezeigt wurden, so daß jeder Winkel aus drei Teilen bestand, kam es vor, daß er struktur-blind blieb und in der üblichen Weise zusammenfaßte, (so daß die drei Winkel in jedem Winkel im herkömmlichen Sinn zusammengehörten, und die Summe der Winkel nach wie vor aus den herkömmlichen Winkeln bestand). Hier war die im Lauf der Überlegung vollzogene Gruppierung (die Absetzung der $\delta$'s von den strukturell belanglosen Seitenwinkeln, die zur Schließung nichts beitragen) gesteuert durch das Erfordernis, die Geschlossenheit der Figur zu verstehen. Die Hervorhebung der $\delta$'s und ihre Auffassung als *ein* Ganzes machte die strukturelle Transponierbarkeit dieses Faktors (siehe S. 175 f.) im Hinblick auf die strukturell nebensächliche Zahl der Seitenwinkel, der Winkel im üblichen Sinn, der Seiten und der Ecken deutlich.

5. Um das ins Auge gefaßte Ergebnis sicherzustellen, wurde die Angelegenheit bis in ihre Einzelheiten verfolgt und ein ins einzelne gehender Beweis geführt. Durch Verkleinerung der Seitenlänge auf Null wurde die unmittelbare Verbindung der Außenwinkel mit der ursprünglichen Konzeption des „Winkelraumes" um einen Punkt greifbar herausgestellt.

6. Eine Schwierigkeit trat auf und wurde geklärt; es fand sich, daß das Prinzip auch auf den besonderen Fall anwendbar ist, in dem das Vieleck einen einspringenden Winkel hat (vgl. S. 177).

183

7. Die derart erlangte Einsicht machte nun die tatsächlichen Gründe für ein gebräuchliches Vorgehen sichtbar, das als solches kein Verständnis ermöglicht. Die übliche Formel erschien in einem neuen und tieferen Sinn: ihre Teil-Ausdrücke erhielten eine unmittelbare, klare funktionelle Bedeutung.

8. Nun wurde die Frage der Innenwinkel in Angriff genommen. Wiederum begann es mit einer umfassenden Gesamtvorstellung: der Vorstellung des vollständigen „Loches", der 360° der Summe der negativen δ's.

9. Die Anwendbarkeit dieser Betrachtungsweise erweiterte sich; es fand sich, daß sie jede geschlossene Kurve in einer Ebene umfaßte. Dadurch, daß diese Einsicht erreicht wurde, entfiel eine Beschränkung, die in der üblichen Betrachtungsweise enthalten ist.

10. Das Bedürfnis wurde empfunden, die Sache noch weiter zu verfolgen: wenn die Einsicht grundlegend war, mußte die Beziehung auch für dreidimensionale Gebilde gelten usw. Die erste Orientierung wurde an der Winkelsumme an Körpern gesucht. Das Material wurde an verhältnismäßig einfachen Fällen von Körpern studiert. Trotz aller Verwickeltheit wurden in der Vorstellung die Winkel aneinandergefügt und ihre Summen gefunden. Zunächst war aber keine Möglichkeit einer grundlegenden allgemeinen Lösung zu sehen.

11. Die Lösung tauchte eines Nachts auf — strukturell klar, wie in dem sehr viel einfacheren Fall der zweidimensionalen Figuren.

Das Wesentliche an dem Prozeß war eindeutig der Drang, die innere Struktur der Aufgabe zu finden. Wieder sehen wir die Wirksamkeit des Gesamt-Überblicks, der Umstrukturierung, der Umgruppierung, des Erfassens der funktionellen Bedeutung der Teile in dem Ganzen, usw., alles im Licht der strukturellen Erfordernisse.

Jeder Schritt war ein Schritt in einem in sich geschlossenen Gedankenzug; es gab da keine willkürlichen Schritte, kein blindes Herumprobieren.

Daß das Vorgehen in mehrere Abschnitte zerfiel, daß der Prozeß nicht fließend voranging, scheint deutlich in der Tatsache begründet zu sein, daß der Prozeß gewohnte, in sich selbst klare und starke strukturelle Faktoren zu überwinden hatte; und daß später, bei drei Dimensionen, die Beherrschung einer strukturell hoch verwickelten Problemlage gefordert war.

Kapitel VI

EINE ENTDECKUNG GALILEIS

Wie machte Galilei die Entdeckung, die zu dem Trägheitsgesetz und
so zu den Anfängen der modernen Physik führte?

Es ist schon vielfach erörtert worden, wie Galilei tatsächlich vorging.
Die Frage ist auch heute noch nicht völlig geklärt. Geschichtlich, in
ihren Einzelheiten, ist es eine verwickelte Frage. Die Problemlage,
vor die sich Galilei gestellt sah, war belastet mit hochentwickelten
Begriffen und Spekulationen über die Natur von Bewegungen[1]). Die
Ansichten der Historiker gehen in verschiedenen Punkten auseinander,
so auch hinsichtlich des Ausmaßes, in welchem die alten Begriffe in
Galileis Denkprozeß eine Rolle spielten[2]).

Die Erörterungen drehten sich um Punkte der folgenden Art: War
Galileis Denken von der Induktion beherrscht? Oder von der Abstraktion? Von Tatsachenbeobachtung oder von apriorischen Voraussetzungen? War es sein Hauptverdienst, von der qualitativen Beobachtung
zur quantitativen fortzuschreiten?

Wenn man die Literatur studiert — die alten Traktate über Physik
und die aus der Zeit Galileis —, findet man, daß einer der hervor-

---

[1]) „Natürliche" und erzwungene Bewegungen wurden in spezifischer Weise unterschieden. Da gab es den Begriff der — notwendigerweise wieder nachlassenden —
vis impressa (aufgezwungenen Kraft), und Spekulationen darüber, wie das Medium
das Zur-Ruhe-kommen eines Körpers verzögern könne. Da waren die Vorstellungen
über „natürliche" Kreisläufe mit gleichbleibender Geschwindigkeit, usw.

[2]) Leser, die die geschichtliche Entwicklung genauer zu kennen wünschen, mögen
lesen: E. Wohlwill, „Die Entdeckung des Beharrungsgesetzes", Zeitschrift für Völ-
kerpsychologie und Sprachwissenschaft, Bd. 14 (1883), S. 365-410; Bd. 15 (1884),
S. 70-135. — Ernst Mach, „Die Mechanik in ihrer Entwicklung" (F. A. Brockhaus,
Leipzig 1908). — Alexander Koyré's schöne Untersuchungen „Études Galiléennes" I,
II, III (Hermann, Paris 1939); und natürlich vor allem die Schriften von Galilei
selbst.

ragenden Züge in Galileis Denken seine Fähigkeit war, vor diesem hoch verwickelten und von verworrenen Gedankenbildungen erfüllten Hintergrund solch eine klare, saubere strukturelle Einsicht zu gewinnen.

Ich will hier keine historische Rekonstruktion versuchen. Das würde eine umfassende Erörterung eines reichen Quellenmaterials erfordern — und ich bin kein Historiker. Außerdem wäre das gedruckte historische Material nicht ausreichend für den Psychologen, dem es auf die Eigenart des Denkprozesses in seinem Entstehen ankommt, worüber gewöhnlich keine schriftlichen Aufzeichnungen gemacht werden. Leider können wir Galilei nicht selbst über die tatsächliche Entwicklung des Prozesses befragen. Über eine Reihe bestimmter Einzelheiten würde ich mich besonders gern bei ihm selbst erkundigen.

Ich versuche, die Geschichte kurz zu erzählen, auf eine Weise, die einige der Faktoren, die mir wesentlich erscheinen, und einige der schönen Gedankengänge deutlich werden läßt. Die folgende Geschichte ist in gewisser Hinsicht lediglich eine psychologische Hypothese, ohne Anspruch auf historische Treue, aber eine, von der man, glaube ich, etwas für unser Problem lernen kann.

## I

Dies ist die Ausgangslage:

1. Wenn man einen Stein in der Hand hält und losläßt, fällt er hinunter. Schwere Körper tun das. Die alte Physik sagte: „Schwere Körper streben auf ihre Heimat, die Erde, zu".

2. Wenn ich einem Körper, sagen wir einem Fahrzeug, einen Stoß gebe, oder wenn ich eine Kugel auf einer waagerechten Ebene vor mir her rollen lasse, bewegt sie sich, setzt eine Zeit lang ihre Bewegung fort und bleibt dann liegen — früher, wenn ich sie sanft stoße, etwas später, wenn ich sie kräftig stoße.

Das ist die einfachste Bedeutung der alten *vis impressa:* „Der bewegte Körper kommt früher oder später zum Stillstand, wenn die Kraft, die ihn treibt, nicht mehr wirkt".

Ist das nicht wahr? Es ist offensichtlich.

186

3. Und natürlich muß bei Fragen der Bewegung eine ganze Reihe zusätzlicher Faktoren in Betracht gezogen werden: z. B. die Größe des Gegenstands, seine Form, die Fläche, auf welcher der Körper bewegt wird, die Gegenwart oder Abwesenheit von Hindernissen, usw.

So kennen wir eine große Menge von Tatsachen über die Bewegung. Sie sind uns vertraut. Verstehen wir sie? Es scheint so. Wissen wir wirklich, wie Bewegung zustandekommt? Sehen wir die Prinzipien, die da am Werk sind?

Galilei war nicht zufrieden mit diesem Wissen. Er fragte sich selbst: „Wissen wir, *wie* solche Bewegungen wirklich verlaufen?" Von dem Wunsch getrieben, zum Verständnis der Grundlagen zu gelangen, zu den inneren Gesetzmäßigkeiten, die da beteiligt waren, sagte Galilei zu sich selbst: „Wir wissen, daß ein schwerer Körper fällt, aber *wie* fällt er? Beim Fallen gewinnt er Geschwindigkeit. Die Geschwindigkeit ist größer, wenn die Strecke, durch die er fällt, größer ist. — Was geschieht mit der Geschwindigkeit, wenn der Körper fällt?"

Alltagserfahrung gibt nur ein ungefähres Bild. Galilei begann Beobachtungen und Versuche zu machen in der Hoffnung, herauszufinden, was mit der Geschwindigkeit geschieht, und ob sie von Prinzipien beherrscht wird, die wir verstehen können. Seine Versuchsanordnungen waren recht behelfsmäßig, verglichen mit denjenigen, die die Physiker später entwickelten, aber indem er diese Beobachtungen und Versuche anstellte, versuchte er eine Hypothese aufzustellen und zu prüfen. Erst hatte er eine falsche Vermutung, dann fand er die Formel für die Beschleunigung eines fallenden Körpers. Da die Fallgeschwindigkeit so groß ist, daß man nicht leicht genaue Werte bestimmen kann, ging Galilei, in dem Bestreben, die Frage gründlicher zu studieren, mit sich selbst zu Rate: „Könnte ich das nicht auf eine bequemere Art studieren? Kugeln rollen eine schiefe Ebene hinab. Ich werde sie beobachten. Ist der freie Fall nicht einfach ein Grenzfall, der Grenzfall, bei dem die Neigung des Fallweges anstelle eines kleineren Winkels 90° beträgt?"

Beim Studium der Beschleunigung in den verschiedenen Fällen sah er, daß die

Abnahme der Beschleunigung

Fig. 142

Beschleunigung mit dem Neigungswinkel regelmäßig abnimmt; der
Reihenfolge der Winkel entsprach die Reihenfolge der abnehmenden
Beschleunigung. Die Beschleunigung wurde zum vordringlichsten und
zentralen Faktum, als er das Prinzip entdeckte, das die Abnahme der
Beschleunigung mit der Größe der Winkel verband.


## II

   Dann fragte er sich plötzlich: „Ist das nicht erst das halbe Bild?
Ist nicht das, was geschieht, wenn man einen Körper aufwärts wirft,
wenn man eine Kugel den Berg hinauf rollt, die symmetrische andere
Hälfte des Bildes, die das, was wir schon haben, wie in einem Spiegel-
bild wiederholt und so das Bild vollständig macht?"

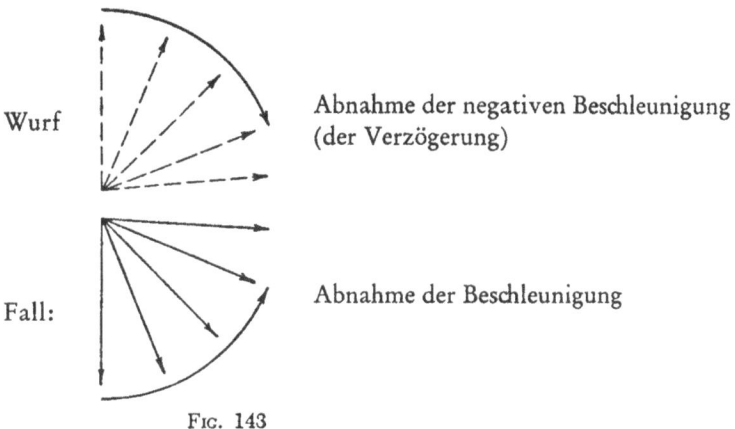

Fig. 143

Wenn ein Körper in die Höhe geworfen wird, haben wir nicht positive, sondern negative Beschleunigung. Der Körper wird im Verlauf
seines Steigens langsamer. Aber wiederum, symmetrisch zur positiven
Beschleunigung eines fallenden Körpers, nimmt diese negative Be-

188

schleunigung ab, wenn der Neigungswinkel von 90° kleiner wird;
so daß sich ein geschlossenes, in sich stimmiges Bild ergibt[3]).

## III

Aber ist damit das Bild schon vollständig? Nein. Es hat eine Lücke.
Was geschieht, wenn die Ebene horizontal ist, wenn der Winkel Null
ist und der Körper sich bewegt? In allen Fällen können wir von einer
gegebenen Geschwindigkeit ausgehen. Was muß in Übereinstimmung
mit dem Gesamtbild sinngemäß geschehen?

Die positive Beschleunigung darunter und die negative Beschleunigung darüber nehmen vom Grenzfall der Senkrechten beiderseits ab
zu ... keiner positiven oder negativen Beschleunigung, das heißt ...
zu gleichförmiger Bewegung?! Wenn ein Körper sich horizontal in
einer gegebenen Richtung bewegt, muß er sich in gleichförmiger
Geschwindigkeit weiter bewegen — in alle Ewigkeit, wenn keine
äußere Kraft seinen Bewegungszustand ändert.

Das steht in genauem Gegensatz zu der alten Feststellung oben
unter Punkt 2 (S. 186). Ein Körper, der sich mit gleichmäßiger
Geschwindigkeit bewegt, kommt nie zur Ruhe, wenn keine äußeren
Hindernisse am Werk sind, ganz gleich, ob die Kräfte, die die Bewegung in Gang setzten, schwach oder stark waren.

---

[3]) Galilei hatte den Gedanken einer strukturellen dynamischen Symmetrie ent-
gegengesetzter Vorgänge gefaßt und schon konkret angewendet in der Annahme,

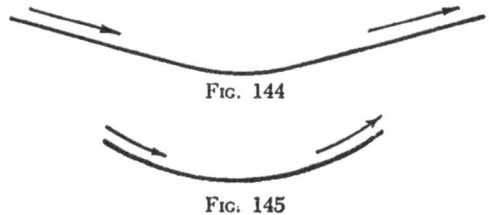

FIG. 144

FIG. 145

daß ein Körper, der eine schiefe Ebene herabrollt, auf einer gegenüberliegenden
schiefen Ebene zur selben Höhe hinaufrollen muß, indem seine Geschwindigkeit auf
dieselbe Weise abnimmt, wie sie beim Herabrollen zugenommen hatte. Er hatte eine
solche dynamische Symmetrie zum ersten Mal ins Auge gefaßt bei der Beobachtung
einer schwingenden Lampe in einer Kirche in Pisa.

Was für eine verblüffende Schlußfolgerung! Sichtlich im Widerspruch zu aller vertrauten Erfahrung, gleichwohl gefordert von der inneren Logik der Struktur.

Natürlich können wir den Versuch nicht durchführen. Selbst wenn wir alle äußeren Hindernisse beseitigen könnten, was wir nicht können, kommt Beobachtung in alle Ewigkeit nicht in Frage. Andererseits weisen die Abnahmen in der Änderung der Beschleunigung klar darauf hin, daß in diesem Grenzfall der Betrag der Änderung Null werden muß.

Galileis Ansichten wurden bestätigt und bildeten die Grundlage der Entwicklung der modernen Physik.

Der heutige Leser ist natürlich mit diesen Ansichten vertraut. Ich werde sie an einem einfachen wohlbekannten Beispiel veranschaulichen. Wenn ein Eisenbahnzug bewegt werden soll, so ist die größte Aufgabe am Anfang gestellt: Sie besteht darin, ihn aus der Ruhe in Bewegung zu bringen, ihn „zu beschleunigen". Ist er einmal in Bewegung, so ist, falls die Schienen und Räder glatt sind, viel weniger Maschinenkraft erforderlich, um die Geschwindigkeit aufrecht zu erhalten; der Zug läuft fast von selbst. Wenn wir nun die Räder und Schienen immer glatter machen und untersuchen, wie die Kraft, die den fahrenden Zug in Gang hält, immer mehr abnimmt, zeigen unsere Kurven zu unserer Überraschung, daß bei ideal glatten, völlig reibungslosen Rädern und Schienen, gewaltige Gegenkräfte erforderlich wären, um den Zug anzuhalten und zum Stehen zu bringen[4]).

---

Welches sind die wesentlichen Züge dieses Vorgangs?

Erstens: Das Verlangen, aufzuklären, herauszufinden, was geschieht, wenn ein Körper fällt oder abwärts rollt; das Verlangen, zu sehen, ob in diesen Geschehensarten ein inneres Prinzip herrscht; ein Verlangen, sie im Überblick, bei verschiedenen Neigungswinkeln, zu betrachten.

So wurde zum Brennpunkt des Nachdenkens die Frage, was mit der Beschleunigung geschieht. Versuchsanordnungen entstanden auf Grund der Vermutung, daß Konzentration auf die Frage der Beschleunigung strukturelle Klärung herbeiführen könnte.

---

[4]) Man vergleiche die viel stärker vereinfachte Darstellung des Galileischen Gedankenganges, wie sie Einstein und Infeld in „The Evolution of Physics" (Simon and Schuster, New York, 1938) auf S. 5 ff. geben.

Die verschiedenen Fälle erscheinen als Teile in einer wohlgeordneten Struktur, sie zeigen die Beziehung zwischen den Neigungswinkeln und dem Betrag der Beschleunigung. Jeder dieser Fälle hat seinen Platz in der Gruppe, und was in jedem Fall geschieht, läßt sich als von diesem Platz gefordert verstehen.

Zweitens: Diese Struktur wird nun als Teil eines umfassenderen Zusammenhangs gesehen: Es gibt einen zweiten, komplementären Teil, der als symmetrisch zum ersten verstanden wird und mit ihm zusammen ein Ganzes bildet, in welchem die zwei Hälften die beiden großen, einander entsprechenden Unterganzen sind, mit positiver Beschleunigung in dem einen, negativer Beschleunigung in dem anderen. Die Ganz-Eigenschaften der beiden Hälften ergänzen einander. Sie werden in *einem* Überblick gesehen, in ihrer strukturellen Symmetrie, in ihrem einheitlichen Gesamtaufbau.

Drittens: In der Struktur taucht eine kritische Stelle auf — die Stelle der horizontalen Bewegung. Das Aufbauprinzip des Ganzen stellt gerade für diese Stelle klare Forderungen. Nach diesen Forderungen stellt sie den Fall dar, in welchem keine Beschleunigung und keine Verzögerung stattfindet — den Fall der gleichförmigen Geschwindigkeit.

Die Ruhe wird im Verfolg dieser Überlegungen zu einem Spezialfall der gleichförmigen Geschwindigkeit, zu einem der Fälle, in denen positive und negative Beschleunigung fehlt. Ruhe und gleichmäßige geradlinige Bewegung in horizontaler Richtung erweisen sich als strukturell gleichbedeutend.

Natürlich sind Operationen der traditionellen Logik beteiligt, wie Induktion, Schlußfolgerung, Aufstellung von Lehrsätzen, Ableitung — und Beobachtung und erfindungsreiche Experimentierkunst. (Einer der großartigen Züge am Denken Galileis war die Art und Weise, wie er strenges Denken, mathematisches Vorgehen mit dem Gebrauch des Experiments zur Prüfung der theoretischen Annahmen oder zur Beantwortung theoretischer Fragen verband.) Aber alle diese Operationen finden an ihrem Platz in dem Gesamtprozeß statt. Der Prozeß selbst ist gesteuert durch die Umzentrierung, die dem Verlangen nach umfassender Einsicht entspringt. Er verwandelt alles, so daß jetzt die Dinge als Teile einer neuen, klaren Struktur gesehen werden.

Grundlegende Änderungen in den Begriffen brachte der Übergang von der alten Ansicht zu der neuen mit sich. Die Bedeutung der Bewegungs-Begriffe wurde in ihrer Stellung, Rolle und Funktion von Grund auf geändert. Ihre inneren Vorbedingungen wurden in einer völlig neuen Ordnung gesehen; eine neue Zusammenfassung und Trennung fand statt[5].

Zum Beispiel waren vordem die Ruhe und gewisse „natürliche" Kreisbewegungen grundsätzlich geschieden von und entgegengesetzt allen anderen Bewegungen. Jetzt wird die Ruhe mit der gleichförmigen geradlinigen Bewegung zusammen gesehen, als strukturell gleichbedeutend, und geschieden von, entgegengesetzt allen positiv oder negativ beschleunigten Bewegungen.

Steigen und Fallen von Körpern werden zusammen gesehen als Fälle von Beschleunigung in der symmetrischen Teilung des ganzen Bildes. Freier Fall und freies Steigen werden als Sonderfälle in der ganzen Gruppe von geradlinigen Bewegungen in irgendeiner Richtung gesehen.

Das Aufhören einer Bewegung wird nicht mehr als die notwendige Folge des Abnehmens und Erlöschens der Wirkungen einer vis impressa (einer aufgezwungenen Kraft) betrachtet. Es wird jetzt in einer von Grund auf anderen Weise gesehen: Die Bewegung wird von außen gebremst, durch Reibung.

Reibung ist nicht mehr nur einer von verschiedenen Faktoren, die bei der Bewegung in Betracht gezogen werden müssen; sie hat jetzt eine der Beharrung genau entgegengesetzte Rolle. Während nach der früheren Annahme geradlinige Bewegung mit oder ohne Reibung schließlich zum Stillstand kommt, infolge des natürlichen Erlöschens der vis impressa, betrachtet die neue Auffassung die Reibung als die Grund-Ursache jedes Aufhörens einer Bewegung.

---

[5] Der Kürze halber verwende ich einige Formulierungen, die erst später in ihrer vollen Allgemeinheit gebraucht wurden, die aber irgendwie in Galileis Ansichten enthalten oder vorausgeahnt waren. Galilei selbst war äußerst vorsichtig in seinen Formulierungen.

Galileis Formulierung betrifft Bewegung in der Horizontalen. Er wendete das Prinzip auch auf Bewegungen in anderen Richtungen an. Er verallgemeinerte es nicht in der Form, die wir heute als Beharrungsgesetz kennen, aber andere taten es unverzüglich. Wir sind nicht sicher, ob er die Allgemeinheit des Prinzips erkannte.

Kraft erscheint ihrem Wesen nach als etwas, was Beschleunigung bewirkt.

Alles erhält seine neue Bedeutung kraft seiner Rolle und Funktion in der neuen Struktur.

Die neuen Begriffe eröffnen einen höchst erstaunlichen Ausblick auf das Verständnis einer unabsehbaren Menge von Erscheinungen. Sie ermöglichten ein völlig neues Verständnis der Bewegungen der Himmelskörper. Newton konnte in der Folge diese Bewegungen erklären als veranlaßt durch die Beharrung mit ihrer Tendenz zu geradliniger Bewegung auf der einen Seite und durch die Gravitation auf der anderen.

---

Produktive Prozesse sind oft von dieser Art: aus dem Verlangen nach wirklichem Verständnis beginnt man alles neu in Frage zu stellen und zu untersuchen. Ein bestimmter Bereich in dem Feld der Untersuchung wird entscheidend, wird zum Brennpunkt; aber er wird nicht herausgelöst. Eine neue, eine tiefere strukturelle Erfassung der Problemlage entwickelt sich, die Änderungen in der funktionalen Bedeutung, der Zusammengefaßtheit, usw. der Teilgegebenheiten in sich einschließt.

Geleitet von dem, was von der Struktur der Problemlage für einen kritischen Bereich gefordert ist, kommt man zu sinngemäßen Voraussagen, die — wie die anderen Teile der Struktur — nach mittelbarer oder unmittelbarer Verifikation verlangen.

Zwei Richtungen des Vorgehens sind im Spiel: ein vollständiges, in sich geschlossenes Bild zu gewinnen, und sich zu überzeugen, was von der Struktur des Ganzen her für die Teile gefordert ist.

---

Wenn ich die Geschichte so erzählte, hatte ich oft beglückende Erlebnisse: ich sah, was für eine lebendige und ursprüngliche Teilnahme erweckt wurde; ich beobachtete, wie bei den Hörern dramatische Dinge sich ereigneten; ich erlebte, wie am entscheidenden Punkt manche Studenten ausriefen: „Jetzt versteh ich!" Für sie war es eine entscheidende Wendung: wo vorher die *Kenntnis* einer Anzahl von *Tatsachen* bestanden hatte, da waren ihnen nun wirklich *die Augen geöffnet* für ein tieferes Verständnis in einem umfassenden Überblick.

Kapitel VII

EINSTEIN: DAS DENKEN,
DAS ZUR RELATIVITÄTSTHEORIE FÜHRTE

I

Welches waren die entscheidenden Schritte in der Entwicklung von
Einsteins Relativitätstheorie? Obwohl das keine kleine Aufgabe ist,
will ich versuchen, sie dem Leser klar zu machen. Eine Anzahl von
Fragen, wie die nach dem Äther und nach den Beziehungen zur Galilei'schen „Relativität", werden von der Erörterung ausgeschlossen. Das
Feld, vor das sich Einstein bei diesem ungeheuren Denkprozeß gestellt
sah, war sehr groß, denn es umfaßte die meisten der Grundthemen
der modernen Physik, schwierige Streitfragen für diejenigen, die mit
der Weitschichtigkeit der modernen Physik nicht vertraut sind. Obwohl
die folgende Skizze notwendig gedrängt sein wird, hoffe ich, daß der
Leser Einsicht in die Natur der entscheidenden Schritte gewinnen
wird.

Das waren wunderbare Tage, als ich, zuerst im Jahre 1916, das
Glück hatte, Stunden und Stunden mit Einstein zusammenzusitzen,
allein in seinem Arbeitszimmer, und von ihm die Geschichte der dramatischen Entwicklungen zu hören, die in der Relativitätstheorie gip-
felten. Während dieser langen Gespräche richtete ich an Einstein sehr
ins Einzelne gehende Fragen über die konkreten Ereignisse bei seinen
Überlegungen. Er beschrieb sie mir, nicht in Allgemeinheiten, sondern
in einer Erörterung des Entstehens jeder der Fragen.

Einsteins Veröffentlichungen enthalten seine Ergebnisse. Sie erzählen nicht die Geschichte seines Nachdenkens. Im Zusammenhang eines
seiner Bücher hat er über einige Schritte in dem Denkprozeß berichtet.
Ich habe ihn an den entsprechenden Stellen dieses Kapitels zitiert.

Das Drama entwickelte sich in einer Reihe von Akten.

194

*Erster Akt: Das Problem erhebt sich*

Das Problem erhob sich, als Einstein sechzehn Jahre alt war, ein Gymnasiast (Aarau, Kantonsschule). Er war kein übermäßig guter Schüler, wenn er nicht gerade fruchtbare Arbeit auf eigene Rechnung tat; das tat er in Physik und Mathematik, und infolgedessen wußte er in diesen Fächern mehr als seine Mitschüler. Damals begann das große Problem, ihn tatsächlich zu beunruhigen. Er war damit sieben Jahre lang intensiv beschäftigt; aber von dem Augenblick an, wo er dazu kam, den gebräuchlichen Zeitbegriff in Frage zu stellen (siehe siebter Akt), brauchte er nur fünf Wochen, um seine Abhandlung über Relativität zu schreiben — obwohl er zu jener Zeit am Patentamt ganztägig beschäftigt war.

Der Denkprozeß begann auf eine Weise, die nicht sehr klar war und daher schwer zu beschreiben ist — in einem gewissen Zustand der Verwirrung. Erst kamen Fragen wie: Wie wäre es, wenn man hinter einem Lichtstrahl herliefe? Wie, wenn man auf ihm ritte? Wenn man einen Lichtstrahl auf seiner Reise verfolgte, würde seine Geschwindigkeit dann abnehmen? Wenn man schnell genug liefe, würde er sich dann überhaupt nicht mehr bewegen? ... Dem jungen Einstein kam dies sonderbar vor.
Derselbe Lichtstrahl würde für einen anderen Mann eine andere Geschwindigkeit haben. Was ist „die Lichtgeschwindigkeit"? Wenn ich sie in Beziehung auf einen Gegenstand kenne, trifft ihr Wert nicht zu in bezug auf einen anderen Gegenstand, der sich selbst in Bewegung befindet. (Ein verwirrender Gedanke, daß unter bestimmten Bedingungen das Licht in der einen Richtung sich schneller fortbewegen sollte, als in einer anderen.) Wenn das zutrifft, dann wären auch gewisse Schlußfolgerungen zu ziehen hinsichtlich der Erde, sofern sie sich bewegt. Es müßte Möglichkeiten geben, durch Experimente mit Licht herauszubringen, ob man sich auf einem bewegten System befindet! Einsteins Interesse wurde hierdurch gefangen genommen; er versuchte Verfahren zu finden, durch die es möglich wäre, die Bewegung der Erde festzustellen oder zu messen — und er erfuhr erst später, daß Physiker schon solche Experimente gemacht hatten. Sein Wunsch, solche Experimente zu entwerfen, war stets begleitet von

195

einigem Zweifel, ob es sich wirklich so verhielt; jedenfalls fühlte er,
daß er versuchen müsse zu entscheiden.

Er sagte sich: „Ich weiß, was die Geschwindigkeit eines Lichtstrahls
in bezug auf ein System ist. Welches die Lage ist, wenn man ein
anderes System in Betracht zieht, scheint klar zu sein, aber die Folgerungen sind sehr verwirrend."

*Zweiter Akt: Bestimmt das Licht einen Zustand absoluter Ruhe?*

Würden Operationen mit Licht in dieser Hinsicht zu anderen Schlußfolgerungen führen als mechanische Operationen[1])? Vom Standpunkt
der Mechanik scheint es keine absolute Ruhe zu geben; vom Standpunkt des Lichtes scheint das doch der Fall zu sein. Wie steht es mit
der Lichtgeschwindigkeit? Man muß sie auf irgendetwas beziehen.
Hier beginnt die Beunruhigung. Läßt sich vom Licht aus ein Zustand
absoluter Ruhe festlegen? Wie dem auch sei, man weiß nicht, ob man
sich in einem ruhenden System befindet oder nicht. Der junge Einstein
hatte eine Art von Überzeugung gewonnen, daß man nicht feststellen
kann, ob man sich in einem bewegten System befindet oder nicht; es
schien ihm ganz tief in der Natur begründet, daß es keine „absolute
Bewegung" gibt. Der entscheidende Punkt wurde hier der Widerspruch
zwischen der Auffassung, daß die Lichtgeschwindigkeit einen Zustand
„absoluter Ruhe" vorauszusetzen scheint, und dem Fehlen dieser Möglichkeit bei anderen physikalischen Vorgängen.

Hinter allem diesem mußte etwas sein, was noch nicht erfaßt, noch
nicht verstanden war. Das Unbehagen hierüber kennzeichnet die Gei-
stesverfassung des jungen Einstein zu jener Zeit.

Als ich ihn fragte, ob er während dieser Zeit schon eine Ahnung von
der Konstanz der Lichtgeschwindigkeit gehabt habe, unabhängig von
der Bewegung des Bezugssystems, antwortete Einstein entschieden:

---

[1]) Vgl. unten, Neunter Akt.
Der Laie, der nicht mit moderner Physik vertraut ist, wird den Erörterungen unter
II und III bei meinen kurzen Formulierungen nicht folgen können. Obwohl diese
Überlegungen für den Denkprozeß bedeutsam waren, scheint es nicht unbedingt
nötig, sie ganz zu verstehen, um die späteren Schritte innerhalb der positiven Lösung
verfolgen zu können. Die physikalische Laie möge daher gleich zu Akt IV übergehen.

196

„Nein, es war nur Neugier. Daß die Lichtgeschwindigkeit, je nach der
Bewegung des Beobachters, verschieden sein könnte, kam mir irgendwie zweifelhaft vor. Spätere Entwicklungen verstärkten diesen Zweifel." — Das Licht schien nicht antworten zu wollen, wenn man solche
Fragen stellte. Auch das Licht, ganz wie die mechanischen Vorgänge,
schien nichts zu wissen von einem Zustand absoluter Bewegung oder
absoluter Ruhe. Dies war merkwürdig, aufregend.

Das Licht war für Einstein etwas Grundlegendes. Zur Zeit, als er
auf dem Gymnasium war, betrachtete man den Äther nicht mehr als
ein mechanisches Gebilde, sondern als „den bloßen Träger der elektri-
schen Erscheinungen".

*Dritter Akt: Arbeit an der einen der beiden Möglichkeiten*

Ernste Arbeit begann. In den Maxwell'schen Gleichungen des elek-
tromagnetischen Felds spielt die Lichtgeschwindigkeit eine wichtige
Rolle; und sie ist konstant. Wenn die Maxwell'schen Gleichungen für
ein System zutreffen, sind sie ungültig für ein anderes. Sie mußten
geändert werden. Wenn man das so versucht, daß die Lichtgeschwindigkeit nicht als konstant angenommen wird, wird die Sache sehr verwickelt. Jahrelang versuchte Einstein das Problem zu klären, indem
er die Maxwell'schen Gleichungen studierte und zu ändern versuchte.
Es gelang ihm nicht, diese Gleichungen so zu formulieren, daß er der
Schwierigkeiten in befriedigender Weise Herr wurde. Er bemühte sich
angestrengt, die Beziehung zwischen der Lichtgeschwindigkeit und den
Tatsachen der Bewegung in der Mechanik klar zu sehen. Aber wie er
auch versuchte, die Frage der mechanischen Bewegung mit den elektro-
magnetischen Erscheinungen in Einklang zu bringen, geriet er in
Schwierigkeiten. Eine seiner Fragen war: Was würde aus den Maxwell'schen Gleichungen und aus ihrer Übereinstimmung mit den Tatsachen werden, wenn man annehmen müßte, daß die Lichtgeschwindigkeit von der Bewegung der Lichtquelle abhängt?

Die Überzeugung wuchs, daß in dieser Hinsicht die Lage beim Licht
nicht anders sein konnte als bei den mechanischen Vorgängen (keine
absolute Bewegung, keine absolute Ruhe). Besonders viel Zeit kostete
ihn dieses: er konnte nicht bezweifeln, daß die Lichtgeschwindigkeit

konstant ist, und gleichzeitig eine befriedigende Theorie der elektro-
magnetischen Phänomene gewinnen.

*Vierter Akt: Michelsons Befund und Einstein*

Der berühmte Michelson-Versuch stellte die Physiker vor ein bestür-
zendes Ergebnis. Wenn man vor einem Körper, der auf einen zueilt,
davonläuft, so erwartet man, daß er einen ein wenig später trifft,
als wenn man stehen bleibt. Wenn man auf ihn zuläuft, trifft er einen
früher. Genau das tat Michelson in Messungen der Lichtgeschwindigkeit. Er verglich die Zeit, die das Licht braucht, um durch zwei
Röhren zu laufen, wenn diese Röhren im rechten Winkel zueinander
liegen und wenn die eine in Richtung der Bewegung der Erde verläuft,
während die andere quer dazu liegt. Da die erste Röhre in ihrer Längs-
erstreckung sich mit der Bewegung der Erde bewegt, mußte das in ihr
wandernde Licht das — zurückweichende — Ende seiner Röhre später
erreichen, als das Licht in der anderen Röhre an deren Ende anlangt.

FIG. 146

Die Pfeile oben zeigen die Richtungen an, in denen das Licht wandert. Die Bewegung
der Erde, und demzufolge des ganzen Apparates, ist nach rechts gerichtet.

In Wirklichkeit war die Versuchsanordnung komplizierter. Am Scheitelwinkel der beiden Röhren war ein gemeinsamer Spiegel, und Spiegel
waren auch an den Enden. In beiden Röhren eilten Lichtstrahlen von
einer gemeinsamen Quelle hin und her, von den Spiegeln zurück-
geworfen. Der Zeitunterschied sollte vermittels eines Interferenzeffekts
an dem gemeinsamen Spiegel gemessen werden. (Der Leser ist vielleicht geneigt anzunehmen, daß bei dem Vor- und Zurücklaufen der
Lichtstrahlen der Unterschied, dur durch die Erdbewegung hinein-
kommen sollte, wieder aufgehoben würde. Dies ist nicht der Fall,

wie man sich durch gewisse mathematische Überlegungen überzeugen kann.) Der Unterschied konnte der Beobachtung nicht entgehen,
weil die Messung durch Interferenz fein genug war, um den Betrag,
wie er durch die mathematische Analyse vorausgesagt war, deutlich
werden zu lassen.

Kein Unterschied wurde gefunden. Der Versuch wurde wiederholt,
und das negative Ergebnis wurde klar bestätigt.

Das Ergebnis des Michelson-Versuchs paßte in keiner Weise in die
fundamentalen Anschauungen der Physiker. Tatsächlich widersprach
dieses Ergebnis allen ihren vernünftigen Erwartungen.

Für Einstein war Michelsons Ergebnis keine alleinstehende Tatsache.
Es hatte seinen Platz innerhalb seiner Gedanken, wie sie sich bis dahin
entwickelt hatten. Als Einstein von diesen entscheidenden Versuchen
der Physiker und den scharfsinnigsten, die von Michelson angestellt
worden waren, las, waren ihre Ergebnisse für ihn keine Überraschung,
obwohl höchst wichtig und entscheidend. Sie schienen seine Gedanken
eher zu bekräftigen als zu untergraben. Aber die Sache war noch nicht
ganz aufgeklärt. Wie kommt dieses Ergebnis ganz genau zustande?
Einstein war von diesem Problem besessen, obwohl er keinen Weg zu
einer positiven Lösung sah.


*Fünfter Akt: Die Lösung von Lorentz*

Nicht nur Einstein war in Zweifeln; viele Physiker waren es.
Lorentz, der berühmte niederländische Physiker, hatte eine Theorie
entwickelt, die mathematisch ausdrückte, was im Michelson-Versuch
geschehen war. Um diese Tatsache zu erklären, schien es ihm, ebenso
wie schon vor ihm Fitzgerald, notwendig, eine Hilfsannahme einzuführen: Er nahm an, daß der gesamte für die Messung benutzte
Apparat eine ganz geringe Zusammenziehung in der Richtung der
Erdbewegung erleide. Nach dieser Theorie war bei der in der Richtung
der Erdbewegung verlaufenden Röhre die Länge verändert, dagegen
erlitt die andere Röhre nur eine Änderung der Weite, während ihre
Länge unberührt blieb. Man mußte annehmen, daß die Zusammenziehung genau so groß war, daß sie die Wirkung der Erdbewegung
auf die Fortpflanzung des Lichts gerade ausglich. Das war eine geist-
reiche Hypothese.

199

Man hatte nun eine schöne positive Formel, die die Ergebnisse Michelsons mathematisch erfaßte, und eine Hilfshypothese, die Zusammenziehung. Die Schwierigkeit war „weggeschafft". Aber für Einstein war die Lage nicht weniger beunruhigend als zuvor; er hatte das Gefühl, daß die Hilfshypothese eine Annahme *ad hoc* sei, die am Kern der Sache vorbei gehe.

*Sechster Akt: Erneute Überprüfung der theoretischen Situation*

Einstein sagte sich: „Abgesehen von dem Ergebnis erscheint die gesamte Lage in dem Michelson-Versuch durchaus klar; alle beteiligten Faktoren und ihr Zusammenspiel scheinen klar zu sein. Aber *sind* sie wirklich klar? Verstehe ich wirklich die Struktur der gesamten Situation, vor allem in bezug auf das entscheidende Ergebnis?" Während dieser Zeit war er oft niedergeschlagen, manchmal verzweifelt, aber von den stärksten Vektoren angetrieben.

In seinem leidenschaftlichen Verlangen zu verstehen, oder besser, zu sehen, ob die Lage ihm wirklich klar war, faßte er die wesentlichen Umstände in der Michelson-Situation immer wieder ins Auge, besonders den zentralen Punkt: die Messung der Lichtgeschwindigkeit unter den Bedingungen der Bewegung der gesamten Versuchsanordnung in der kritischen Richtung.

Dies wollte einfach nicht klar werden. Er fühlte irgendwo eine Lücke, ohne daß er imstande war, sie zu klären, ja sie auch nur zu benennen. Er fühlte, daß die Schwierigkeit tiefer ging als bis zu dem Widerspruch zwischen Michelsons erwartetem und erzieltem Befund.

Er spürte, daß ein bestimmter Bereich in der Struktur der Gesamtsituation ihm in Wirklichkeit nicht so klar war, wie er sollte, obwohl er bisher von jedermann, ihn selbst eingeschlossen, ohne jede Frage hingenommen worden war. Sein Vorgehen war etwa, wie folgt: Während die kritische Bewegung stattfindet, wird eine Zeitmessung vorgenommen. „Sehe ich wirklich klar", fragte er sich selbst, „die Beziehung, die innere Verbindung żwischen den beiden, zwischen der Messung der Zeit und derjenigen der Bewegung? Ist es mir klar, wie es bei der Messung der Zeit in einer solchen Situation hergeht?" Und für ihn war das nicht eine Frage, die nur den Michelson-Versuch betraf, sondern ein Problem, das viel tiefere Prinzipien berührte.

*Siebter Akt: Positive Schritte auf dem Weg zur Klärung*

Einsteins Blick fiel auf die Tatsache, daß Zeitmessung Gleichzeitigkeit voraussetzt. Wie steht es mit der Gleichzeitigkeit bei einer Bewegung wie dieser? Wie steht es beispielsweise schon mit der Gleichzeitigkeit von Ereignissen an verschiedenen Orten?

Er sagte sich: „Wenn zwei Ereignisse am selben Ort stattfinden, verstehe ich klar, was Gleichzeitigkeit bedeutet. Zum Beispiel: ich sehe, wie diese beiden Bälle dasselbe Ziel gleichzeitig treffen. Aber ... bin ich mir wirklich klar über das, was Gleichzeitigkeit bedeutet, wenn sie sich auf Ereignisse an zwei verschiedenen Orten bezieht? Was bedeutet es, wenn man sagt, daß dieses Ereignis sich in meinem Zimmer zur gleichen Zeit abspielte wie ein anderes Ereignis an irgend einem fernen Platz? Sicher kann ich den Begriff der Gleichzeitigkeit auf verschiedene Orte ebenso anwenden wie auf einen und denselben Ort — aber darf ich das? Ist es mir im ersten Fall so klar wie im zweiten? ... Nein!"

Für das, was nun in Einsteins Denken folgte, können wir glücklicherweise Abschnitte aus seinen eigenen Schriften anführen[2]). Er schrieb sie in der Form eines Gesprächs mit dem Leser. Was Einstein hier zum Leser sagt, ist dem Weg, auf dem sein Denken voranging, ähnlich:

„An zwei weit voneinander entfernten Stellen A und B unseres Bahndammes hat der Blitz ins Geleise eingeschlagen. Ich füge die Behauptung hinzu, diese beiden Schläge seien *gleichzeitig* erfolgt. Wenn ich dich nun frage, lieber Leser, ob diese Aussage einen Sinn habe, so wirst du mir mit einem überzeugten ‚Ja' antworten. Wenn ich aber jetzt in dich dringe mit der Bitte, mir den Sinn der Aussage genauer zu erklären, merkst du nach einiger Überlegung, daß die Antwort auf diese Frage nicht so einfach ist, wie es auf den ersten Blick erscheint.

Nach einiger Zeit wird dir vielleicht folgende Antwort in den Sinn kommen: ‚Die Bedeutung der Aussage ist an und für sich klar und bedarf keiner weiteren Erläuterung; einiges Nachdenken müßte ich allerdings aufwenden, wenn ich den Auftrag erhielte, durch Beob-

---

[2]) Albert Einstein, „Über die spezielle und die allgemeine Relativitätstheorie", Braunschweig 1916, S. 14 ff.: in der 16. Aufl. (unter dem Titel: Relativitätstheorie, nach dem heutigen Stand gemeinverständlich dargestellt. Braunschweig 1954), S. 12. Wir zitieren nach der Ausgabe von 1954. (Übers.)

achtungen zu ermitteln, ob im konkreten Falle die beiden Ereignisse gleichzeitig stattfanden oder nicht'." Ich füge nun eine Erläuterung ein, die Einstein in einem Gespräch gab. Angenommen, jemand gebraucht das Wort „Buckel". Wenn dieser Begriff irgend eine klare Bedeutung haben soll, muß es irgend ein Verfahren geben, um herauszufinden, ob ein Mann einen krummen Rücken hat oder nicht. Wenn ich mir keine Möglichkeit ausdenken könnte, solch eine Entscheidung herbeizuführen, hätte das Wort keine wirkliche Bedeutung für mich.

„Analog ist es bei allen physikalischen Aussagen, bei denen der Begriff ‚gleichzeitig' eine Rolle spielt. Der Begriff existiert für den Physiker erst dann, wenn die Möglichkeit gegeben ist, im konkreten Falle herauszufinden, ob der Begriff anwendbar ist oder nicht. Es bedarf also einer solchen Definition der Gleichzeitigkeit, daß diese Definition die Methode an die Hand gibt, nach welcher im vorliegenden Falle aus Experimenten entschieden werden kann, ob beide Blitzschläge gleichzeitig erfolgt sind oder nicht. Solange diese Forderung nicht erfüllt ist, gebe ich mich als Physiker (allerdings auch als Nicht-Physiker!) einer Täuschung hin, wenn ich glaube, mit der Aussage der Gleichzeitigkeit einen Sinn verbinden zu können. (Bevor du mir das mit Überzeugung zugegeben hast, lieber Leser, lies nicht weiter.)

Nach einiger Zeit des Nachdenkens machst du nun folgenden Vorschlag für das Konstatieren der Gleichzeitigkeit. Die Verbindungsstrecke AB werde dem Geleise nach ausgemessen und in die Mitte M der Strecke ein Beobachter gestellt, der mit einer Einrichtung versehen ist (etwa zwei um 90° gegeneinander geneigten Spiegeln $\diagdown\diagup$), die ihm eine gleichzeitige optische Fixierung beider Orte A und B erlaubt. Nimmt dieser die beiden Blitzschläge gleichzeitig wahr, so sind sie gleichzeitig."

Gleichzeitigkeit an verschiedenen Orten erhielt hier ihre Bedeutung, indem sie auf klare Gleichzeitigkeit an ein und demselben Ort zurückgeführt wird[3]).

Alle diese Schritte vollzogen sich nicht zum Zweck isolierter Klärung dieser besonderen Frage, sondern als Teil des Versuchs, den oben

---

[3]) Darin ist eine Reihe anderer Probleme enthalten, die wir hier übergehen. Der Leser sei auf Einstein, „Über die spezielle und allgemeine Relativitätstheorie", S. 15-16 verwiesen.

erwähnten inneren Zusammenhang, das Problem der Geschwindigkeits-
messung während der kritischen Bewegung, zu verstehen. In der Spie-
gel-Situation bedeutet das einfach: was geschieht, wenn während der
Zeit, innerhalb deren die Lichtstrahlen sich meinen Spiegeln nähern,
ich mich mit ihnen bewege: von der einen Lichtquelle weg und auf
die andere zu. Wenn die beiden Ereignisse einem stillstehenden Mann
*gleichzeitig* erschienen, so würden sie das bei mir, der ich mich mit
meinen Spiegeln bewege, nicht tun. Seine Feststellungen und meine
müßten von einander abweichen. Wir sehen also, daß unsere Feststellung über Gleichzeitigkeit ihrem Wesen nach den Bezug auf den
Bewegungszustand des Beobachters voraussetzen. Wenn Gleichzeitigkeit an von einander entfernten Orten eine wirkliche Bedeutung haben
soll, muß ich ausdrücklich die Frage der Bewegung mit in Betracht
ziehen; und wenn ich meine Behauptungen mit denen eines anderen
Beobachters vergleiche, muß ich die gegenseitige Bewegung zwischen
ihm und mir mit in Rechnung setzen. Wenn ich mich mit „Gleichzeitigkeit an verschiedenen Orten" beschäftige, muß ich auf die relative
Bewegung des Beobachters Bezug nehmen.

Um es zu wiederholen: Angenommen, ich fahre mit meinen zwei
Spiegeln auf einem sehr langen Zug, der mit gleichbleibender Geschwindigkeit auf einer geraden Bahnstrecke dahinfährt. Zwei Blitze schlagen
in der Ferne ein, einer bei der Lokomotive, der andere beim letzten
Wagen; dabei soll sich mein Doppelspiegel genau in der Mitte dazwischen befinden. Da ich selber auf dem Zuge fahre, verwende ich den
Zug als mein Bezugssystem und beziehe alle diese Ereignisse auf den
Zug. Nun nehmen wir an, daß genau in dem kritischen Augenblick,
wenn die Blitze einschlagen, ein Mann neben dem Bahndamm steht,
ebenfalls mit einem Doppelspiegel, und daß sein Ort in diesem Augenblick mit dem meinigen genau zusammenfällt. Welches wären dann
meine Beobachtungen und welches die seinigen?

„Wenn wir sagen, daß die Blitzschläge A und B in bezug auf den
Bahndamm gleichzeitig sind, so bedeutet dies: die von den Blitzorten
A und B ausgehenden Lichtstrahlen begegnen sich in dem Mittelpunkt
M der Fahrdammstrecke A—B. Den Ereignissen A und B entsprechen
aber auch Stellen A und B auf dem Zug. Es sei M' der Mittelpunkt
der Strecke A—B des fahrenden Zuges. Dieser Punkt M' fällt zwar
im Augenblick der Blitzschläge (vom Fahrdamm aus beurteilt!) mit

dem Punkt M zusammen, bewegt sich aber mit der Geschwindigkeit v
des Zuges. Würde ein bei M′ im Zuge sitzender Beobachter diese
Geschwindigkeit nicht besitzen, so würde er dauernd in M bleiben, und
es würden ihn dann die von den Blitzschlägen A und B ausgehenden
Lichtstrahlen gleichzeitig erreichen, d. h. diese Strahlen würden sich
gerade bei ihm begegnen. In Wahrheit aber eilt er (vom Bahndamm
aus beurteilt) dem von B herkommenden Lichtstrahl entgegen, während er dem von A herkommenden Lichtstrahl vorauseilt. Der Beobachter wird als den von B ausgehenden Lichtstrahl früher sehen
als den von A ausgehenden. Die Beobachter, welche den Eisenbahnzug
als Bezugskörper benutzen, müssen also zu dem Ergebnis kommen,
der Blitzschlag B habe früher stattgefunden als der Blitzschlag A. Wir
kommen also zu dem wichtigen Ergebnis:
   „Ereignisse, welche in bezug auf den Bahndamm gleichzeitig sind,
sind in bezug auf den Zug nicht gleichzeitig und umgekehrt (Relativität der Gleichzeitigkeit). Jeder Bezugskörper (Koordinatensystem) hat
seine besondere Zeit; eine Zeitangabe hat nur dann einen Sinn, wenn
der Bezugskörper angegeben ist, auf den sich die Zeitangabe bezieht[4]).“
   Es galt immer als einfach und klar, daß eine Feststellung über den
„Zeitunterschied" zwischen zwei Ereignissen ein „Faktum" ist, unabhängig von anderen Faktoren, wie der Bewegung des Systems. Aber
ist, in der tatsächlichen Wirklichkeit, die Behauptung, daß „der Zeitunterschied zwischen zwei Ereignissen unabhängig von der Bewegung
des Systems ist", nicht eine willkürliche Annahme? Sie traf, wie wir
sahen, nicht zu für die Gleichzeitigkeit an verschiedenen Orten, und
daher kann sie noch nicht einmal für die Länge einer Sekunde zutreffen.
Um eine Zeitspanne zu messen, müssen wir eine Uhr oder ein ent-
sprechendes Instrument benutzen, und am Anfang und am Schluß der
fraglichen Zeitspanne bestimmte Koinzidenzen beobachten. Daher ist
die Schwierigkeit mit der Gleichzeitigkeit auch hier mit im Spiel. Wir
können nicht dogmatisch annehmen, daß die Zeitdauer eines bestimmten Ereignisses in bezug auf den Zug dieselbe ist wie in bezug auf die
Strecke.
   Dies gilt übrigens auch für die Messung von Abständen im Raum!
Wenn ich versuche, die Länge eines Wagens genau zu messen, indem

---

[4]) A. Einstein, a. a. O., S. 15 f.

ich seine Endpunkte auf dem Fahrdamm markiere, muß ich, wenn ich
meine Marke an einem Ende eingetragen habe, achtgeben, daß der
Wagen sich nicht bewegt, bevor ich ans andere Ende gelange! Wenn
ich nicht ausdrücklich auf diese Möglichkeit geachtet habe, sind meine
Messungen irreführend.

Ich muß daraus folgern, daß in jeder derartigen Messung die Bewegung des Systems berücksichtigt werden muß. Denn der Beobachter
innerhalb des sich bewegenden Systems erhält Ergebnisse, die verschieden sind von denjenigen, die ein Beobachter in einem anderen Bezugssystem erhält. „Jedes System hat seine besonderen Zeit- und Raumwerte. Eine Zeit- oder Raumangabe hat nur Sinn, wenn wir das System
kennen, in bezug auf welches die Angabe gemacht wurde." Wir müssen
die alte Ansicht ändern: die Messungen von Zeitspannen und von
Abständen im Raum sind *nicht* unabhängig von den Bedingungen der
Bewegung des Systems in bezug auf den Beobachter.

Die alte Ansicht war eine altehrwürdige „Wahrheit" gewesen. Einstein fand, daß sie fragwürdig war, und kam von da zu dem Schluß,
daß Raum- und Zeitmessungen von der Bewegung des Systems
abhängig sind.

### Achter Akt: Invarianten und Transformation

Was folgt, war durch zwei Vektoren bestimmt, die gleichzeitig auf
dieselbe Frage gerichtet waren:

1. Das Bezugssystem kann sich ändern; es kann willkürlich gewählt
werden. Aber um in die Nähe der physikalischen Wirklichkeit zu
gelangen, muß ich diese Willkürlichkeit überwinden. Die Grundgesetze
müssen unabhängig sein von willkürlich gewählten Koordinaten. Wenn
man eine Beschreibung physikalischer Ereignisse zu erhalten wünscht,
müssen die Grundgesetze der Physik im Hinblick auf solche Änderungen invariant sein.

Hier wird es klar, daß man Einsteins Relativitätstheorie gerechter
würde, wenn man sie, genau umgekehrt, Absolutheitstheorie nennte.

2. Die Einsicht in die wechselseitige Abhängigkeit von Zeitmessung
und Bewegung reicht zweifellos als solche noch nicht aus. Was jetzt
gebraucht wird, ist eine Transformationsformel, die folgende Frage
beantwortet: „Wie findet man die Orts- und Zeitwerte eines Ereig-

nisses in bezug auf ein bewegtes System, wenn man die Orte und Zeiten aufgrund von Messungen in einem anderen kennt? Oder besser, wie findet man die Transformation von einem System zum anderen, wenn sie sich relativ zu einander bewegen?"

Welches wäre der einfachste Weg? Um wirklichkeitsgemäß vorzugehen, müßte ich die Transformation auf eine Annahme hinsichtlich gewisser physikalischer Realitäten begründen, die als Invarianten benutzt werden könnten.

Der Leser mag hier an eine alte historische Situation zurückdenken. In vergangenen Zeiten versuchten die Physiker, ein *perpetuum mobile* zu konstruieren. Nach vielen mißlungenen Versuchen erhob sich plötzlich die Frage: wie würde die Physik aussehen, wenn die Natur im Grund so beschaffen wäre, daß sie ein *perpetuum mobile* unmöglich macht? Das brachte einen gewaltigen Wandel mit sich, der das gesamte Feld umzentrierte.

Ähnlich erhob sich in Einstein die folgende Frage, die von seinen früheren, im zweiten und dritten Akt erwähnten Gedanken angeregt wurde: Wie würde die Physik aussehen, wenn von Natur Messungen der Lichtgeschwindigkeit unter allen Umständen zu einem und demselben Wert führen müßten? Hier ist die gesuchte Invariante! (Die These von der grundsätzlichen Konstanz der Lichtgeschwindigkeit.)

Im Hinblick auf die gesuchte Transformation bedeutet das: „Kann eine Beziehung zwischen dem Ort und dem Zeitpunkt von Ereignissen in Systemen, die sich linear gegeneinander verschieben, so gefaßt werden, daß die Lichtgeschwindigkeit eine Konstante wird?"

Schließlich fand Einstein die Antwort: „Ja!" — Die Antwort bestand aus konkreten und bestimmten Transformationsformeln für Abstände in Zeit und Raum, Formeln, die in bezeichnender Weise sich von den alten Galilei'schen Transformationsformeln unterscheiden.

3. In den Gesprächen, die ich im Jahr 1916 mit Einstein führte, stellte ich ihm folgende Frage: „Wie kamen Sie dazu, gerade die Lichtgeschwindigkeit als Konstante zu wählen? War das nicht willkürlich?"

Natürlich war es klar, daß eine wichtige Erwägung von den empirischen Experimenten ausging, die keine Abweichungen in der Lichtgeschwindigkeit gezeigt hatten. „Aber wählten Sie diese willkürlich", fragte ich, „einfach damit es zu diesen Experimenten und zur Lorentz-

Transformation paßte?" Einsteins erste Erwiderung war, daß wir in der Wahl von Axiomen völlig frei seien. „Es gibt keinen solchen Unterschied, wie Sie ihn voraussetzen", sagte er, „zwischen sinnvollen und willkürlichen Axiomen. Die einzige Tugend von Axiomen ist, daß sie grundlegende Voraussetzungen liefern, aus denen man Schlüsse ziehen kann, die mit den Tatsachen übereinstimmen." Das ist eine Formulierung, die in theoretischen Diskussionen der Gegenwart eine hervorragende Rolle spielt, und über die die meisten Theoretiker einig zu sein scheinen. Aber dann ging Einstein lächelnd dazu über, mir ein besonders hübsches Beispiel eines sinnlosen Axioms zu geben: „Man könnte natürlich, sagen wir, die Schallgeschwindigkeit anstelle der Lichtgeschwindigkeit wählen. Es wäre indessen vernünftig, nicht gerade die Geschwindigkeit irgend eines Prozesses zu wählen, sondern eines sich irgendwie ‚heraushebenden' Prozesses..." Fragen, wie die folgenden, waren Einstein in den Sinn gekommen: Ist die Lichtgeschwindigkeit vielleicht die größte überhaupt mögliche Geschwindigkeit? Ist es vielleicht unmöglich, irgend eine Bewegung über die Lichtgeschwindigkeit hinaus zu beschleunigen? Wenn die Geschwindigkeit wächst, werden zunehmend größere Kräfte erforderlich, um sie noch weiter zu steigern. Ist vielleicht die Kraft, der erforderlich wäre, um eine Geschwindigkeit über die Lichtgeschwindigkeit hinaus zu steigern, unendlich groß?

Es war wunderbar, in Einsteins Beschreibung zu hören, wie diese kühnen Fragen und Erwartungen in ihm Gestalt angenommen hatten. Es war neu, nie zuvor gedacht, daß die Lichtgeschwindigkeit die größte mögliche Geschwindigkeit sein könnte, daß ein Versuch, diesen Grenzwert zu überschreiten, unendlich große Kräfte erfordern würde.

Wenn diese Annahmen Klarheit in das System brächten und wenn sie im Experiment bestätigt würden, dann hätte es einen guten Sinn, die Lichtgeschwindigkeit als Grundkonstante zu wählen. (Man vergleiche den absoluten Nullpunkt der Temperatur, der erreicht wird, wenn die Molekularbewegungen in einem idealen Gas Null werden.)

4. Die Ableitungen, zu denen Einstein von dieser Transformationsformel aus gelangte, fielen mathematisch mit der Lorentz-Transformation zusammen. Die Kontraktions-Hypothese hatte danach die richtige Richtung eingeschlagen, nur war es jetzt keine willkürliche Hilfshypothese mehr, sondern das Ergebnis einer vertieften Einsicht in

den Wesensgrund des Physischen. Die Kontraktion war kein absoluter Vorgang, sondern das Ergebnis der Relativität der Messungen. Sie war nicht zustandegebracht durch eine „Bewegung an sich, die für uns keinen greifbaren Sinn besitzt, sondern durch eine Bewegung in bezug auf das gewählte Beobachtungssystem".

*Neunter Akt:*
*Über Bewegung, über den Raum, ein Gedankenexperiment*

Die letzte Feststellung wirft ein neues Licht auf die Wandlung im Denken, die sich schon in den früheren Schritten zeigte. „Unter der Bewegung eines Körpers verstehen wir immer die Änderung seiner Lage in bezug auf einen zweiten Körper", auf einen Bezugskörper oder ein Koordinatensystem. Wenn nicht mehr als ein Körper da ist, hat es keinen Sinn, zu fragen oder feststellen zu wollen, ob er sich bewegt oder nicht. Wenn zwei da sind, können wir nur feststellen, ob sie sich einander nähern oder sich von einander entfernen*); doch hat es, solang es nur zwei sind, keinen Sinn, zu fragen oder feststellen zu wollen, ob der eine um den anderen läuft; das Wesentliche an der Bewegung ist die Änderung der Lage in bezug auf einen anderen Gegenstand, ein Netzwerk oder ein System.

Aber gibt es nicht *ein* bevorzugtes System, im Hinblick auf welches man die Bewegung eines Körpers *absolut* nennen könnte, gibt es nicht „den" Raum (den Raum Newtons, den Raum des Äthers), die „Schachtel" (Einstein), in der alle Bewegung stattfindet?

Hier möchte ich etwas erwähnen, das sich nicht gerade an diesem Punkt in der Entwicklung des Prozesses ereignete, aber beleuchten kann, was wirklich vorging. Es geht über die Fragen der speziellen Relativitätstheorie hinaus: Gibt es keinen Beweis für die Wirklichkeit eines solchen bevorzugten Systems? Ein berühmtes Experiment von Newton war als Beweis verwendet worden: Wenn eine Ölkugel rotiert, flacht sie sich ab. Das ist eine wirkliche, physikalische, beobachtbare Tatsache, die offenbar durch eine „absolute" Bewegung verursacht zu sein scheint.

---

*) „Bewegung" bedeutet im vorliegenden Zusammenhang ausschließlich Translation (Ortsveränderung). (Übers.)

208

Aber ist das wirklich eine Demonstration solch einer absoluten
Bewegung? Es sieht gewiß so aus; aber ist es das wirklich, wenn wir
es genügend durchdenken? In Wirklichkeit haben wir nicht einen
Körper, der sich allein im absoluten Raum bewegt, sondern einen,
der sich inmitten unseres Fixsternhimmels bewegt. Ist die Abflachung
der Kugel vielleicht die Folge davon, daß sich ihre Bewegung in
bezug auf die umgebenden Sterne vollzieht? Was würde geschehen,
wenn wir ein gewaltiges eisernes Rad nehmen, mit einer kleinen Höhlung in der Mitte, wenn wir in dieser Höhlung eine kleine Ölkugel
suspendierten und dann das Rad rotieren ließen?*) Vielleicht würde
die kleine Kugel sich auch dann abplatten. Dann hätte die Abplattung
nichts zu tun mit der Rotation in einem absoluten Raumgefäß; sie
wäre vielmehr bedingt durch die gegenseitige Bewegung der Systeme,
des großen Rades oder des Sternhimmels auf der einen und der kleinen
Ölkugel auf der anderen Seite.

Natürlich liegt Rotation schon jenseits des Gebiets der sogenannten
speziellen Relativitätstheorie Einsteins. Sie wurde aber grundlegend
bei dem Problem der allgemeinen Relativitätstheorie.

*Zehnter Akt: Fragen für Beobachtung und Experiment*

Einstein ist im Grund seines Herzens ein Physiker. So zielten alle
diese Gedankenentwicklungen auf wirkliche, konkrete, experimentelle
Probleme. Sobald er Klarheit erlangt hatte, konzentrierte er sich auf
diesen Punkt: „Ist es möglich, physikalische Entscheidungsfragen zu
finden, beantwortbar in Experimenten, die entscheiden, ob diese neuen
Thesen ‚wahr' sind; ob sie zu den Tatsachen besser passen, ob sie
bessere Voraussagen physikalischer Ereignisse erlauben als die alten
Thesen?"

Er fand eine Anzahl solcher Entscheidungs-Versuche, von denen
die Physiker einige durchführen konnten und später tatsächlich durchgeführt haben.

---

*) Während die Flüssigkeit, in der die Kugel schwebt, still stehen bliebe. (Übers.)

## II

In der Wirklichkeit führt das Problem weiter: es führte in Einsteins Geist zu den Problemen der Allgemeinen Relativitätstheorie. Aber wir wollen die Geschichte hier abbrechen und uns fragen: Was waren die entscheidenden Kennzeichen dieses Denkens?

Der Physiker ist interessiert an der Beziehung der Theorie Einsteins zu den gesicherten Tatsachen, an dem experimentellen Beweis, an den Folgerungen für die fernere Entwicklung, an den mathematischen Formeln, die sich aus der Relativitätstheorie in den verschiedenen Teilen der Physik ergeben.

Der Erkenntnistheoretiker interessiert sich für die Begriffe des Raumes, der Zeit, der Materie, für den „relativistischen" Charakter der Theorie (mit all den falschen Folgerungen, die von anderen in Richtung eines philosophischen, soziologischen oder sittlichen Relativismus gezogen wurden), für das Problem der „Prüfbarkeit", das in Einsteins Behandlung der Gleichzeitigkeit (und später in den Entwicklungen des Operationalismus) eine so bedeutende Rolle spielte.

Der Psychologe, der mit den Fragen des Denkens beschäftigt ist, möchte wissen, was psychologisch vor sich ging.

Wenn wir den Prozeß mit den Mitteln der traditionellen Logik beschreiben wollten, würden wir zahlreiche Operationen feststellen, wie das Vollziehen von Abstraktionen, das Aufstellen von Syllogismen, das Formulieren von Axiomen und allgemeinen Formeln, die Feststellung von Widersprüchen, die Ableitung von Folgerungen aus der Kombination von Axiomen, die Gegenüberstellung von Tatsachen und diesen Folgerungen und so fort.

Solch ein Verfahren ist sicherlich gut, wenn man jeden Schritt auf seine logische Korrektheit zu überprüfen gedenkt. Einstein selbst ist leidenschaftlich interessiert an logischer Korrektheit, logischer Gültigkeit.

Aber was erhalten wir, wenn wir solch ein Verfahren durchführen? Wir bekommen einen Haufen, eine Verkettung einer ungeheuren Anzahl von Operationen, Syllogismen usw. Ist dieser Haufen ein angemessenes Bild dessen, was sich da ereignet hat? Was viele Logiker tun, die Art wie sie denken, ist ungefähr so, wie wenn ein Mann, der ein Werk der Baukunst vor sich hat, ein prächtiges Gebäude,

210

seine Aufmerksamkeit auf die einzelnen Steine konzentriert und auf
die Art, wie sie der Maurer mit Mörtel verbunden hat. Was er am
Ende hat, ist überhaupt nicht das Gebäude, sondern eine Übersicht
über die Steine und ihre Verbindungen[5]).

Um zu dem wirklichen Bild zu gelangen, müssen wir fragen: Wie
kommen die Operationen in Gang, wie treten sie in die Problemlage
ein; was war ihre Funktion in dem tatsächlichen Prozeß? Fielen sie
einfach vom Himmel? War der Denkprozeß eine Folge glücklicher
Zufälle? War die Lösung die Folge eines trial-and-error-Verfahrens,
eines blinden Herumprobierens, oder eines mathematischen Rätsel-
ratens? Warum gerade diese Operationen? Zweifellos gab es an manchen Punkten andere Möglichkeiten. Warum bewegte sich Einstein
gerade in dieser Richtung? Wie kam es dazu, daß er, nachdem er
einen bestimmten Schritt gemacht hatte, gerade jenen anderen Schritt
darauf folgen ließ?

Ich will einen spezifischen Punkt erwähnen: Wie entstanden die
neuen Axiome? Probierte Einstein einfach alle möglichen Axiome aus,
von denen dann einige sich tatsächlich als brauchbar erwiesen? Formulierte er gewisse Sätze, fügte sie zusammen und beobachtete, was
heraus kam, bis er schließlich das Glück hatte, eine geeignete Gruppe
davon zu finden? Gab es Sätze, die zufällig in das Bild hineingerieten,
und hatten die Änderungen in der Rolle, der Stelle und Funktion der
Einzelheiten, ihr neues Beziehungsgefüge, lediglich den Charakter
nachträglicher Folgerungen?

Die Technik der Axiome ist ein sehr brauchbares Werkzeug. Es
ist eine der wirkungsvollsten Techniken, die bisher in der Logik und
der Mathematik erfunden wurden; mit einigen wenigen allgemeinen
Sätzen ist für alles gesorgt, was man braucht, um die Einzelheiten
abzuleiten. Man kann mit riesenhaften Summen von Tatsachen umgehen, mit gewaltigen Mengen von Sätzen, indem man an ihre Stelle
ein paar Sätze setzt, die in einem formalen Sinn mit allem diesem
Wissen gleichbedeutend sind. Einige der großen Entdeckungen der
modernen Mathematik wurden nur möglich, weil diese aufs äußerste

---

[5]) „Ich bin nicht sicher", sagte Einstein einmal in diesem Zusammenhang, „ob
es eine Möglichkeit gibt, das Wunder des Denkens wirklich zu verstehen. Aber sicher
haben Sie recht, wenn Sie versuchen, zu einem tieferen Verständnis dessen zu gelangen, was in einem Denkprozeß wirklich vorgeht..."

vereinfachende Technik zur Hand war. Auch Einstein benutzte dieses Werkzeug in seinen Darstellungen der Relativitätstheorie.

Aber ich wiederhole, die Frage für den Psychologen lautet: Wurden diese Axiome eingeführt, bevor die strukturellen Erfordernisse[6]), die strukturellen Änderungen der Situation ins Auge gefaßt waren? Ging es nicht genau anders herum? Fest steht, daß Einsteins Denken nicht damit beschäftigt war, gewissermaßen von der Stange bezogene Axiome oder mathematische Formeln zusammenzusetzen. Die Axiome waren nicht der Anfang, sondern das Ergebnis dessen, was da vor sich ging. Bevor sie als formulierte Sätze ins Bild traten, war die Situation hinsichtlich der Lichtgeschwindigkeit und damit zusammenhängender Fragen für ihn schon lange Zeit strukturell fragwürdig gewesen, war in mancher Hinsicht inadaequat geworden, befand sich in einem Übergangsstadium. Die Axiome waren lediglich eine Angelegenheit späterer Formulierungen — nachdem das eigentlich Wirkliche, die entscheidende Entdeckung, schon stattgefunden hatte[7]).

---

[6]) In unseren Gesprächen war Einstein ganz auf den materiellen Gehalt der Schritte ausgerichtet. Er verwendete nicht die Bezeichnungen, die in den obigen Sätzen unseres Textes gebraucht wurden, Bezeichnungen, die erst aus dem strukturellen Ansatz dieses Buches hervorgegangen sind.

[7]) Im Hinblick darauf möchte ich einige charakteristische Bemerkungen von Einstein selbst mitteilen. Vor der Entdeckung, daß der entscheidende Punkt, die Lösung, im Zeitbegriff, genauer in dem der Gleichzeitigkeit lag, spielten Axiome in dem Denkprozeß keine Rolle — dessen ist sich Einstein sicher. (Genau in dem Augenblick, wo er die Lücke sah und die Bedeutung der Gleichzeitigkeit erkannte, wußte er, daß dies der entscheidende Punkt für die Lösung war.) Aber selbst später, in den fünf letzten Wochen, kamen nicht die Axiome zuerst. „Kein wirklich produktiver Mensch denkt so papieren", sagte Einstein. „Die Art, wie in dem Buch von Einstein und Infeld die zwei Gruppen von je 3 Axiomen einander gegenüber gestellt werden, stellt ganz und gar nicht dar, wie die Dinge sich im tatsächlichen Denkprozeß abspielten. Dies war lediglich eine spätere Formulierung des Gegenstandes; dabei war nur die Frage, wie die Sache nachträglich am besten dargestellt werden kann. Die Axiome drücken das Wesentliche in einer verdichteten Form aus. Wenn man einmal solche Dinge gefunden hat, macht es Spaß, sie so zu formulieren; aber in diesem Prozeß (d. h. im Verlauf der ursprünglichen Überlegungen, Übers.) gingen sie nicht aus irgendeinem Manipulieren von Axiomen hervor."

Er fügte hinzu: „Diese Gedanken kamen nicht in irgendeiner sprachlichen Formulierung. Ich denke überhaupt sehr selten in Worten. Ein Gedanke kommt, und ich kann hinterher versuchen, ihn in Worten auszudrücken." Als ich bemerkte, daß viele berichten, ihr Denken vollziehe sich immer in Worten, lachte er bloß. Ich erzählte Einstein einmal von meinem Eindruck, daß „Gerichtetheit" in Denkvorgängen ein wichtiger Faktor sei. Dazu sagte er: „Solche Dinge waren sehr lebhaft gegenwärtig. Während all dieser Jahre hatte ich ein Richtungsgefühl, das Gefühl, gerade

Wenn wir die Analyse im Sinn der traditionellen Logik durchführen, vergessen wir leicht, daß tatsächlich alle die Operationen Teile
eines einheitlichen und wunderbar in sich geschlossenen Bildes waren,
daß sie sich als Teile in *einem* Gedankenzug entwickelten, daß sie
innerhalb des ganzen Prozesses entstanden, funktionierten und ihre
Bedeutung hatten, nachdem die Situation, ihre Struktur, ihre Mängel
und ihre Forderungen in den Blick gekommen waren. Bei dem Versuch,
den Aufbau dieses großen Gedankenzuges zu erfassen, ist es kein
Wunder, wenn der Leser in Verlegenheit gerät angesichts der Fülle
der Ereignisse und der Weite der Situation. Welches waren nun die
entscheidenden Schritte?

Wir wollen kurz wiederholen:

Da war zuerst etwas, was wir die Vorperiode nennen könnten.
Einstein war zunächst verwirrt durch die Frage nach der Lichtgeschwindigkeit, wenn der Beobachter sich bewegt. Er erwog zweitens
die Folgerungen hinsichtlich der Frage der „absoluten Ruhe". Drittens
versuchte er dann, eine der beiden Möglichkeiten herauszuarbeiten
(ist die Lichtgeschwindigkeit in den Maxwell'schen Gleichungen eine
Variable?), und erhielt ein negatives Ergebnis. Dann kam, viertens,
das Michelson-Experiment, das die andere Möglichkeit bestätigte —
und fünftens die Lorentz-Fitzgerald-Hypothese, die nicht an die Wurzel des Übels zu gehen schien.
   Soweit war alles, einschließlich der Bedeutung und strukturellen
Rolle von Zeit, Raum, Messung, Licht usw., mit den Mitteln der
traditionellen Physik verstanden — Struktur I.
   In dieser unbefriedigenden Situation erhob sich die Frage: Ist mir
diese Struktur, in der das Ergebnis von Michelson in sich widersprüch-
lich scheint, selbst wirklich klar? Das war der revolutionäre Augenblick. Einstein fühlte, daß der Widerspruch ohne vorgefaßte Meinung
betrachtet werden müsse, daß die altehrwürdige Struktur nochmals

---

auf etwas Bestimmtes zuzugehen. Es ist natürlich sehr schwer, dieses Gefühl in Worten auszudrücken, aber es war ganz entschieden der Fall, und klar unterscheidbar
von der Art der späteren Überlegungen über die rationale Form der Lösung. Natürlich ist hinter solch einer Gerichtetheit immer etwas Logisches; aber ich habe es in
einer Art von Überblick, gewissermaßen sichtbar vor Augen."

in Frage gestellt werden müsse. War diese Struktur I sachgemäß? War sie klar gerade im Hinblick auf den kritischen Punkt — die Frage nach dem Licht in ihrer Beziehung zu der Frage nach der Bewegung? Alle diese Fragen wurden in einem leidenschaftlichen Bemühen um Verständnis gestellt. Und dann wurde das Vorgehen von Schritt zu Schritt immer spezifischer.

Wie war die Lichtgeschwindigkeit in einem bewegten System zu messen?

Wie war unter diesen Umständen die Zeit zu messen?

Was bedeutet Gleichzeitigkeit in einem solchen System?

Aber, weiter, was bedeutet Gleichzeitigkeit, wenn der Ausdruck sich auf verschiedene Orte bezieht?

Die Bedeutung von Gleichzeitigkeit war klar, wenn zwei Ereignisse am selben Ort stattfinden. Aber Einstein war plötzlich betroffen über die Tatsache, daß es für Ereignisse an von einander entfernten Orten *nicht* ebenso klar war. Hier war eine Lücke in jedem wirklichen Verständnis. Er sah: Es ist blind, auf diese anderen Fälle einfach die gebräuchliche Bedeutung von Gleichzeitigkeit anzuwenden. Wenn Gleichzeitigkeit eine reale Bedeutung haben soll, müssen wir die Frage nach ihrer faktischen Erkennbarkeit stellen, so daß wir in konkreten Fällen angeben können, ob der Ausdruck anwendbar ist oder nicht. (Das war klarerweise ein fundamentales logisches Problem.)

Die Bedeutung von Gleichzeitigkeit im allgemeinen war zu begründen auf der klaren Gleichzeitigkeit in dem Fall der räumlichen Koinzidenz. Aber dies erforderte in jedem Fall zweier Ereignisse, die an verschiedenen Orten stattfanden, die Berücksichtigung der relativen Bewegung. So unterlag die Bedeutung, die strukturelle Rolle der Gleichzeitigkeit in ihrer Beziehung zur Bewegung einer tiefgreifenden Wandlung.

Unmittelbar folgen entsprechende Forderungen für die Messung von Zeit im allgemeinen, für die Bedeutung, sagen wir, einer Sekunde, und für die Messung des Raumes, denn es muß nun dabei ihre Abhängigkeit von der relativen Bewegung berücksichtigt werden. Im Endergebnis änderten die Begriffe des Zeitflusses, des Raumes und der Messung sowohl der Zeit als des Raumes radikal ihre Bedeutung.

An diesem Punkt schien die Einführung des Beobachters und seines Koordinaten-Systems einen grundsätzlich willkürlichen oder subjek-

tiven Faktor hereinzubringen. „Aber die Wirklichkeit", fühlte Einstein, „kann nicht so willkürlich und subjektiv sein". In seinem Verlangen, dieses Element der Willkür loszuwerden und zu gleicher Zeit
eine konkrete Transformationsformel zwischen verschiedenen Systemen zu finden, wurde ihm klar, daß eine grundlegende Unveränder-
liche erforderlich war, irgend ein Faktor, der von dem Übergang von
einem System zum andern unberührt bleibt. Diese beiden Forderungen gingen offenbar in dieselbe Richtung.

Das führte zu dem entscheidenden Schritt — der Einführung der
Lichtgeschwindigkeit als der Unveränderlichen. Wie würde die Physik
aussehen, wenn sie von diesem Ausgangspunkt her neu zentriert wäre?
Kühne Folgerungen folgten, eine nach der anderen, und ein neuer Aufbau der Physik war die Folge.

Als Einstein die konkreten Transformationsformeln auf Grund dieser Invarianten fand, erwies sich die Lorentz-Transformation als eine
Ableitung — aber nun erhielt sie einen neuen, tieferen Sinn, als ein
notwendiger Bestandteil in dem neuen Aufbau der Physik. Auch der
Befund Michelsons erschien jetzt in einem völlig neuen Licht, als ein
notwendiges Ergebnis, wenn das Zusammenspiel aller relativen Messungen innerhalb des sich bewegenden Systems mit in Betracht gezogen
wurde. Nicht das Ergebnis war störend — das hatte er von Anfang an
gefühlt — sondern das Verhalten der verschiedenen Einzelbestimmun-
gen, bevor die Lösung gefunden war. Bei einem tieferen Verständnis
dieser Einzelheiten war das Ergebnis unausbleiblich.

Das Bild war nun verbessert. Einstein konnte zu der Frage der
experimentellen Verifikation übergehen:

Um es nochmals ganz kurz zu sagen: In einem leidenschaftlichen
Verlangen nach Klarheit schaute Einstein der Beziehung zwischen der
Lichtgeschwindigkeit und der Bewegung eines Bezugssystems gerade
ins Gesicht; er stellte die theoretische Struktur der klassischen Physik
und den Befund Michelsons einander gegenüber.

Ein Teilbereich in diesem Gebiet wurde fragwürdig und wurde einer
gründlichen Überprüfung unterworfen.

Im Licht dieser Prüfung wurde eine große Lücke entdeckt (in der
klassischen Behandlung der Zeit).

Die Schritte, die zur Behebung dieser Schwierigkeit erforderlich
waren, wurden gefunden.

Schließlich hatten sämtliche beteiligten Einzelsachverhalte ihre Bedeutung geändert.

Nachdem eine letzte Willkürlichkeit in der Situation beseitigt war, kristallisierte sich ein neuer Aufbau der Physik heraus.

Es wurden Pläne entworfen, um das neue System der experimentellen Prüfung zu unterwerfen.

Dieser Prozeß brachte radikale strukturelle Änderungen mit sich, Änderungen hinsichtlich der Getrenntheit und inneren Bezogenheit, der Gruppierung, der Zentrierung usw.; zugleich eine Vertiefung, einen Wandel der Bedeutung der beteiligten Teilsachverhalte, ihrer strukturellen Rolle, Stelle und Funktion bei dem Übergang von der Struktur I zu der Struktur II. Es ist wohl ratsam, nochmals zu erklären, in welchem Sinn Einsteins Leistung einen Strukturwandel bedeutet.

1) In der Michelson-Situation — wie in der klassischen Physik allgemein — war die Zeit als unabhängige Variable betrachtet worden, und infolgedessen als ein unabhängiges Werkzeug bei dem Geschäft der Messung, völlig abgetrennt von, und ohne jede wechselseitige Abhängigkeit mit den Bewegungen, die in der Beobachtungssituation enthalten waren. Demgemäß war die Natur der Zeit ohne Bedeutung im Hinblick auf das scheinbar widersprüchliche Ergebnis.

In Einsteins Denken ergab sich eine innige Verwobenheit zwischen den Zeitwerten und den physikalischen Ereignissen selbst. So war die Rolle der Zeit innerhalb des Aufbaues der Physik von Grund auf gewandelt.

Dieser radikale Wandel war zum ersten Mal bei den Erwägungen über die Gleichzeitigkeit ins Auge gefaßt worden. Gewissermaßen zerfiel die Gleichzeitigkeit in zweierlei: die klare Gleichzeitigkeit von Ereignissen an *einem* gegebenen Ort, und darauf bezogen, aber bezogen auf dem Weg über spezifische physikalische Vorgänge, die Gleichzeitigkeit von Ereignissen an verschiedenen Orten, insbesondere unter den Bedingungen der Bewegung des Systems.

2) Infolgedessen veränderten die Raumwerte ebenfalls ihre Bedeutung und ihre Rolle in dem Aufbau der Physik. Nach der herkömmlichen Ansicht waren auch sie völlig losgelöst und unabhängig von der Zeit und von den physikalischen Ereignissen gewesen. Nun war eine innige Beziehung hergestellt. Raum war nicht mehr ein leerer und völlig unbeteiligter Behälter der physikalischen Tatsachen. Die Geometrie des

Raumes wurde mit der Zeit-Dimension zu einem vierdimensionalen
System vereinigt, das als solches mit den faktischen physikalischen
Geschehnissen eine innig zusammenhängende neue Struktur bildete.

3. Die Lichtgeschwindigkeit war bisher eine Geschwindigkeit unter
vielen gewesen. Obwohl sie die höchste dem Physiker bekannte
Geschwindigkeit war, hatte sie dieselbe Rolle gespielt wie andere
Geschwindigkeiten. Sie hatte nicht die geringste Beziehung zu der Art
und Weise, wie Zeit und Raum gemessen wurden. Nun betrachtete
man sie als aufs engste verwoben in alle Zeit- und Raumwerte, und als
einen Grundsachverhalt der ganzen Physik. Ihre Rolle wechselte von
der einer speziellen Tatsache unter vielen zu der eines für das ganze
System zentralen Sachverhalts.

Man könnte noch viele Teilsachverhalte nennen, die ihre Bedeutung
im Verlauf des Prozesses änderten, beispielsweise die Masse und die
Energie, die, wie sich nunmehr erwies, in engster Wechselbeziehung
standen. Aber es ist nicht nötig, weitere Einzelheiten zu erörtern.

Wenn man diese Umgestaltungen richtig einschätzen will, darf
man nicht vergessen, daß sie angesichts eines gewaltigen gegebenen
Systems stattfanden. Jeder Schritt mußte vollzogen werden im Widerspruch zu einer sehr festen Gestalt — der überlieferten Struktur der
Physik, die für eine ungeheure Menge von Tatsachen zutraf, und dies
scheinbar so fehlerlos, so klar, daß jede örtliche Änderung unvermeidlich auf den Widerstand der ganzen festen und wohlgegliederten Struktur stoßen mußte. Dies war wahrscheinlich der Grund, warum es so
lange dauerte — sieben Jahre — bis der entscheidende Fortschritt
gelang.

Man könnte sich vorstellen, daß einige der nötigen Änderungen
Einstein zufällig einfielen, in einem Probierverfahren[8]. Genaue Nachprüfung der Gedankengänge Einsteins ergab stets, daß, wenn ein
Schritt vollzogen wurde, dies deshalb geschah, weil er gefordert war.
Ganz allgemein, wenn man weiß, wie Einstein denkt, weiß man, daß
irgendwelches blinde, nur aufs Geratewohl unternommene Vorgehen
seinem Geist völlig fremd ist.

---

[8] Im dritten Akt, als Einstein prüfte, ob eine bestimmte Möglichkeit funktio-
nierte, probierte er tatsächlich mehrere Verfahren aus. Aber obwohl diese Versuche
nicht zu einer Lösung führten, waren sie ganz und gar nicht blind. Auf jener Stufe
war es völlig sinngemäß, solche Möglichkeiten zu prüfen.

Der einzige Punkt, an dem in dieser Hinsicht etwa Zweifel bestehen konnten, war die Einführung der Lichtgeschwindigkeit in Einsteins allgemeinen Transformationsformeln. Bei einem Denker von geringerem Format hätte das durch eine nur probeweise Verallgemeinerung der Lorentz-Formel geschehen können. Aber tatsächlich wurde dieser wesentliche Schritt nicht solcherart erreicht; es war kein mathematisches Rätselraten darin.

In späteren Jahren erzählte mir Einstein oft von den Problemen, an denen er gerade arbeitete. Da gab es nie einen blinden Schritt. Wenn er irgend eine Richtung aufgab, so war es nur, weil er merkte, daß er unverständliche, willkürliche Faktoren einführen würde. Manchmal kam es vor, daß Einstein vor der Schwierigkeit stand, daß die mathematischen Werkzeuge nicht weit genug entwickelt waren, um eine wirkliche Klärung zu erzielen; gleichwohl verlor er sein Problem nicht aus den Augen, und oft genug gelang es ihm dann schließlich, einen Weg zu finden, auf dem die zunächst unüberwindlich scheinenden Schwierigkeiten doch bewältigt werden konnten.

218

SCHLUSS

## DYNAMIK UND LOGIK
## DES PRODUKTIVEN DENKENS

### I

Gerne würde ich noch weiter von dieser Erkundungsfahrt erzählen, von weiteren Beispielen berichten und von den Überlegungen, zu denen sie Anlaß gaben. Aber ich muß hier abbrechen. Ich glaube, die wenigen erörterten Beispiele werden für eine erste Einführung genügen. In diesen Beispielen, in der Art, wie wir sie ganz konkret behandelt haben, wird der Leser einige Schritte in Richtung einer Klärung, dazu einige Verfahren, um das Problem zu vertiefen, und die Hauptzüge eines neuen Herangehens gefunden haben. Einige Punkte seien kurz zusammengefaßt:

Erstens haben wir etwas gefunden, was wir, im Gegensatz zu anderen Vorgängen, echte, schöne, saubere, unmittelbare, produktive Denkvorgänge nennen dürfen — bessere, als mancher wohl erwartet hätte. Es scheint nicht zutreffend, daß die Menschen keine Freude daran haben oder allgemein unfähig sind, so zu denken. Das ist ein Ergebnis, das nicht hoch genug bewertet werden kann. Natürlich sind oft starke äußere Faktoren gegen diese Vorgänge am Werk, wie z. B. blinde Gewohnheiten, gewisse Arten von Schul-Drill, Vorurteile oder besondere Interessen.

Zweitens fanden wir in diesen Vorgängen — für das Denken wesentliche — Faktoren und Operationen am Werk, die in herkömmlichen Ansätzen nicht bemerkt oder von ihnen vernachlässigt worden waren. Die eigentliche Natur dieser Operationen, z. B. des Zusammenfassens, des Zentrierens, des Umstrukturierens usw. in Einklang mit der Struktur der Problemlage (siehe Tabelle III, S. 221), ist der Grundlage der herkömmlichen Ansätze und den Operationen, die sie in Betracht ziehen, durchaus fremd.

Drittens, die beschriebenen Eigentümlichkeiten und Operationen sind von einer besonderen Art; sie sind nicht stückhaft, sie sind auf Eigentümlichkeiten der Gesamtsituationen bezogen, sie funktionieren im Hinblick auf solche Eigentümlichkeiten, sie werden bestimmt durch strukturelle Forderungen im Sinne einer vernünftigen Situation. In dem Zusammenhang treten die Einzelheiten, Daten, Beziehungen usw. hervor und funktionieren als Teile an ihrer Stelle und in ihrer Rolle innerhalb des Ganzen, unter denselben dynamischen Forderungen.

Viertens, obwohl es zutrifft, daß Operationen, wie sie in den traditionellen Ansätzen behandelt werden, an dem Prozeß beteiligt sind (siehe die Tabellen I, Ia und II in der Einführung, S. 7—10), funktionieren diese Operationen gleichermaßen in bezug auf Eigentümlichkeiten des Ganzen. Dies ist wesentlich für die Art und Weise, wie sie in das Bild gelangen.

Fünftens, solche Vorgänge sind, als Ganzes betrachtet, nicht von der Art einer undsummenhaften Anhäufung, eines bloßen Nacheinander von stückhaften Zufallsereignissen, in denen Bestandteile, Assoziationen, Operationen auftreten, wie sie einem gerade in den Sinn kommen. Auch ihre Folge ist ihrer Natur nach nicht willkürlich: trotz Schwierigkeiten, trotz gelegentlicher Abirrungen und oft dramatischer Wendungen erweisen sich Denkvorgänge als in sich geschlossene Entwicklungen.

Sechstens, in ihrer Entwicklung führen sie oft zu sinnvollen Erwartungen, Vermutungen. Diese verlangen, ebenso wie die anderen Schritte des Vorgehens, eine redliche Haltung; sie verlangen nach der Verifikation: Fehlt in der Einstellung zur Wahrheit die Gewissenhaftigkeit, so besteht die Gefahr des Dilettantismus, die Gefahr, sich auf billige Weise mit dem Einleuchtenden zu begnügen. Aber die Situation verlangt nicht nur stückhafte Tatsachenwahrheit, sondern „strukturelle Wahrheit"[1]).

Es sind die unter den Punkten 2 bis 6 angeführten Züge, auf denen die Möglichkeit echter, vernünftiger, produktiver Denkvorgänge beruht. (Über andere Vorgänge siehe S. 228 ff.)

---

[1]) M. Wertheimer, „On Truth", Social Research, 1934, Bd. 1, S. 135-146. — Vgl. auch W. Köhler, „The Place of Value in a World of Facts", New York 1938, S. 16-22.

Tabelle III.

Denken besteht aus

dem Bemerken und Ins-Auge-fassen struktureller Züge und struktureller Forderungen; dem Vorgehen im Einklang mit, und geleitet von, diesen Forderungen; wobei man die Situation in Richtung struktureller Verbesserung verändert, was einschließt:

daß Lücken, verworrene Stellen, Störungen, Oberflächlichkeiten gesehen und strukturell behandelt werden;

daß nach inneren strukturellen Beziehungen — Passen oder Nichtpassen — an solchen Störungen, an der gegebenen Situation als ganzer und an ihren verschiedenen Teilen gesucht wird;

daß strukturelle Operationen, wie Gruppierung und Sonderung, Zentrierung usw. stattfinden;

daß die Operationen selbst gemäß ihrer strukturellen Stelle, Rolle und dynamischen Bedeutung gesehen und behandelt werden, einschließlich der Erfassung der Änderungen, die das mit sich bringt;

aus dem Bemerken struktureller Transponierbarkeit, struktureller Hierarchie, und aus der Scheidung strukturell äußerlicher von wesentlichen Zügen — ein besonderer Fall der Gruppierung;

aus dem Blick auf die strukturelle, nicht die stückhafte Wahrheit.

Vom Menschen her gesehen, steckt dahinter das Verlangen, die Begierde, den springenden Punkt, den strukturellen Kern, die Wurzel der Situation in den Blick zu bekommen (der Sache auf den Grund zu kommen); von einer unklaren, unangemessenen Beziehung zur Sache zu einer klaren, durchsichtigen, unmittelbaren Gegenüberstellung zu gelangen — geradewegs vom Herzen des Denkers zu dem Herzen seines Gegenstands, seines Problems. All das Gesagte gilt auch für Einstellungen zur Wirklichkeit und für das Handeln in ihr, ganz ebenso wie für Denkvorgänge*). Und Denkvorgänge dieser Art setzen selbst eine sehr bestimmte Einstellung zur Wirklichkeit voraus.

---

*) Man denke etwa an die „rationale" Ausnutzung des Bodens in der Landwirtschaft; die „Regulierung" der Flüsse; die Bekämpfung schädlicher Insekten durch die Vergiftung ganzer Landstriche — an die Behandlung der Familienfrage in der gegenwärtigen Politik. (Übers.)

221

Hier habe ich wieder Ausdrücke benutzt wie „auffassen", „suchen", „ins Auge fassen" usw., und ich bin der Meinung, daß sie treffend und tatsächlich so gefordert sind. Aber viele der Züge in der Tabelle können, falls es verlangt werden sollte, in „objektiven" und Verhaltens-Ausdrücken beschrieben werden, wie in früheren Kapiteln angedeutet wurde. Das heißt, indem man stattdessen von „Reaktionen" spricht, oder von „Handlungen, die durch strukturelle Eigentümlichkeiten der Situation bestimmt sind", usw.

Unleugbar sind die gebrauchten Ausdrücke schwierig. Sie sind, meine ich, beladen mit produktiven Forschungs-Aufgaben. Drei Gruppen von Problemen sind darin enthalten, die ins Auge gefaßt und studiert werden müssen:

1. Die Eigentümlichkeiten, Gesetze, Regeln, die die übersehenen oder kaum erforschten Operationen der Sonderung, der Gruppierung, der Zentrierung und der strukturellen Transponierbarkeit beherrschen.

2. Probleme hinsichtlich der Beziehung zwischen Teilen und ihren Ganzen usw., einschließlich der Operationen, die die Stelle, Rolle und Funktion eines Teils in seinem Ganzen betreffen[2]).

3. Probleme hinsichtlich „ausgezeichneter Ganzer", der guten Gestalten, der $\varrho$-Relationen.

In der Gestalttheorie ist das Studium dieser Probleme auf der Suche nach theoretischer Klärung, nach den beteiligten Gesetzen, in Angriff genommen, und es liegen in zahlreichen experimentellen Untersuchungen schon Versuche vor, geeignetes wissenschaftliches Handwerkszeug für den Umgang mit ihnen zu entwickeln. Ohne eine ausreichende Kenntnis dieser Arbeiten sind die Ausdrücke in der Tabelle III nicht leicht zu verstehen, sie sind sogar ausgesprochen leicht mißzuverstehen*).

---

[2]) Die Logistik hat zu diesen Problemen beigetragen, aber auf eine Weise, die an den Sachverhalten unter 3. vorbeiging.

*) Eine anschauliche, als Einführung gedachte, Darstellung einiger wichtiger Ergebnisse dieser Untersuchungen findet sich in W. Metzger, Gesetze des Sehens, Frankfurt a. M. 1954, Verlag Dr. W. Kramer, — eine grundsätzliche Erörterung ihres Ertrags in W. Metzger, Psychologie, Die Entwicklung ihrer Grundannahmen seit der Einführung des Experiments, Darmstadt 1954, Verlag Dr. D. Steinkopff. In beiden Büchern ausführliche Schriftenverzeichnisse. (Übers.)

Es möge hier genügen, daß der Leser die einzelnen Angaben als Hinweise auf die konkreten Fragen betrachte, die in den verschiedenen
Kapiteln erörtert wurden.

## II

Schauen wir der theoretischen Situation gerade ins Gesicht. Die
Assoziationstheorie, Ansatz II, und in vielen Hinsichten auch die traditionelle Logik, Ansatz I, zeigen die folgenden Merkmale in ihren
konkreten Operationen, in der Art und Weise, wie sie an die Sache
herangehen und das Bild zentrieren:

In ihrem Bestreben, zu den Elementen des Denkens zu gelangen,
schneiden sie die lebendigen Denkvorgänge in Stücke, behandeln sie
blind für ihren Gesamtaufbau, in der Annahme, der Denkvorgang sei
eine Anhäufung, eine Summe dieser Elemente. Wenn sie sich mit Vorgängen unseres Typs beschäftigen, wissen sie nichts, als sie zu sezieren,
und zeigen uns dann gewissermaßen Leichenteile, die alles desjenigen
beraubt sind, was daran lebendig war. Die Schritte, die Operationen,
kommen von außen her in das Bild: auf Grund der Rückbesinnung,
auf Grund irgendwelchen früher erworbenen Wissens, sei es allgemein
oder analog, auf Grund von Assoziationen in Verbindung mit gewissen Bestandteilen der Situation (oder sogar mit der Summe von diesem
allem) oder wiederum durch bloßen Zufall. Die benutzten Bestandstücke und Verbindungen sind blind oder gleichgültig gegenüber Fragen nach ihrer spezifischen strukturellen Funktion in dem Prozeß. Solcherart sind die klassischen Assoziationen zwischen einem a und irgend
einem b, die blinden Verbindungen zwischen Mittel und Zweck; so ist
auch die Art, in der die traditionelle Logik mit Sätzen der Form „alle
S sind P", oder „wenn A, dann B" umgeht. Die Verbindungen, die
Bestandstücke, Daten, Operationen sind strukturblind oder struktur-
fremd: blind für ihre strukturelle dynamische Funktion innerhalb des
Ganzen, und blind für die strukturellen Forderungen. Alles dieses
macht es unmöglich, produktive Prozesse des beschriebenen Typs
unmittelbar zu erfassen.

Dynamisch ist ebenfalls für das theoretische Verständnis wenig mehr
gegeben als der Trieb, der Wunsch, zur Lösung eines Problems zu

gelangen, dazu Zufalls-Ereignisse, Reproduktion auf dem Assozia-
tionsweg, die Annahme, daß, was in vielen oder in „allen" Fällen
geschah oder zutraf, es in diesem Fall auch tun wird. Natürlich ist
daneben in der traditionellen Logik auch der Wille zur Wahrheit und
zur systematischen Erkenntnis vorhanden.

Die Lage in den A-Beispielen, die in früheren Kapiteln dieses Buchs
(siehe Kap. I) gegeben wurden, verlangte klar nach einer Theorie des
Denkens, die unmittelbar auf die strukturelle Natur dieser Prozesse
hinführt. Sie verlangte einen theoretischen Ansatz, in dem das, was
in einem solchen Prozeß geschieht, auf Grund von Vektoren ins Bild
kommt, die selbst in der strukturellen Dynamik der Situation ihren
Ursprung haben.

Allgemein gesprochen, ist da zuerst eine Situation,

$S_1$, die Situation, in der der aktuelle Denkprozeß anläuft, und
dann, nach einer Reihe von Schritten,

$S_2$, in welcher der Vorgang endet, das Problem gelöst ist.

Wir wollen die Natur der Situation 1 und der Situation 2 betrachten,
indem wir sie vergleichen, und dann überlegen, was, wie und warum,
dazwischen vor sich geht. Zweifellos ist der Prozeß ein Übergang, eine
Verwandlung von $S_1$ in $S_2$. $S_1$ ist, verglichen mit $S_2$, strukturell unvollständig, enthält eine Lücke oder eine strukturelle Unklarheit, während
$S_2$ in diesen Hinsichten strukturell besser ist; die Lücke ist sinngemäß
ausgefüllt, die strukturelle Unklarheit ist verschwunden; es ist, im
Vergleich mit $S_1$, merklich vervollständigt.

Wenn das Problem entdeckt wird, enthält $S_1$ strukturelle Spannungen, die in $S_2$ aufgelöst sind. Ich behaupte nun, daß die ganz besondere
Art der Schritte, der Operationen, der Änderungen zwischen $S_1$ und
$S_2$, der Natur der Vektoren entspringt, die aus diesen strukturellen
Störungen hervorgegangen sind, und zwar in Richtung einer Hilfe für
die Situation, einer strukturellen Berichtigung. Das steht im äußersten
Gegensatz zu Vorgängen, bei denen gewisse Schritte, gewisse Operationen, die aus verschiedenartigen Quellen kommen und in die verschiedensten Richtungen gehen, vielleicht doch auf einem zufälligen
Zickzackweg zur Lösung führen.

Es ist aufschlußreich, die psychologische Situation in Fällen zum
Vergleich heranzuziehen, in denen, nachdem das Problem gestellt und

224

gesehen ist, die Versuchsperson aber noch nicht weiß, wie sie vorgehen soll, jemand mit der fertigen Lösung daherkommt. Die Versuchsperson mag sie verstehen oder nicht, sie mag merken oder auch nicht merken, daß dies die Lösung ist, in jedem Falle wurde diese nicht von ihr erreicht, entsprang sie nicht aus dem Erfassen der Schritte, die strukturell gefordert waren. Das gibt ihr oft einen Schock, manchmal einen unangenehmen. Zu einem wirklichen Verständnis muß man die Schritte, die strukturelle innere Bezogenheit, die Forderung der Sache, selbst nacherschaffen.

Ich wiederhole: Meine These ist, daß nichts anderes als die strukturellen Eigentümlichkeiten in $S_1$, mit ihrer besonderen konkreten Natur, es sind, die die Vektoren, samt ihrer Richtung, Qualität, Stärke hervorbringen, die ihrerseits zu den Schritten und Operationen führen, die dynamisch zu den Forderungen der Sache passen. Diese Entwicklung ist bestimmt durch das sogenannte Prägnanz-Prinzip[3]), durch die Tendenz zur guten Gestalt, durch die verschiedenen Gestaltgesetze.

Als der einfachste Grundtyp erscheinen hier diejenigen besonderen Fälle, in denen $S_1$ eine strukturell einfache Situation darstellt, ohne strukturell verborgene Teilbereiche, aber mit einer strukturellen Lücke oder Störung, und in denen der Übergang zu $S_2$ dadurch vollzogen wird, daß man einfach die Dinge in die Reihe bringt. In solchen Beispielen werden die strukturellen Forderungen und die Mittel zu ihrer Befriedigung einfach gesehen, und man erhält oft von fast allen Versuchspersonen eine natürliche, leichte und kräftige Reaktion. Es ist charakteristisch, daß diese Prozesse oft ablaufen, ohne daß etwas gefragt, ohne daß eine Aufgabe gestellt wird: das Problem geht ganz von selbst aus der Struktur des gegebenen Materials hervor.

In anderen Fällen, wenn die Ausgangs-Lage nicht erfaßt wird, entweder weil sie zu komplex, zu verwirrend ist, oder weil sie in einer einfachen, aber billigen, oberflächlichen Struktur erscheint, ist zunächst ein Übergang erforderlich. Die Situation muß strukturell verstanden werden, so, daß das Problem in seiner strukturellen Rolle als Teil der

---

[3]) Das Prägnanzprinzip, das von Wertheimer (Psychologische Forschung, Bd. 4 [1923]) zuerst für die Wahrnehmungsstrukturen aufgestellt wurde, behauptet, daß die Organisation des Feldes so klar und einfach zu werden strebt, wie es die gegebenen Bedingungen gestatten. (Fußnote der amerikanischen Herausgeber.)

gegebenen Situation erfaßt wird. Oft wird die alte Ansicht $S_1$ von dieser Umgestaltung geradezu gesprengt und umgestürzt.

Dies ist, kurz gefaßt, der Kern unserer Behauptung: strukturelle *Gründe* werden im Denkprozeß zu *Ursachen*. Im Zusammenhang mit dem Satz vom zureichenden Grunde gab es geschichtlich eine lange Auseinandersetzung über die Beziehung zwischen „Gründen" und „Ursachen". Man hatte guten Grund, zu betonen, daß sie ihrer Natur nach von Grund auf verschieden sind. Sie sind es ohne Zweifel auch, wenn man sie mit den Mitteln des ersten Ansatzes zu fassen versucht. Aber unsere Behauptung hier ist, daß, im Hinblick auf strukturelle Gründe, die beiden in sinnvollen Denkvorgängen zusammenfallen.

Anders ausgedrückt: Wenn man eine Problemlage erfaßt, erzeugen ihre strukturellen Züge und Forderungen in dem Denker gewisse Spannungen, einen gewissen Zug oder Druck. Was nun im wirklichen Denken geschieht, ist, daß diesem Zug oder Druck gefolgt wird, daß sie Vektoren hervorbringen in Richtung auf eine Verbesserung der Situation, und diese entsprechend ändern. $S_2$ ist eine Sachlage, die als eine gute Gestalt, in der die gegenseitigen Forderungen sich im Einklang befinden, und in der die Teile von der Struktur des Ganzen ebenso bestimmt sind wie das Ganze von den Teilen, durch innere Kräfte zusammengehalten wird.

Der Denkprozeß umfaßt nicht immer nur die gegebenen Teile und ihre Umformungen. Er vollzieht sich im Verein mit Material, das strukturell bedeutsam ist, aber aus früherer Erfahrung und alten Beständen des Wissens und der Orientierung ausgewählt wird.

Bei alledem sind solche Bewegungen, solche Schritte stark bevorzugt, die die Sachlage in $S_1$, längs eines strukturell zusammenhängend vorgezeichneten Weges, in $S_2$ umwandeln.

Wenn das im Grund die Natur des Denkprozesses ist, d. h., wenn die Schritte strukturell vorgezeichnet sind, dann erhebt sich eine Fülle von Fragen, zum Beispiel: warum oft der Prozeß nicht geradliniger verläuft, warum es Zustände gibt, in denen man nicht vorwärtskommt, warum die Entwicklung völlig zum Stillstand kommen und oft einige Zeit ganz gesperrt bleiben kann — wie Abirrungen, wie Fehler zustandekommen. Ich habe einige der Gründe erwähnt. Ich wiederhole, daß eine erste, inadaequate Ansicht der Lage den Denker oft verhindern kann, die wirkliche Struktur der Lücke und die Natur der Forde-

rungen zu erfassen, die ihn in Stand setzen würden, sie richtig zu schließen. Oft fehlt die nötige Weite des Blicks (die Übersicht). Selbst wenn
man sie zu Beginn hat, kann man sie während des Prozesses verlieren,
weil man zu sehr mit Einzelheiten beschäftigt ist oder in eine stückhafte Einstellung zurückfällt. Unter diesen Umständen kommt es vor,
daß die Schließung innerhalb eines zu engen Bereichs sich zu vollziehen
strebt. Auf der anderen Seite kann der Blick des Denkers natürlich
auch zu sehr in die Weite gehen.

Oft ist die Möglichkeit einer Kurzschluß-Schließung verführerisch.
Wenn in einer gegebenen Situation verschiedene Teilprobleme sichtbar werden, kann der Blick auf das Ganze in dem Maß verloren gehen,
wie diese Teil-Ansichten sich aufdrängen. Oft engt der ungeduldige
Drang, die Lösung zu finden, den Blick zu sehr und zu kräftig ein, wie
wenn ein hungriges Tier, das von seinem Futter durch ein Gitter
getrennt ist, auf das nahe Ziel starrt und die Möglichkeit verliert, die
Situation frei zu überblicken, so daß es unfähig wird, zu sehen, daß
ein einfacher Umweg es an das Ziel bringen würde.

Und wir dürfen nicht vergessen, daß, obwohl der Prozeß $S_1 \ldots S_2$
oft ein relativ geschlossenes Ganzes ist, er immer nur relativ geschlossen ist. Er ist ein Teil-Feld; ebenso wie $S_1$ und $S_2$ je für sich nur ein
Teil des Feldes sind, verhält es sich auch mit dem ganzen Prozeß. Er
ist ein partielles Feld innerhalb des allgemeinen Prozesses des Erwerbs
von Wissen und Einsicht, innerhalb des Zusammenhangs einer breiten
geschichtlichen Entwicklung, innerhalb der sozialen Situation, und auch
innerhalb des persönlichen Lebens des Denkenden. Es ist ein Teil-Feld,
das nicht vollständig abgeschlossen ist, weder hinsichtlich des Materials
in dem Feld, noch des Betrags und der Quellen der Energie: Bedingungen, Faktoren, Kräfte in dem weiteren Umfeld, günstige oder feind-
liche, sind von Bedeutung. Darum müssen wir in Betracht ziehen, in
welchem Maß das Teil-Feld gegen andere abgesetzt ist, in welchem Maß
es mit anderen Teilen des weiteren Umfeldes in Beziehung steht. Aber
im Hinblick auf dieses weitere Feld scheint es in Wirklichkeit wieder
auf die strukturelle Dynamik anzukommen, wie sie oben für das Teil-
feld skizziert wurde. Von hier aus eröffnet sich ein weites Feld für Forschung und Verständnis im Sinne einer inneren Dynamik.

Ich möchte hier einen besonderen Punkt erwähnen. Die Kräfte in der
Situation können von zweierlei Art sein. In vielen Beispielen ist es die

227

strukturelle Natur der sachlichen Situation, die die Vektoren und Schritte
wesentlich bestimmt, während das Ich und seine persönlichen Interessen und Strebungen nur eine geringe Rolle oder gar keine spielen. Wenn
konkrete Ich-Tendenzen in das Bild kommen, wirken sie oft verwirrend (vgl. Kap. IV, Teil II). Es gibt andere Fälle, in denen persönliche
Bedürfnisse die Quelle des Problems sind. Hier spielt das Ich eine
bedeutsame Rolle. Aber wiederum (vgl. Kap. IV, Teil I) ist, um das Problem wirklich zu lösen, oft erst eine Umgestaltung nötig; das Problem
kann unlösbar bleiben, solange man nur auf seine eigenen Wünsche
oder Bedürfnisse starrt; es kommt vor, daß es erst lösbar wird, wenn
man dazu übergeht, das eigene Verlangen als einen Teil in der Situation zu sehen, und dabei die objektiven Forderungen der Lage entdeckt.
In solchen Fällen kommt es weiterhin vor, daß man nunmehr die
Lösung findet, durch die das eigene Ziel in sinnvoller Weise erreichbar
wird; aber auch, daß man entdeckt, daß das Ich-Ziel selbst blind war
und sinngemäß geändert, wenn nicht ganz aufgegeben werden muß.
So bleiben selbst für die Beziehung zwischen dem Problem und dem
Ich strukturelle Züge entscheidend[4]).

Ich habe bisher die Erörterung auf den Fall $S_1 \ldots S_2$ beschränkt, wie
er oben geschildert wurde — die Problemlage und die zu ihrer Auf-
lösung führenden Schritte. Ich habe dabei schon erwähnt, daß der Prozeß oft nicht in $S_1$ beginnt und in $S_2$ endet, sondern daß in

$$\ldots S_1 \ldots S_2 \ldots$$

$S_1$ schon ein Teil einer Entwicklung ist; daß überdies $S_2$, die eigentliche Lösung, kein Ende darstellt, sondern durch ihre Natur zu weiteren dynamischen Konsequenzen führt. (Siehe Kap. III, Abschn. V;
Kap. V.)

Es gibt noch andere Typen. Da ist der Typ

$$S_1 \ldots,$$

bei dem die Situation $S_1$ nicht von vornherein ein Problem stellt, das
sich auf ein $S_2$, ein konkretes Ziel bezieht. Die wirkliche Leistung
besteht hier darin, daß man merkt, daß die Situation nicht in so guter

---

[4]) Siehe Erwin Levy, „Some Aspects of the Schizophrenic Formal Disturbance of
Thought", Psychiatry, Bd. 6 (1943), S. 59-69.

Ordnung ist, wie sie aussieht, daß sie verbesserungsbedürftig ist. Unter diesen Umständen besteht der Prozeß oft in einem Übergang von einer Undsumme oder von einer oberflächlich strukturierten Ansicht zu einer sachgemäßeren. Infolgedessen würde hier die Hauptleistung darin bestehen, daß man merkt, daß da ein Problem besteht. Das rechte Problem zu sehen und zu stellen, ist oft eine weit bedeutendere Leistung, als eine gestellte Aufgabe zu lösen.

Andererseits gibt es Prozesse, in denen $S_1$ eine geringe oder keine Rolle spielt. Der Prozeß kommt, wie in manchen schöpferischen Prozessen in Kunst und Musik, in Gang, indem gewisse Züge an einem $S_2$, das geschaffen werden soll, in den Blick treten. Es treibt den Künstler zu seiner Kristallisation, Konkretisierung oder vollen Verwirklichung. Bezeichnenderweise sind es die mehr oder weniger klar erfaßten strukturellen Ganz-Qualitäten des Dings, das da geschaffen werden soll, die den Prozeß bestimmen. Ein Komponist setzt in der Regel nicht Noten zusammen, um irgend eine Melodie zu gewinnen; er faßt den Charakter einer Melodie *in statu nascendi* ins Auge und schreitet von oben nach unten fort, indem er sich bemüht, sie in allen ihren Teilen zu konkretisieren[5]). Für manche Komponisten ist das kein leichter Prozeß, oft beansprucht er eine lange Zeit. Wenn die Vorstellungen über das Ziel etwas verschwommen, kolloidal sind, können zwei Richtungen gleichzeitig wirksam sein — eine, die darauf ausgeht, den Grundgedanken klarer zu machen, die andere, die auf die Gewinnung der Teile aus ist. Bezeichnenderweise ist in solchen Fällen sofort klar, was paßt und was nicht paßt. Während das, was in den Beispielen des Typs $S_1 \ldots S_2$ geschieht, strukturell bestimmt ist durch die Natur von $S_1$, oder von $S_1$ in Beziehung zu $S_2$, ist es hier allein bestimmt von den strukturellen Zügen an dem ins Auge gefaßten $S_2$, und dies, obwohl $S_2$ noch unfertig, noch unbestimmt ist. Das ändert etwas die dynamische Natur der oben gegebenen Skizze, aber beim sinnvollen Vorgehen sind die Vektoren wiederum bestimmt durch die Natur der inneren strukturellen Forderungen.

Oft sind zwei wechselseitig aufeinander bezogene Richtungen in dem Prozeß gegenwärtig, einer, der von gewissen Teilen zum Ganzen

---

[5]) Ähnlich dem Mathematiker, der die Idee einer Formel oder einer Gleichung ins Auge gefaßt hat.

fortschreitet, und einer, der von Ganzqualitäten zu den Teilen geht. Das ist allgemein der Fall, wenn in einem sinnvollen Prozeß eine gute Gestalt erreicht ist. Solch eine Gestalt ist nicht willkürlich irgendwelchen Teilen übergestülpt ohne Rücksicht auf deren Natur; sie erfüllt auch ihre Forderungen.

Die dynamische Theorie, die auf diesen Seiten skizziert wurde, ist keine glatte Theorie, sie gedenkt nicht Allgemeinheiten anzubieten nur zum Zweck der Subsumption, des Katalogisierens, sie enthält zahlreiche Forschungsprobleme — wunderbare Probleme, glaube ich. Ich glaube aber nicht, daß ihr Kern sich weit von dem entfernt, was der natürliche Hausverstand fühlt.

Ich hoffe, der Leser wird die philosophische Bedeutung dieses Ansatzes nicht mißverstehen. Wenn hier ein Bild gegeben ist von der inneren strukturellen Dynamik in der Bestimmung des Prozesses, bedeutet das nicht, daß bei dieser Entwicklung der Mensch nur ein passiver Zuschauer ist. Von seiner Seite ist eine bestimmte Einstellung vorausgesetzt, eine Willigkeit, den Problemen gerade ins Gesicht zu sehen, eine Bereitschaft, sie mutig und gewissenhaft zu verfolgen, ein Verlangen nach Verbesserung, im Gegensatz zu willkürlichen, starren oder sklavischen Haltungen. Dies ist, wie ich meine, eines der großen Attribute, die die Würde des Menschen begründen.

Zum Kern der Theorie gehört der Übergang von der stückhaften Ansammlung, der oberflächlichen Struktur zu der sachlich besseren oder angemessenen Struktur. Die Kriterien für die strukturell wahre Auffassung sind schwieriger aufzustellen als die für stückhafte Wahrheit. In diesem Buch habe ich mich darauf beschränkt, an vergleichsweise einfachen Fällen zu zeigen, daß strenge Entscheidungen über die sachgemäße, die wahre Struktur getroffen werden können — gegen den skeptischen, relativistischen Negativismus.

Manchmal ist die Lage strukturell mehrdeutig, wie bei umschlagenden Figuren in der Wahrnehmung, wenn die Grenzlinien zu dem einen oder dem anderen Gebiet gehören können, so daß mehr als eine Möglichkeit der Gestaltung besteht. So ist es in vielen Fällen, in denen noch keine bestimmte Struktur bisher die richtige ist, weil unsere Sachkenntnis zu unvollständig ist und weil Daten und Tatsachen, die man für eine Entscheidung braucht, nicht zur Hand oder nicht genügend klar

230

gesichert sind. Verschiedenartige Bedingungen, Kräfte und Faktoren
mögen für den denkenden Menschen eine Struktur bestimmen — Faktoren, die oft die' Beharrung von Gewohnheiten einschließen, oder
auch stückhafte Einstellungen, endlich sogar die Wirksamkeit der
Prägnanz-Tendenz selbst in der Richtung auf voreilige Schließung.
Man wird dann zum Opfer einer verführerischen Vereinfachung*).

Durch all das wird das Anliegen der sachlich angemessenen Strukturierung nicht sinnlos. Das Verlangen, nicht strukturblind zu bleiben,
eine zutreffende strukturelle Orientierung zu gewinnen, scheint stark
zu sein und äußert sich oft sogar im Verlauf und Schicksal von Irr-
gängen. Im Nebel zu leben, in einer unübersichtlichen Mannigfaltigkeit von Faktoren und Kräften, die eine klare Entscheidung für das
Handeln hinsichtlich der Hauptzüge der Situation verhindern, ist für
viele Menschen ein unhaltbarer, ein unerträglicher Zustand. Es gibt
ein Streben nach struktureller Klarheit, Überschaubarkeit, nach Wahrheit im Gegensatz zum Blick auf Belanglosigkeiten — das Verlangen,
sich nicht selbst zu betrügen. Wenn dieses Verlangen, die wahre Struktur gewissenhaft zu erfassen, schwach ist, dann überwiegt strukturelle
Vereinfachung in irgend einer gewünschten Richtung. Der Grenzfall
ist der des Systems des Paranoikers, in dem die Daten falsch wiedergegeben und konkreten Fakten Gewalt angetan wird. Oberflächlich
falsch zentrierte Strukturen sind oft dynamisch labil: Obwohl der Fortschritt langsam sein kann, weil die Kräfte in der Struktur den Denkenden veranlassen, kritische Sachverhalte zu übersehen oder zu
umgehen und seinen Irrtum zu rationalisieren, gibt es klar verfolgbare
Fälle, in denen ein Sachverhalt oder ein Argument eine oberflächliche
strukturelle Auffassung in Gefahr bringt und sie in einem dramatischen produktiven Geschehen sprengt.

Solche Sachverhalte spielen eine ungeheure Rolle im persönlichen,
sozialen und politischen Feld. Oft spürt man in politischen Diskussionen, in politischen Ansichten die Gewalt des Prägnanzprinzips in
dem fast unwiderstehlichen Bestreben, dem dringenden Verlangen,
zu einer einfachen entscheidenden Strukturierung des Feldes, einer
scharfgeschnittenen Orientierung zu gelangen, sinnvoll zu handeln,

---

*) Ein einfaches Beispiel für die Wirksamkeit einer irreführenden Schließungs-
tendenz aus Prägnanzgründen bei unsachgemäßer Strukturierung des Sachverhalts
ist auf S. 127 f. beschrieben; vgl. auch die 2. Fußnote des Übersetzers auf S. 128 f.

231

nicht blind zu sein, nicht aufs Geratewohl zu handeln. Es gibt einen
Durst nach wahrer Orientierung.

In politischen Aussprachen kommt es oft vor, daß nicht so sehr
die Tatsachen selbst, nicht der Inhalt der Argumente den Anlaß zu
Meinungsverschiedenheiten bildet, als vielmehr die strukturelle Rolle,
die sie spielen, die Funktion, die sie in dem Zusammenhang haben,
mit all den Zügen von „weil" und „aber", „gleichwohl" und „trotzdem" und so fort. Die Menschen sind unglücklich, wenn die Verwicklung solcher Züge den Sachverhalt vernebelt; sie verlangen nach einer
strukturellen klaren Ansicht, in der die Einzelheiten ihren bestimmten
Platz, ihre Rolle und Funktion finden und die Hauptlinie und die
daraus hervorgehende Blick- und Handlungsrichtung nicht verwirren.
Dieses Bedürfnis kann sie irreführen. Aber oft sieht man auch, wie
dieses Streben nach struktureller Einfachheit aufs tiefste verbunden
ist mit dem Verlangen, zur wahren Struktur zu gelangen. Erfahrungen
und Experimente erweisen das kräftig und klar trotz aller Kräfte,
welche eine bestehende strukturelle Auffassung aufrecht zu erhalten
suchen.

In verschiedenen Experimenten, die ich über diese Fragen gemacht
habe, erhielt ich schlagende Ergebnisse dieser Art. Dr. S. E. Asch ist
jetzt ebenfalls an der Arbeit mit einer umfassenden Untersuchung
dieser Probleme, die von den Sozialpsychologen so sehr vernachlässigt
wurden, weil sie fast ausschließlich auf die Erforschung willkürlich
angesetzter Kräfte eingestellt waren. Ich hoffe, daß Dr. Asch seine
Befunde bald veröffentlicht.

Hier liegen große Aufgaben für die Demokratie. Kritische Einstellungen und Mißtrauen genügen nicht. Was nötig ist, ist strukturelle
Klarheit. Es ist zu hoffen, daß die produktiven Verfahren des Denkens stärker gefördert werden, nicht nur die Verfahren des Sammelns
von stückhaften Kenntnissen über Einzeltatsachen, sondern auch die
Verfahren, durch die man klare Einsicht in die großen Linien, in die
grundlegenden Strukturen entscheidender Situationen gewinnt.

Nun gibt es, neben solchen Prozessen, wie sie in den Kapiteln dieses
Buches erörtert wurden (Typ $\alpha$), viele andere, die zu einem größeren
oder geringeren Grad Züge einer anderen Art enthalten (Typ $\beta$). Selbst
in den Vorgängen der beschriebenen Art können manche der Daten,

r

die für das Weiterkommen benötigt werden, oder manche der Operationen von außen hereinkommen, durch Zufall, durch äußere Analogie,
aus dem Gedächtnis oder als das Ergebnis blinden Probierens. Außerdem gibt es in dem Grenzstreifen des Bekannten in der Entwicklung
der Wissenschaft zu viele Situationen, deren Natur vor allem anderen
das sorgfältige Sammeln von Tatsachen, die Feststellung von faktischen Beziehungen usw. verlangt, einfach weil bisher noch zu wenig
bekannt, zu wenig verstanden ist. Aber es sind dann wunderbare
Augenblicke, wenn nach einer langen Zeit fleißigen, sorgsamen For-
schens oder Experimentierens, sich eine Möglichkeit strukturellen Verständnisses eröffnet; oder wenn ein Experiment Ergebnisse hat, die sich
nicht einfügen wollen, die sogar mit einer gegebenen strukturellen Auffassung im Widerspruch stehen, und dann unter dieser Herausforderung der Prozeß in Gang kommt.

Den entgegengesetzten Grenzfall ($\gamma$) bilden Fälle, in denen das Ergebnis, die Lösung durch einen reinen Zufallsfund zustande kommt
oder durch nichts als eine Folge blinden Probierens, durch rein äußerliche Rückbesinnung, reinen Verlaß auf blinde Wiederholung, durch
blinden Drill oder durch Vorsagen. Es gibt viele Situationen, deren
Natur nur blindes Vorgehen und blindes Finden zuläßt, wie zum Beispiel in den vielfach gebräuchlichen Versuchen mit Labyrinthen, Wahl-
aufgaben und Problem-Kästen. Hier sind alle Faktoren, die irgend
einen Anhaltspunkt für ein einsichtig gesteuertes Verhalten bieten
könnten, vom Experimentator sorgfältig ausgeschlossen. Unter diesen
Umständen könnte auch das größte Genie zunächst nichts tun als blind
drauflos probieren, ein Erfolg könnte nur aus Zufall eintreten, und
dann wiederholt werden — falls nicht inzwischen die willkürliche
Anordnung vom Experimentator willkürlich geändert wurde.

Ich wiederhole: Die Unterschiede zwischen den Grenzfällen $\alpha$ und $\gamma$
betreffen nicht nur intellektuelle Verfahrensweisen; sie weisen auf tief-
greifende Unterschiede in der menschlichen Haltung hin.

---

Viele Theoretiker versuchen, das ganze Gemälde des Denkens um
die Kennzeichnung des Typs $\beta$ zu zentrieren, und übersehen dabei die
strukturellen Züge, die auch die $\beta$-Vorgänge enthalten.

233

In der Psychologie der Gegenwart besteht eine starke Neigung, das Denken grundsätzlich mit Hilfe der Faktoren, Operationen und Einstellungen des Typs $\gamma$ zu betrachten, blind für die Möglichkeiten des Typs $\alpha$, und mit allen Mitteln zu versuchen, die Typen $\beta$ und $\alpha$ als bloße Komplikationen von Faktoren zu behandeln, die für den Typ $\gamma$ charakteristisch sind. Das Studium solcher Faktoren ist zweifellos nützlich. Aber man sollte nicht zu rasch, nicht zu oberflächlich verallgemeinern. Selbst in Fällen, wo es möglich ist, einen stückhaften, blinden Mechanismus zur „Erklärung" des Prozesses zu konstruieren, ist es dem Forscher aufgegeben, vorsichtig zu sein, damit er nicht statt eines getreuen Bildes ein armseliges, nur scheinbar passendes Surrogat anbietet. In dieser Hinsicht sollte man besonders vorsichtig sein, auch wegen der ernsten Folgen, die jede Theorie auf diesem Gebiet für die Fragen des Unterrichts und der Erziehung, ja des Lebens hat.

Die Lage ist ähnlich derjenigen in der Psychologie des Lernens[6]). Typ $\gamma$ entspricht dem Lernen durch Drill, durch äußere Assoziationen, durch äußerliche Bildung bedingter Reaktionen, durch Einprägen, durch blindes Herumprobieren[7]). Typ $\alpha$ hat seinen Schwerpunkt in der Entwicklung struktureller Einsicht, struktureller Beherrschung, und im einsichtigen Lernen im eigentlichen Sinn dieses Wortes. Nach einer weit verbreiteten Annahme ist das einsichtige Lernen im Grund nichts als ein etwas verwickelterer Fall dessen, was man beim Einüben von Silbenreihen usw. findet, so als ob aus diesem letzteren Beispiel *die* Gesetze des Lernens herausgeholt werden könnten. Es sieht ganz und gar nicht so aus, als ob die Eigentümlichkeiten des $\alpha$-Typs auf Faktoren und Operationen dieser Art rückführbar seien. Selbst wenn man solch eine Hoffnung hegen sollte, ist sie nicht auf wirklicher Forschungsarbeit begründet, sondern spielt oft lediglich die Rolle eines Dogmas.

Um es ganz kurz zu sagen: Wenn wir die Vorgänge beim Denken und Lernen nach dem Typ $\alpha$ „strukturell aufgeschlossen", wenn wir

---

[6]) Siehe meine Einführung zu G. Katona, „Organizing and Memorizing", Columbia University Press, 1940.

[7]) Unter „äußerer" Assoziation versteht Wertheimer hier — übrigens in Übereinstimmung mit einer alten Formulierung W. Wundt's (Übers.) — solche Verknüpfungen im Gedächtnis, bei denen man annehmen kann, daß sie ohne Rücksicht auf den Inhalt der beteiligten Glieder hergestellt wurden. Der Ausdruck „äußerliche" Bildung bedingter Reaktionen ist ebenso zu verstehen. (Fußnote der amerikanischen Herausgeber.)

die Kennzeichen des Typs $\gamma$ „strukturell blind" nennen, ist die Lage
nach dieser herkömmlichen Auffassung die folgende:

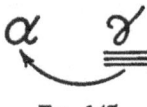

Fıɢ. 147

Mit anderen Worten, $\gamma$ ist als grundlegend angenommen, $\alpha$ „wird sich
zweifellos eines Tages als lediglich ein verwickelteres Zusammenspiel
von $\gamma$-Faktoren herausstellen".

Das wissenschaftlich sorgfältigere Verfahren ist es, zunächst die
unterscheidenden Eigentümlichkeiten jedes Vorgangstyps zu studieren.
Nur auf Grund solcher Untersuchungen wird man entscheiden können,

Fıɢ. 148                        Fıɢ. 149

ob die beiden Typen ihrer Natur nach völlig verschieden sind, oder ob
$\alpha$ als ein verwickeltes Zusammenspiel von für $\gamma$ wesentlichen Faktoren
betrachtet werden muß, *oder* ob $\alpha$ als Kern der Theorie besser geeignet
und $\gamma$ ein Sonderfall ist.

Zur Zeit scheint das letzte die theoretisch angemessenere Möglichkeit darzustellen; $\gamma$ scheint durchaus nur ein Sonderfall zu sein, in dem
die wechselseitige strukturelle Abhängigkeit, die für den Typ $\alpha$ kennzeichnend ist, sich Null nähert, eine Grenze, die in Fällen wirklichen
Lernens, wirklichen Denkens nie erreicht wird.

III

Wir wollen dies nur in Beziehung bringen zu der früheren Unterscheidung zwischen verschiedenen theoretischen Ansätzen, die uns ein-
gangs beschäftigt hat. Wenn wir auf die Tabelle III (den Gestalt-
Ansatz) zurückblicken und ihn mit den Ansätzen der traditionellen
(deduktiven und induktiven) Logik und der Assoziationstheorie (siehe
Tabellen I, Ia und II, Kap. I, S. 7-10) vergleichen, stehen uns zwei Wege
offen. Entweder wir betrachten die strukturelle Charakterisierung von

III als komplizierende Zusätze zu I und II, oder wir entscheiden über die Frage, welches die angemessenste theoretische Auffassung sei, erst, nachdem die funktionalen Prinzipien dieser Ansätze und ihre gegenseitigen Beziehungen tatsächlich genauer untersucht sind. Dabei versteht es sich, daß jeder der Punkte in I und II von Bedeutung ist. Aber vielleicht stellen diese Operationen selbst lediglich Spezialfälle dar. Die Begriffe in II und in gewissem Maß auch in I wurden gegenüber strukturellen Zügen oder Forderungen fremd oder blind gefaßt und herkömmlicherweise gebraucht. Unterziehen wir sie einer genaueren Prüfung, so finden wir, daß jeder der Begriffe in I und II selbst zweideutig ist, daß jeder strukturell sinnvoll oder strukturblind verstanden werden kann. Ihre strukturblinde Form und Anwendung scheint ein Grenzfall von III zu sein, der nur dann sachgemäß ist, wenn der strukturelle Zusammenhang und die wechselseitige Abhängigkeit sich Null nähert.

Das bedeutet nicht, daß Bereiche, die ihrem äußeren Ansehen nach unter I und II fallen, also hinsichtlich ihres Inhalts und ihrer Verbindungen strukturelle Merkmale zu entbehren scheinen, *völlig* frei von strukturellen Faktoren sind. Selbst wenn die Verbindungen rein faktisch und nur faktisch konstant und durchaus nicht einsehbar sind, bietet die *Hierarchie* solcher Verbindungen immer noch Möglichkeiten entweder eines strukturell einsichtigen oder eines strukturblinden Vorgehens.

Ich möchte nun kurz die Zweideutigkeit der Ausdrücke und Operationen auf den Tabellen I, Ia und II kennzeichnen.

Die Ausdrücke der traditionellen deduktiven Logik: Tabelle I (Einführung, Seite 7):

*Vergleich* und *Unterscheidung* können bedeuten, und es wird gewöhnlich angenommen, daß sie bedeuten: daß zwei oder viele Gegenstände auf irgendwelche Züge an ihnen verglichen werden, blind gegenüber der gegebenen Struktur. Worauf es von diesem Gesichtspunkt aus ankommt, ist einzig, ob Gleichheiten oder Unterschiede da sind oder nicht, und welche es sind. Aber Gleichheiten können ein stückhaftes Einerlei bedeuten, das irreführen kann, selbst wenn sie konstant und allgemein sind; oder, ganz im Gegensatz dazu, kann strukturelle Gleichheit vorliegen, die auch dann zustande kommen kann, wenn die stückhaften Einzeldaten überhaupt keine Gleichheit aufweisen.

236

*Analyse* kann bedeuten, daß ein Feld oder ein Gegenstand strukturblind in undsummenhafte Teile zerschnitten wird; es kann aber auch
eine strukturell sachgemäße Gliederung und eine Betrachtung der Teile
in ihrer Teil-Natur bedeuten.

*Abstraktion* und *Verallgemeinerung* können eine Verrichtung
bedeuten, die strukturblind auf Stücke gerichtet ist, und zu der undsummenhaften Form führt:

$$m + x.$$

Hier bezeichnet m Tatsachen, die verschiedenen Situationen gemeinsam sind, und x andere Tatsachen, in denen sich diese Situationen
unterscheiden (vgl. S. 240). Nun braucht das Bestehen des gemeinsamen
Faktors nichts weiter zu bedeuten als die Übereinstimmung bestimmter
Teile oder Stücke, festgestellt ohne jede Rücksicht auf ihre Rolle in
der gegebenen Struktur. Das Vorgehen kann sogar Teilungen und
Schnitte enthalten, die ihre Struktur verletzen. Andererseits kann
Abstraktion und Verallgemeinerung auch Operationen bedeuten, die
den Forderungen gegebener Strukturen folgen. Ebenso bei den *Klassen-*
*Begriffen*. Die Einteilung in Klassen und Unterklassen kann so vorgenommen werden, daß Gegenstände und Klassen zusammengefaßt
werden, die einander strukturell fremd sind und daher von Grund auf
verschiedenartig, und zugleich Gegenstände scharf voneinander getrennt
werden, die strukturell ähnlich oder sogar identisch sind (siehe
S. 241—243). Umgekehrt können sich Klassenbegriffe genau auf diese
gemeinsamen strukturellen Faktoren stützen, die bei der ersten Art
des Vorgehens außer Acht gelassen werden.

*Behauptungen*, zum Beispiel von der Art „alle S sind P", können
von einer faktischen und starren aber sachblinden Verknüpfung sprechen, von einem faktischen Nebeneinander-Bestehen von Fakten, die
strukturell nicht im mindesten zueinander gehören; oder wiederum
können sie strukturell sinnvolle Aussagen sein. Eine Reihe von Prädi-
katen, die einem Subjekt zugeordnet werden, kann entweder eine Undsumme von unzusammenhängenden Einzelheiten sein, oder sie kann
sich auf Daten beziehen, die sich ineinanderfügen, und sie kann auf
solche Weise die innere Struktur von S erhellen.

Ähnlich mit *Folgerungen, Syllogismen* usw. Sie können sich auf
lediglich formale Beziehungen stützen, in denen solche leeren Quantifi-

zierungen, wie „alle", „einige", „keine", die wesentliche Rolle spielen; sie können aber auch aus strukturellen Forderungen hervorgehen[8]).

Die Ausdrücke der induktiven Logik: Tabelle Ia (Einführung, S. 9):

*Induktion* kann bedeuten Verallgemeinerung auf Grund stückhafter, äußerlicher Übereinstimmungen in einer Reihe von Fällen; oder es kann eine strukturell sinnvolle Hypothese bedeuten.

*Erfahrung* kann ein gedankenloses Zusammentragen von Fakten und von rein faktischen Verbindungen bedeuten. Aber Erfahrung kann auch bedeuten, daß man strukturelle Züge lebendig erfaßt, daß man einen Überblick gewinnt, daß Daten und Verbindungen in ihrer Rolle und Funktion innerhalb ihres Zusammenhangs verstanden werden.

*Experimentieren* kann bedeuten, daß irgendwelche stückhaften Faktoren gedankenlos eingeführt werden, daß die Ergebnisse stückhaft erfaßt werden, ohne Rücksicht auf ihre strukturelle Bedeutung. Das ist als ein erster Schritt oft unvermeidlich. Aber es gehört mehr dazu, wenn nicht am Ende eine bloße Undsumme strukturell beziehungsloser Tatsachen stehen soll. Der entgegengesetzte Grenzfall ist das strukturell sinnvolle Experimentieren, oft in der Form einer Entscheidungsfrage an die Natur, des Bemühens, zwischen verschiedenen im Zusammenhang unseres Wissens möglichen Hypothesen zu entscheiden.

*„Eine Variable ist eine Funktion einer anderen Variablen".* Das kann, wie manche Theoretiker es folgerichtig ausgesprochen haben, bedeuten, daß Daten aus irgendwelchen zwei Reihen einander zugeordnet werden, und daß ein Prinzip über die Korrelation von Änderungen angegeben wird, ohne Rücksicht auf den strukturellen Sinn der Paarung. Bei diesem Begriff einer Funktion zieht man nicht in Betracht, wie die Paarung und das Prinzip mit der Natur der Sachverhalte und der strukturellen Eigenart der ganzen Reihe zusammenhängen. Im entgegengesetzten Grenzfall überblickt man etwa, was die Änderungen an einem Teil innerhalb der Struktur des Ganzen bedeuten; man kann dabei die inneren Gesetze entdecken, die die Natur der einzelnen Sach-

---

[8]) Siehe die Abhandlung von M. Wertheimer, „Über Schlußprozesse im produktiven Denken" (Berlin 1920; abgedruckt in „Drei Abhandlungen zur Gestalttheorie", Erlangen 1925, S. 164-184; englisch in dem Auswahlband von W. D. Ellis, zitiert oben S. 6, 23. Stück). Dort werden die leeren, obwohl exakten Syllogismen den sinnvollen gegenübergestellt.

verhalte innerhalb des Ganzen beherrschen, die Art, in welcher ihre Änderungen auf dieser Ganzes-Teil-Beziehung beruhen.

Die Ausdrücke der Assoziations-Theorie; Tabelle II (Einführung Seite 10):

*Assoziation* kann bedeuten: Die Verkettung von Einzelsachverhalten in einer Undsumme von Verbindungen, die ihrer Natur nach keine Struktur besitzt, wie in der gebräuchlichen Theorie des Einübens sinnloser Silben. Oder im entgegengesetzten Grenzfall kann es bedeuten: Das Bemerken strukturellen Zusammengehörens, bei welchem die Einzelsachverhalte einander gegenseitig fordern, als Teile in einem Zusammenhang — einschließlich der Nachwirkungen dieses Bemerkens.

*Wiederholung* kann bedeuten, daß dieselbe stückhafte, sachblinde Verbindung immer wieder vorkommt; oder es kann bedeuten den Übergang von einer unverstandenen und blinden Paarung zum Erfassen einer Struktur, in der die Bedeutung der Einzelsachverhalte die von Teilen in einem charakteristischen Ganzen wird.

*Probieren* (trial and error) kann eine gedankenlose Folge blinder Unternehmungen mit planlosem Wechsel der Richtungen sein; oder wiederum kann es bedeuten, daß eine vernünftige Vermutung strukturell geprüft wird. In dem zweiten Fall kann gerade der Mißerfolg die Lage beleuchten und eine andere Vermutung nahelegen, die zu der vorliegenden Struktur besser paßt.

*Lernen aufgrund des Erfolgs* kann bedeuten, daß eine Tätigkeit ausgesondert wird wegen des Erfolgs, der sich an diese Tätigkeit nur rein faktisch anschließt, ohne verstanden zu sein; oder es kann bedeuten, daß man beim Lernen erfaßt, warum gerade diese Art von Tätigkeit gerade diese Wirkung hat, aus inneren, strukturellen Gründen. Es ist diese zweite Form des „Lernens aus dem Erfolg", die den Lernenden befähigt, seine Tätigkeit in einer strukturell sinnvollen Weise abzuändern, wenn die Lage nicht mehr dieselbe ist.

Der wesentliche Unterschied zwischen den zwei Arten, alle diese Begriffe zu verstehen, kann vielleicht am besten beleuchtet werden, indem wir nochmals zur Logik zurückkehren und vor allem zu dem Klassen-Begriff, der in der traditionellen Form dieser Disziplin so grundlegend ist. Wenn wir die zahlreichen Feinheiten außer acht lassen, wenn wir uns einfach an die konkrete Bedeutung der zugehörigen

239

Operationen halten und an das, was in der traditionellen Logik für die Korrektheit wirklich verlangt wird, finden wir die folgenden Punkte:

Da sind verschiedene Gegenstände. (Die Art, in der sie von einander abgesondert sind, und warum gerade so, — wie ein Gegenstand sich in Absetzung gegen andere Gegenstände konstituiert, ist eine Frage, die in der traditionellen Logik vernachlässigt, ohne wirkliche Untersuchung für selbstverständlich gehalten wurde.) Ich vergleiche sie. In ihren Eigenschaften oder ihren Teilen finde ich Ähnlichkeiten und Unterschiede. Ich abstrahiere von den Unterschieden und konzentriere mich auf die gemeinsamen Eigenschaften oder Teile an den Gegenständen; so bekomme ich einen allgemeinen Begriff. Der *Inhalt* ist gegeben durch diese gemeinsamen Teile. Der *Umfang* ist die Mannigfaltigkeit der Gegenstände, die von dem Klassenbegriff umfaßt werden.

Wenn wir das gemeinsame Element m und die anderen Elemente x nennen, ist ein exakter Ausdruck für die Klasse (oder für irgend einen Gegenstand, der unter dem Klassenbegriff verstanden wird)

$$m + x.$$

Zwischen dem m und dem x steht ein „und". Das m[9]) ist das, was an dem Inhalt der Gegenstände gemeinsam ist; das x ist das, was außer dem m da ist und am Inhalt der einzelnen Gegenstände verschieden sein kann. Das erfaßte Datum m ist unabhängig davon, ob es links oder rechts steht, und das muß offenbar so sein, damit der Begriff in Folgerungen, Syllogismen usw. exakt gebraucht werden kann. Da ist nicht darauf Bezug genommen, was sonst außerdem in dem Begriff irgend enthalten sein könnte, keine Rücksicht auf die Rolle, die m in diesem Gegenstand spielt, kein Bezug auf seine Bedeutung als Teil zwischen anderen Teilen derselben Wesenheit, kein Bezug auf die Struktur dieser Wesenheit. Diese Abstraktion ist subtraktiv; sie isoliert einfach das m. Für das m ist es gleichgültig, was das x ist. Das x ist im Grund beliebig; mit anderen Worten, es wird nicht gefragt, was das x sein und was es für das m bedeuten könnte. Die starre Konstanz des m, und die Unabhängigkeit seiner Natur von der Natur des x, wird als unentbehrlich erachtet, um Klassifikation, Subsumption, allgemeine Urteile, Folgerungen, Syllogismen usw., wie sie von der traditionellen Logik gesehen werden, richtig durchführen zu können.

---

[9]) Das m selbst kann eine Undsumme verschiedener gemeinsamer Elemente sein.

240

In vielen Fällen ist ein solches Verfahren sachgerecht und nützlich, wie in den viel benutzten klassischen Beispielen der traditionellen Logik; man betrachte das Urteil „Alle Briefkästen im Staate... sind grün". Es ist völlig angebracht in allen Fällen, in denen das m und das x getrennt, additiv, lediglich zusammengesetzt sind ohne irgend eine innere Beziehung, die sie in wechselseitige Abhängigkeit brächte; in allen Fällen, in denen die Bedeutung des m invariant ist gegenüber Änderungen des x, und umgekehrt.

In der historischen Entwicklung haben sich in gewissen Fällen Schwierigkeiten erhoben hinsichtlich der Angemessenheit des Verfahrens (vgl. die berühmte Erörterung des Linné'schen Systems der Pflanzen in der Französischen Akademie). Das Problem war, ob nicht leicht solch ein Verfahren, obwohl exakt, Gegenstände, die ihrer Natur nach völlig verschieden sind, zusammenbringt und auf der anderen Seite Gegenstände, die tatsächlich zusammen gehören, scharf voneinander trennt. Der Logiker sucht Hilfe in dem Ausdruck „wesentlich". Man hat diesen Punkt immer sehr betont, aber obwohl für den Hausverstand die Bedeutung von „wesentlich" oft klar genug ist, war und ist sie in der Logik äußerst umstritten geblieben. Es hat mehr dazu gedient, das Problem zu benennen, als es zu lösen. Es ist infolgedessen in neueren Entwicklungen der Logik wieder abgelehnt, wieder ausgeschieden worden. Ein Weg zur Klärung seiner schönen Bedeutung eröffnet sich, wenn wir strukturelle Züge ins Auge fassen. Ich gebe ein extremes Beispiel aus der Musik. Hier sind vier Gegenstände:

FIG. 150

Wir klassifizieren. Wir bemerken, im Hinblick auf die Tonhöhen, daß die Gegenstände A und B mit denselben zwei Noten beginnen. Dasselbe tun die Gegenstände C und D. Ein Bibliothekar kann eine erste Klasse von Gegenständen bilden, die mit den ersten beiden Noten von A und B beginnen, und eine zweite Klasse derjenigen, die mit den ersten beiden Noten von C und D beginnen. Das mag — obwohl ich nicht ganz sicher bin — für ihn nützlich sein, um irgend eine Ordnung in sein Sammlungs-Verzeichnis zu bringen. Nach den Begriffen der traditionellen Logik ist das Verfahren exakt. Aber was hätte er mit diesem Verfahren angerichtet? Er hätte die beiden ersten Melodien zusammengebracht, die ihrer Natur nach, ja selbst hinsichtlich dieser beiden ersten Noten, verschieden sind. Und ebenso in der zweiten Klasse. Er hätte Melodien, die dieselben sind, nur in einer anderen Tonart — C als Transposition von A, D von B — scharf in verschiedene Klassen getrennt.

Auf dem Klavier sind die beiden ersten Noten in seiner Klassifikation dieselben in A und B, ebenso in C und D, aber sie sind nicht dieselben für jemand, der die Melodien erfaßt. Für ihn sind die zwei Noten, welche die Klassifikation in ihrem atomistischen Verfahren als identisch betrachtet, tatsächlich sehr verschieden hinsichtlich der Rolle, die sie in der Melodie spielen, verschieden auch als Teil davon. Wenn man diese „identischen" Noten mit denselben Notenzeichen schriebe — wie ich es auf S. 241 rechts getan habe — stünden dem Musiker die Haare zu Berge, er würde es Unsinn, unlogisch nennen. Die zweite Note in A ist der Grundton, die „identische" zweite Note in B ist alles andere als Grundton, es ist der Leitton, der nach dem hier an dritter Stelle stehenden Grundton verlangt, auf ihn hin treibt. Die erste Note in A ist die große Terz im Dreiklang, in B ist es die Moll-Terz. Auch die Beziehung zwischen den beiden, die stückhaft als dieselbe betrachtet wird, ist verschieden: in A eine Terz; in B eine verminderte Quart. In Verbindung mit ihrer Dynamik ist auch ihre Stabilität verschieden, was sich sogar in der beim Singen angestimmten Tonhöhe bemerkbar macht; in B wird die zweite Note oft etwas höher gesungen, da sie nach dem folgenden Ton hinstrebt. Auch ihr Ausdruckscharakter ist verschieden. So sind die zwei ersten Noten von A und B, obwohl in jenem Quasi-Klassen-Begriff als „gemeinsame Merkmale" genommen, ihrer Natur nach verschieden; während andererseits die zwei ersten Noten

von A und C in allen diesen Hinsichten, d. h. strukturell, dieselben
sind, ebenso die von B und D. Die AB/CD-Klassifikation ist strukturblind; sie ist unsinnig, insofern sie die Melodien nicht als ganze sieht,
sondern die ersten zwei Noten stückhaft von ihrem Zusammenhang
abschneidet, als seien sie unabhängige Brocken.

Man prüfe den Gegensatz: Die strukturblinde Klassenbildung ergibt
die Gruppierung AB/CD, die strukturelle Klassenbildung ergibt die
Gruppierung AC/BD.

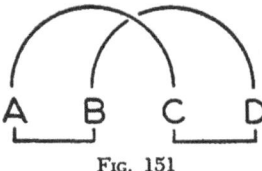

Fig. 151

Hier haben wir nur die strenge Transponierung betrachtet; aber in
sinnvollen musikalischen Variationen können sogar die beiden Ein-
gangsnoten einer Melodie und ihr Intervall in einem bestimmten Ausmaß verändert werden, ohne daß die Melodie als Gesamtstruktur Schaden leitet. Andererseits kann eine einzige veränderte Note fehl am
Platz sein, die Struktur verletzen. Wenn man solch eine Melodie hört,
merkt man, daß etwas nicht stimmt, aus den Fugen ist, nicht hineinpaßt. Melodien, die in solcher Weise gestört sind, ebenso allgemein
sinnlose Anhäufungen von Tönen, lassen sich psychologisch nicht, wie
gute Melodien, transponieren. Wo Verstöße gegen die Struktur vorliegen, da gibt es Störungen. Wenn jemand versucht, sich sinnlose Ton-
Anhäufungen ins Gedächtnis zu rufen, sie nach einiger Zeit zu wiederholen, sind sie tatsächlich viel schwerer wiederzugeben, und die verschiedensten Dinge können ihnen zustoßen. Es scheint eine starke Tendenz zu bestehen, solches Material zu ändern, irgendwie zu verbessern
in der Richtung auf eine sinnvolle Struktur. So ist das wirkliche
Anliegen hier alles andere als eine Angelegenheit stückhafter Gleichheiten, es beschränkt sich nicht einmal auf Fragen der Stelle, Rolle und
Funktion in einem Ganzen; es schließt vielmehr auch die Frage ein, ob
gegebene strukturelle Forderungen erfüllt oder nicht erfüllt werden.

Ich habe das Beispiel der Melodien gewählt, weil man bei der
Erfassung von Musik lebhaft spürt, worauf es ankommt. Natürlich ist

243

die exakte Formulierung der Ganz-Qualitäten, der strukturellen Forderungen, auch hier nicht leicht — es ist, was manche großen Musiker
die innere Logik der Melodien genannt haben, eines der großen Probleme der Ästhetik. Aber vieles von dem, was ich an diesen Beispielen
zu zeigen versuchte, ist von allgemeiner Bedeutung. Es gilt häufig für
anderes Material, wo exakte Formulierung in dieser Hinsicht keine
Schwierigkeiten bietet. Dieselben Sachverhalte können zum Beispiel
studiert werden an Gruppen von sagen wir, vier Gebilden in figuralen
Verteilungen, an der Struktur von Vorgängen innerhalb physikalischer Systeme, an abstrakten Relationsnetzwerken und an Gruppen
menschlicher Charakterzüge. Ein weites Feld tut sich auf, viel weiter
als das alte Anliegen der Klassifikation, wenn wir an die Probleme
der Transponierbarkeit denken und auf die Suche gehen nach den
Prinzipien struktureller Invarianz.

Hinsichtlich der Frage der Klassifikation läuft der Hauptpunkt
hinaus auf das alte Sprichwort:

*si duo faciumt idem, non est idem,*

wenn zwei dasselbe tun, ist es nicht dasselbe. Scharf ausgedrückt: Zwei
Sachverhalte oder zwei Gruppen von Sachverhalten, die, atomistisch
betrachtet, identisch sind (vgl. oben AB/CD), können strukturell sehr
Verschiedenes bedeuten, können tatsächlich ihrer Natur nach verschieden sein. Eine notwendige Ergänzung ist der entgegengesetzte Satz:
Wenn, atomistisch betrachtet, zwei sehr Verschiedenes tun (vgl.
oben AC/BD), können ihre Taten gleichwohl strukturell dieselben sein.
Um in einer veränderten Situation daselbe zu tun, muß man es anders
machen. Genau gesagt: Verschiedene Sachverhalte können strukturell
dieselben sein.

Ähnliches gilt für diejenigen Gehalte der Logik, die gewöhnlich als
deren elementarste betrachtet werden: für das „und", das „nicht", das
„wenn — dann", den Begriff der Beziehung, der Identität, der Wahrheit usw. Ich will einige Punkte kurz erwähnen. Herkömmlicherweise
sind sie alle in Blindheit für die strukturellen Probleme betrachtet und
verwendet worden. Sie alle scheinen in ihrer traditionellen Bedeutung
nur Grenzfälle ihrer weiteren möglichen Bedeutung darzustellen. Das
gilt sogar für die traditionellen Grundgesetze des Denkens: das

244

Gesetz der Identität, des Widerspruchs, den Satz vom zureichenden
Grunde.

In der exakten traditionellen Logik kann „*und*" zwei beliebige
Dinge oder Urteile zusammenfassen, was auch immer sie für einander
bedeuten, ob sie strukturell zu einander gehören oder nicht. „Und"
bedeutet dann: das eine *ist*, oder *ist wahr*, das andere auch. Ich benutze
ein charakteristisches Beispiel aus der klassischen Abhandlung von
D. Hilbert und W. Ackermann[10]). Man kann die Bedeutung des überlieferten „und" erläutern am Beispiel einer Feststellung der folgenden
Art: „Zwei ist weniger als drei *und* der Schnee ist weiß". Hier sehen
wir, daß der Inhalt beider Sätze, zusammengenommen, nichts als
ihre Undsumme ist; der tatsächliche Inhalt jedes einzelnen bedeutet
nichts für den tatsächlichen Inhalt des anderen; die Gegenstände der
beiden sind ohne jede innere strukturelle Beziehung. In der Undsumme
ist jedes genau, was es auch ohne das andere, oder bei Veränderung des
anderen, wäre. Dieses Beispiel mag den Leser vor den Kopf stoßen,
aber es gibt die genaue Bedeutung des „und" in einer strukturblinden
Logik wieder.

Tatsächlich ist dieses leere „und" nur ein Grenzfall. Im lebendigen
Denken ist „und" meist nicht von dieser Art. Da gibt es das „und",
das zwei Dinge zusammenfaßt, die zu einander gehören, die einander
strukturell fordern. Da gibt es das „und", das feststellt, daß zwei
Dinge zusammen sind, die nicht zusammen sein sollten, die einander
„beißen". Diese beiden sind funktionell verschieden von dem neu-
tralen, strukturblinden „und". Das wirkliche „und" ist oft von einer
sehr ernsten Art, insofern es dynamische Konsequenzen anregt, für
die der leere Gebrauch des „und" blind ist. Selbst in der formalen
Logik sollten wir streng zwischen den verschiedenen Arten des „und"
unterscheiden, da der allgemeine Gebrauch des leeren „und" den Denker blind machen kann für das, was er wirklich tut, wenn er Dinge
zusammensetzt.

In der modernen Logik ist das „und" durch eine Reihe von Wahr-
heitswerten für die beiden Urteile definiert worden. Obwohl in sich
elegant, bringt dieses Verfahren aufs schlagendste seine zu Grunde
liegende Struktur-Blindheit hinsichtlich des „und" und der Bedeutung

---

[10]) „Grundzüge der theoretischen Logik" (J. Springer, Berlin 1928), S. 3.

der beiden Urteile zum Ausdruck. Es paßt auf Fälle, in denen die beiden Urteile von Denk-Gegenständen handeln, die keine strukturelle Beziehung zu einander haben, im Hinblick auf welche „und" sinngemäß nichts besagt, als daß jedes unabhängig vom anderen wahr ist. Aber es gibt Fälle, in denen die Zusammenfassung von zwei Denk-Gegenständen nicht von einer rein „und"-summenhaften Art ist. Wenn wir dann zuerst jedes Urteil für sich allein betrachten, und nachher merken, was geschieht, wenn sie durch ein willkürliches „und" zu einander in Beziehung gebracht werden, finden wir, daß dies oft ernste Änderungen in ihren Bedeutungen nach sich zieht. In gewissem Maß kann das schon sehr exakt an Urteilen über einfache Relations-Netzwerke gezeigt werden — wenn die Änderungen sich an den sogenannten impliziten Definitionen des Logistikers vollziehen, und infolgedessen im Hinblick auf die Tafel der Wahrheitswerte selbst. Die Form der Tafel der Wahrheits-Werte im rein undsummenhaften Fall erscheint nur als ein Grenzfall der sehr viel reicheren und tieferen Mannigfaltigkeit von Werten, die wir erhalten, wenn wir die strukturellen Eigentümlichkeiten in Betracht ziehen.

Ich fasse zusammen: Das wirkliche „und" setzt Realbeziehungen, das Bestehen spezifischer Ganzer und ihrer Dynamik voraus.

Es ist eine ernste Angelegenheit, charakteristisch für die Struktur-Blindheit und Funktions-Blindheit der traditionellen Logik, daß Ausdrücke wie „aber", „gleichwohl", „indessen", in dem System der Logik überhaupt nicht berücksichtigt werden.

Ähnliches wie für das „und" gilt für die Bedeutung einer „Relation". Es gibt Fälle, in denen

$$|a| \quad |R| \quad |b|$$

eine bloße Undsumme feststellt, in der keines der drei Bestandstücke für die anderen wirklich etwas bedeutet. Eine Beziehung R zu einem b ist für ein a festgesetzt, ohne alle Folgen für das a, und ebenso wenig für das b. Zweitens gibt es Fälle, wo zwei Dinge oder zwei Sachverhalte in irgendeine wirkliche Beziehung zu einander gebracht sind, die beiden strukturell ungemäß ist, die die Forderungen beider verletzt und die beide durchstehen müssen. Dies ist die Form der

Bezogenheit, in der oft eine heftige strukturelle Dynamik sich entwickelt. Drittens gibt es jedoch auch Fälle, in denen in der tatsächlichen
Beziehung die Teilsachverhalte einander in einer guten Gestalt ergänzen, zueinander passen, und ein gutes Ganzes bilden.

Schließlich sind da die Fälle, in denen die Glieder einander wechselseitig aus innerer Notwendigkeit bestimmen, und das in einer klaren,
sauberen Weise, wo a und b c bestimmen oder ihr R fordern; wo a
und R nach dem passenden b verlangen, und R und b nach dem passenden a.

Ganz wie beim „und" und bei der „Relation" finden wir auch bei
dem Begriff der *Verneinung*, daß er in einer leeren, strukturblinden
Weise gebraucht werden kann. Aber wiederum ist dies ein Grenzfall
der Verneinung, der nur auf besondere Beispiele anwendbar ist. Andererseits kann „etwas verneinen" bedeuten, daß dieses Etwas sinngemäß nicht zutreffen kann, daß die strukturelle Natur der Situation
gerade diese Verneinung fordert. Aber es gibt noch ein anderes „nicht",
welches das Fehlen von etwas feststellt, das tatsächlich aus der Situation strukturell gefordert wäre. Beide stehen im Gegensatz zu dem
Fall einer leeren Verneinung, die keinerlei strukturelle Bedeutung hat.
Der Fall der Verneinung, die etwas strukturell Fehlendes feststellt,
ist nichts anderes als die *negatio privativa* der klassischen Logik; aber
es ist wesentlich, daß ihre strukturelle Natur klar verstanden wird.
Zwischen der leeren Verneinung und den anderen Formen des „nicht"
liegt eine Mannigfaltigkeit von Formen.

Ähnliche Unterscheidungen gelten für die „wenn — dann"-Form,
die für die Logik so grundlegend ist. Der eine Grenzfall ist das strukturblinde, rein formale „wenn zwei weniger als drei ist, *dann* ist der
Schnee weiß"[11]. Für formale Zwecke ist es wichtig, auch diesen gänzlich entleerten, strukturblinden Typ zu studieren. Wir haben manchmal im wirklichen Leben mit konstanten Verbindungen dieser Art
umzugehen, manchmal sogar in den Eingangsphasen produktiver Denkvorgänge. Aber im vernünftigen Denken ist „wenn — dann" selten,
oder mindestens bleibt es fast nie, von dieser leeren Art. Der gesunde

---

[11]) Dieses Beispiel habe ich nicht erfunden. Es ist zur positiven Charakterisierung verwendet worden; vgl. D. Hilbert und W. Ackermann (zitiert oben S. 245),
Seite 4.

Menschenverstand hat Recht, wenn er sich von Beispielen wie dem eben gegebenen vor den Kopf gestoßen fühlt. „Wenn — dann" impliziert meistenteils irgendeine Art von struktureller Rechtfertigung. Es bedeutet nicht einfach ein "wenn — dann" im Hinblick auf strukturell beziehungslose Gegenstände. Das sinnvolle „wenn — dann" verlangt irgendeine Art von inneren Zusammenhängen, irgendeine Art von innerer struktureller Bezogenheit. So erscheint der leere Typ lediglich als ein Grenzfall, in dem alle strukturelle Bezogenheit verschwindet und nur eine äußere Form übrigbleibt, die den Sachverhalten unter „wenn" und unter „dann" gleichgültig gegenübersteht.

Oder nehmen wir das *Gesetz der Identität*. Der Fall völliger Identität ist banal und stellt im wirklichen Denken schwerlich ein Problem dar. Das eigentliche Problem ist die Entdeckung von „Identität" trotz gewisser scheinbarer Unterschiede, und hier wird es zu einer Grund-Aufgabe, zwischen stückhafter Identität, die von der Struktur absieht, und struktureller Identität zu unterscheiden. Es war möglich, diese Unterschiede in psychologischen Experimenten zu studieren. Die Untersuchung, die sich mit konkretem Anschauungsmaterial beschäftigte, führte zu der klaren Folgerung, daß stückhafte Identität lediglich ein Sonderfall ist, der nur dort vorkommt, wo die strukturellen Bedingungen es zulassen[12]).

Es ist dasselbe mit der *Wahrheit* selbst. Aus dem Studium des Wahrheits-Problems[*]) ging das Schema einer vierwertigen Logik hervor, in welcher die Bezeichnungen „wahr" und „falsch" beide sowohl in einem atomistischen als auch in einem strukturellen Sinn auftreten können[13]). Hier führt ein strukturblindes Vorgehen wiederum zu dem Sonderfall der nur zweiwertigen aristotelischen Logik.

---

[12]) J. Ternus, „Experimentelle Untersuchungen über phänomenale Identität", Psychologische Forschung, Bd. 7 (1926), S. 81-136.
[*]) Vgl. M. Wertheimer, „Über Gestalttheorie", Erlangen 1925; englisch unter dem Titel: Gestalt Theory" in Social Research, Bd. 11 (1944), S. 78-99; auch bei W. D. Ellis (zitiert S. 7), Stück 1.
[13]) M. Wertheimer, „On Truth", Social Research, Bd. 1 (1934), S. 135-146.

Alle diese Anliegen spielen eine bedeutende Rolle im produktiven
Denken. Aber in diesem Zusammenhang sollte man sie als Teile des
großen Anliegens der *Dynamik* des Denkens betrachten. Während die
traditionelle Logik sich auf die Probleme der Gültigkeit, auf statische
Eigenschaften einengt, muß die Lehre von der allgemeinen Logik sich
mit den logischen Eigenschaften und Regeln dynamischer Vorgänge
beschäftigen, und diese sind wieder strukturell.

Zum Beispiel genügt unsere Feststellung, daß Identität oft in einem
strukturellen Sinn zu verstehen ist, nicht ganz. Die traditionelle Logik
betrachtet es als eine der unverbrüchlichsten Grund-Regeln, daß die
Inhalte eines Gedankenganges — Begriffe, Urteile und so fort — bei
Wiederholung streng identisch bleiben müssen. So wichtig diese Regel
für gewisse Fragen der Geltung ist, trifft sie auf das wirkliche Denken
so nicht allgemein zu. In wirklichen Denkprozessen bleiben die Inhalte
oft nicht streng identisch; und tatsächlich ist ja ihre Änderung, ihre
Verbesserung genau das, was gefordert ist. Wenn ein Inhalt, ein
Begriff oder Urteil, in dem Denkvorgang wiederkehrt und von einem
atomistischen Gesichtspunkt identisch erscheint, ist es sehr oft nicht
wirklich so. Seine funktionelle und strukturelle Bedeutung hat sich tatsächlich, und glücklicherweise, geändert. Blindheit für solch eine Änderung der Bedeutung verhindert oft produktive Prozesse. Im wirklichen
Denken ist die *funktionelle* Bedeutung eines Inhalts, eines Urteils, diejenige Bedeutung, die sich im Vorwärtsdringen des Denkens wandelt,
von der äußersten Wichtigkeit — ohne sie wird das Denken unfrucht-
bar; wenn man diesen Wandel außer Acht läßt, erfaßt man den Weg
des Fortschreitens nicht. Denn Feststellungen usw. haben in ihrem
Zusammenhang etwas *Gerichtetes* (Vektorielles). Hier kommt eine der
Grund-Eigentümlichkeiten der traditionellen Logik ans Licht: Ihre
Vernachlässigung der starken Gerichtetheit lebendiger Denkvorgänge,
sofern sie eine gegebene Situation verbessern.

### ANHANG*)

## DIE SUMME EINER REIHE

Ich will beschreiben, wie ein unmittelbarer Gedankengang ablief[1]). Ich werde die Reihe in der Form wiedergeben

$$\frac{1}{a}+\frac{1}{a^2}+\frac{1}{a^3}+ \ldots \qquad \text{(a ist eine ganze Zahl größer als 1)}$$

Die Aufgabe ist, die Summe der gesamten Reihe zu finden.

Erstens: Wie wächst die Summe, wenn die Reihe fortgesetzt wird? Offenbar ist die Summe für jeden folgenden Schritt, $S_{n+1}$, gleich der bisherigen Summe $S_n$ plus $\frac{1}{a^{n+1}}$. Der Wert von $\frac{1}{a^{n+1}}$ wird um so kleiner, je weiter ich in der Reihe fortschreite: Je größer n wird, um so kleiner wird der Wert $\frac{1}{a^{n+1}}$. Infolgedessen wird auf späteren Stufen $S_{n+1}$ sich von $S_n$ immer weniger unterscheiden — die Kurve der Summe wird nicht mehr so rasch steigen, sie wird sich immer weniger ändern und sich vielleicht der Horizontalen nähern.

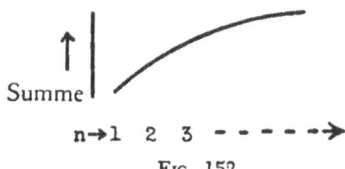

Summe

n→1  2  3  - - - - →

FIG. 152

---

*) Zu Kap. 1, § 23 (S. 44 f.).
[1]) Dieser Bericht wurde während des tatsächlichen Denkprozesses niedergeschrieben.

Aber das hilft mir nicht, zu sehen, welchem Wert die Summe sich
nähert.

Zweitens: Wenn ich verstehen will, muß ich von Anfang an gewahr

werden, was der erste Ausdruck $\dfrac{1}{a}$ als Teil seines Ganzen bedeutet;

und dasselbe mit den späteren Ausdrücken.

$\dfrac{1}{a}$ bedeutet, daß 1 in a gleiche Teile geteilt ist; und daß $\dfrac{1}{a}$ einer

davon ist; z. B. bedeutet $1/4$:

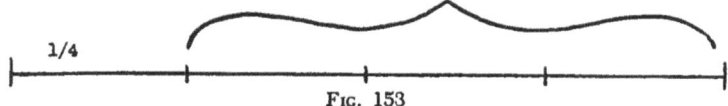

FIG. 153

Ich habe 1, das Ganze, in 4 gleiche Teile geteilt; wenn ich den ersten
dieser Teile, 1/4, betrachte, muß ich beachten, daß die anderen Teile
übrigbleiben, im gegenwärtigen Fall 3/4 ($= R_1$). Allgemein, wenn ich

$\dfrac{1}{a}$ nehme, ist das Ganze 1, geteilt in $\dfrac{1}{a}$ und $(a-1)\,\dfrac{1}{a}$ . Das ist

die Situation beim ersten Glied meiner Reihe.

Was geschieht, wenn ich zum nächsten Schritt weitergehe,

$$S_2 = \frac{1}{a} + \frac{1}{a^2}?$$

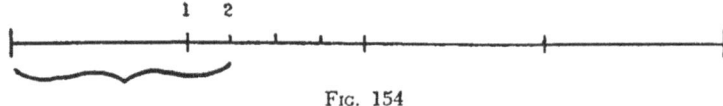

FIG. 154

In unserem Fall ist jetzt die Summe $1/4 + 1/16$. Das bedeutet, daß
mit der Addition von 1/16 das nächste Viertel in $1/16 + 3/16$ geteilt
ist, wie das Ganze beim ersten Schritt geteilt wurde.

251

Ich habe 1/4 + 1/16 $\vert$ + 3/16 + 2/4.

$$\underbrace{\text{erstes}}_{\text{Viertel}} \quad \underbrace{\text{zweites}}_{\text{Viertel}} \quad \underbrace{\text{Rest}}_{R_2}$$

Oder, allgemein gesprochen, $\dfrac{1}{a} + \dfrac{1}{a^2}$ $\vert$ $+ \dfrac{a-1}{a^2} \div \dfrac{a-2}{a}$.

$$\underbrace{\text{erster}}_{\text{a-Teil}} \qquad \underbrace{\text{zweiter}}_{\text{a-Teil}} \qquad \underbrace{\text{Rest}}_{R_2}$$

$R_2$ muß jetzt sein $(a-2) \dfrac{1}{a}$, denn der erste Teil von $R_1$ ist bei der

Teilung $\dfrac{1}{a^2}$ angebrochen worden.

Wenn ich nun zur nächsten Summe fortschreite, $\dfrac{1}{a} + \dfrac{1}{a^2} + \dfrac{1}{a^3}$, geschieht folgendes:

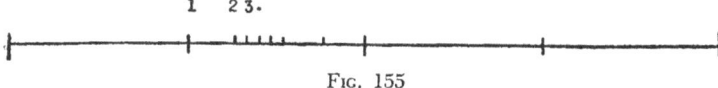

FIG. 155

Hier ist das nächste 1/16 geteilt in 1/64 + 3/64; ich habe

$$1/4 + 1/16 + \underbrace{1/64 \ \vert \ + 3/64}_{\text{zweites 1/16}} + 2/16 + 2/4$$

zweites 1/4

kritische Region

Oder allgemein, $\dfrac{1}{a} + \dfrac{1}{a^2} + \dfrac{1}{a^3}$ $\vert$ $+ \dfrac{a-1}{a^3} + \dfrac{a-2}{a^2} + \dfrac{a-2}{a}$.

Jedesmal, bei jedem Schritt, wird der nächste Bereich $\dfrac{1}{a^n}$ geteilt in

$\dfrac{1}{a^{n+1}} + \dfrac{a-1}{a^{n+1}}$; und dabei ändert sich das bisherige $\dfrac{a-1}{a^n}$ in $\dfrac{a-2}{a^n}$.

Auf diese Weise verschiebt sich die kritische Region $\dfrac{1}{a^{n+1}} + \dfrac{a-1}{a^{n+1}}$

langsam nach rechts und wird dabei kleiner; die Struktur ist:

252

kritische Region

$$S_n + \frac{1}{a^{n+1}} + \frac{a-1}{a^{n+1}} + (a-2)\, S_n$$

$R_n$ muß in der allgemeinen Struktur $(a-2)$ mal $S_n$ selbst sein — es ändert sich von $(a-2)\frac{1}{a}$ in $(a-2)\,(\frac{1}{a}+\frac{1}{a^2})$, in $(a-2)\,(\frac{1}{a}+\frac{1}{a^3}+\frac{1}{a^2})$, und so fort.

Drittens: Das Ganze, „1", ist geteilt in $S_n$, den kritischen Bereich und $(a-2)\, S_n$, den Rest $R_n$. Wenn wir weitergehen, wird der kritische Bereich notwendig immer kleiner, während die Summe links wächst. Wenn der kritische Bereich äußerst klein wird, sich Null nähert, erscheint das Ganze geteilt in $S_n + (a-2)\, S_n$: Das Ganze erscheint nicht mehr in a gleiche Teile geteilt, wie zu Beginn, sondern in $(a-1)$ *gleiche Teile!* So muß die Summe der immer weiter fortgesetzten Reihe selbst sich dem Wert $\frac{1}{a-1}$ nähern!

Mathematisch ausgedrückt: $1 = (a-1)\, S_n \,(+$ dem kritischen Bereich, der sich Null nähert). Die 1 zur Linken bedeutet *das Ganze*, während es in der üblichen Ableitung einfach bloß das erste Glied der Reihe: $1 + a + a^2 + \ldots$ ist; hier wird sichtbar, was S strukturell als Teil seines Ganzen bedeutet, während in der üblichen Ableitung man durch irgendwelche algebraische Operationen zu dem Wert von S gelangt.

Viertens: Ich möchte exakt formulieren: Ich hatte

$$1 = S_n + \text{kritischer Bereich} + (a-2)\, S_n.$$

Der Wert des kritischen Bereichs ist $\frac{1}{a^{n+1}} + \frac{a-1}{a^{n+1}} = \frac{a}{a^{n+1}} = \frac{1}{a^n}$ Wie wir früher sahen, ist es das nächste $\frac{1}{a^n}$, das bei dem Übergang von $S_n$ zu $S_{n+1}$ geteilt wird. Daher muß es in exakter Formulierung lauten:

$$1 = (a-1)\, S_n + \frac{1}{a^n} \qquad \text{oder} \qquad S_n = \frac{1}{a-1} - \frac{1}{a^n\,(a-1)}.$$

$\dfrac{1}{a^n\,(a-1)}$ nimmt ab, wenn n zunimmt; es erreicht Null nie, aber es nähert sich Null mehr und mehr.

Fünftens: Das ganze Vorgehen bestand darin, daß man die Bedeutung der Teile in der Gesamtstruktur heraushob, die zu der Strukturierung des Ganzen in (a—1) Teile plus dem schwindenden kritischen Bereich führte.

Das Ergebnis gilt klar für jeden beliebigen Wert von $\dfrac{1}{a}$, vorausgesetzt, daß a größer als 1 ist. In der Reihe, die mit 1/2 beginnt, sind es natürlich nicht (a—2) Teile; da a—2 Null ist, nähert sich die Reihe der 1. Wenn $\dfrac{1}{a}$ gleich oder größer als 1 ist, sind die Bedingungen für diese Strukturierung nicht gegeben — die Summe wächst ständig weiter und nähert sich keiner Grenze.

Aber wie verhält es sich, wenn die Werte zwischen 1/2 und 1 liegen, z. B. 3/4? Hier sah es zunächst so aus, als gäbe es keinen Weg zu einer strukturellen Klärung. Dieser Weg eröffnete sich aber, als 3/4 nicht mehr als Teil von 1, sondern als 1/4 von 3 betrachtet wurde, wobei 3 als „das Ganze" genommen wurde*):

Fig. 156

Das gab die Grundlage für das Verständnis des Schicksals des kritischen Bereichs usw., das hier in einer interessanten Weise verwickelter als in den früheren Fällen ist. Aber ich möchte über die weiteren Schritte, die sich hiermit und mit anderen damit zusammenhängenden Fragen beschäftigen, nicht mehr berichten.

---

*) Man beachte hier wieder die strukturelle Mehrdeutigkeit eines so einfachen Ausdrucks wie 3/4, und die Tragweite des Übergangs von der einen strukturellen Interpretation zur zweiten. (Übers.)

Wenn wir auf das übliche Verfahren — Multiplikation der Reihe
und Subtraktion — zurückschauen, wird soviel klar: Obwohl das
gebräuchliche Verfahren so sehr viel rascher und äußerlich so sehr viel
eleganter ist, obwohl es gleichermaßen allgemein für die zuerst betrachteten und für die komplexeren Beispiele gilt, ist es nichtsdestoweniger
ein Trick**) in dem Sinn, daß es kein unmittelbares Verständnis dafür
vermittelt, was sich strukturell abspielt.

Gewiß sind solche eleganten äußerlichen Verfahren, die zu raschen
Lösungen führen, von Nutzen. Aber der längere Weg ist nötig, um
die Konstruktion wirklich zu verstehen, um sich darüber klar zu werden, was geschieht. — Was das *Auffinden* der Lösung betrifft, so ist
es bei dem ersten Weg entweder nur ein Zufallsereignis, oder ein
schlauer Trick, das Ergebnis einiger gültiger Gleichungen, die die
Lösung bringen, ohne Einsicht in die Natur der Reihe zu gewähren.
Zweifellos kann sie ausgegangen sein von einer strukturellen Einsicht
in *eine* Eigentümlichkeit der Reihe, nämlich, daß sie verschiebbar ist,
daß, wenn man mit a oder a² multipliziert, dieselbe Reihe wieder
erscheint, nur ohne die ersten Glieder; aber das genügt nicht, um die
Lösung vermittels strukturellen Verständnisses zu finden.

---

**) Nach dem Sprachgebrauch Schopenhauers in seiner Dissertation Über die
vierfache Wurzel des Satzes vom zureichenden Grunde — die Wertheimer in seinen
Vorlesungen regelmäßig zitierte — ist es das Muster eines „Mausefallenbeweises",
von dem es bei Schopenhauer (§ 39) heißt: „Die Empfindung dabei hat Ähnlichkeit
mit der, die es uns gibt, wenn man uns etwas aus der Tasche, oder in die Tasche,
gespielt hat, und wir nicht begreifen, wie". — „Man hat den Seinsgrund nicht,
sondern gewöhnlich ist vielmehr erst jetzt ein Verlangen nach diesem entstanden."
„Dies möchte neben Anderm ein Grund sein, warum manche sonst vortreffliche
Köpfe Abneigung gegen die Mathematik haben." — Eine so betriebene Mathematik,
so folgert er (mit den Worten des englischen Logikers W. Hamilton) an anderer
Stelle, lasse „den Geist da, wo sie ihn gefunden hat, und sei der allgemeinen Ausbildung und Entwicklung desselben keineswegs förderlich, ja sogar entschieden hin-
derlich." (Übers.)

# NAMENSVERZEICHNIS
(A = Anmerkung)

# SACHVERZEICHNIS

(A = Anmerkung)

# Erratum zu: Max Wertheimer

**Erratum zu:**
**V. Sarris, *Max Wertheimer*, Klassische Texte der Wissenschaft,**
**https://doi.org/10.1007/978-3-662-59821-4**

Eine fehlende Seite des Originaltextes wurde nach S. 37 eingefügt. Die Seitenzählung der folgenden Seiten erhöht sich um jeweils 1.

Das Komma im Buchtitel wurde entfernt und „Produktives Denken" ist nun der Untertitel.

Die korrigierten Versionen sind verfügbar unter
https://doi.org/10.1007/978-3-662-59821-4_2
https://doi.org/10.1007/978-3-662-59821-4

© Springer-Verlag GmbH Deutschland, ein Teil von Springer Nature 2020
V. Sarris, *Max Wertheimer*, Klassische Texte der Wissenschaft,
https://doi.org/10.1007/978-3-662-59821-4_3

The manufacturer's authorised representative in the EU is Springer
Nature Customer Service Centre GmbH, Europaplatz 3, 69115 Heidelberg,
Germany. If you have any concerns regarding our products, please
contact ProductSafety@springernature.com

Printed and bound by CPI Group (UK) Ltd, Croydon, CR0 4YY
27/04/2026
02097658-0012